现代建筑口述史

——20世纪最伟大的建筑师访谈

［美］约翰·彼得　著

王伟鹏　陈　芳　谭宇翔　译

中国建筑工业出版社

John Peter 约翰·彼得

THE ORAL HISTORY OF

20世纪最伟大的建筑师访谈
Interviews with the Greatest Architects of the Twentieth Century

MODERN ARCHITECTURE

现代建筑口述史

目 录

BAUHAUS. *Walter Gropius. Dessau, Germany. 1926*

献给我的妻子安娜，以及我的孩子劳里、温迪、萨拉和莫莉。

前　言

"这是对现代建筑创始人的录音，讲述了现代建筑的故事。"

口述史不是什么新鲜东西。在人类诞生之初，所有的历史都是口述史。我们所知的当今的口述史仅仅在最近引进录音设备之后才开始发展。本书最早的录音是在一个笨重的沃伦萨克（Wollensak）牌机器上，一个从卷盘到卷盘的机器，还被很乐观地描述为"手提式"的。

在最近，口述史才被视为是一种有效的历史描述方式。如果，正如历史学家威廉·莫斯（William Moss）建议的：" 历史学是一种让我们了解已经发生的事情的方式"，而录音是一种高品质的历史素材。就像考古挖掘到的碎片那样，口述史也可帮助我们重建一段历史时期。

我开始着手本书时，正是在20世纪50年代早期，这不仅仅是因为我对建筑学有着特殊兴趣，还因为包括了政治、规划、金融、工程和结构等学科的建筑学，远远落在其他艺术之后。那时候，现代绘画和雕塑的奠基人已经去世了。然而，现代建筑的许多早期大师还活着，出于历史因素很多人定居在美国。我当初没打算写书，我只是想在这些建筑师的声音消失之前将其保存下来。

我的写作从拜访历史学家艾伦·内文斯（Allan Nevins）的工作室开始，他在纽约的哥伦比亚大学发起了一项口述史项目。我发现这项任务的使命就是为历史研究准备文献资料。一旦声音被转录后，磁带就被抹掉以供再用。直到今日，数量庞大的口述史代表了历史学家们做的珍贵的社会研究，用以记录在过去的历史中未能表达自己心声的平民百姓。其重点放在为历史学家提供文献资料上，而较少关注声音资料。自从我认识到录音是值得做的，我就自己动手干了。

1953年我录了第一盘磁带，1989年录了最后一盘。我的同事和我总共对70多名建筑师和建筑工程师进行了录音，要么在其家里，要么在办公室中。他们活跃在国际式风格时期，大概是20世纪20年代到60年代。《现代建筑口述史》的原始磁带已经成为档案材料了，只有一部分磁带用在了本书中。

挑选建筑师基于几个标准。我们举办了一次有100多名美国建筑师参与的民意投票，这些建筑师被举荐为那个时候最杰出的现代建筑师。这个名单又在顶级的国际性书籍和现代建筑杂志中被反复提及。基于这些，我们深思熟虑之后一致认为应该给这些建筑师录音，于是我们满世界去录音。对这段历史来说幸运的是，他们中的大多数都被第二次世界大战驱逐到了美国，比如瓦尔特·格罗皮乌斯（Walter Gropius），路德维希·密斯·凡·德·罗（Ludwig Mies van der Rohe），马塞尔·布劳耶（Marcel Breuer），拉多（L. L. Rado），何塞·路易斯·塞特（José Luis Sert），安东尼·雷蒙德（Antonin Raymond）。被我们录音的建筑师中，美国出生的确实多于其他国家。我们挑选的一些人士，比如巴西规划师卢西奥·科斯塔（Lucio Costa）和瑞典建筑师古纳尔·阿斯普伦德（Gunnar Asplund），没能完成访谈。还有一些建筑师，比如阿尔瓦·阿尔托（Alvar Aalto）和皮埃尔·路易吉·奈尔维（Pier Luigi Nervi），由于个人倾向和工作压力，访谈的时间比我们期待的要少。因为机械故障，与勒·柯布西耶（Le Corbusier）的访谈材料比我期待的少，也远不能令人满意。这是唯一的一次我冒昧地从其他录音资料里转录出文字用在本书中的地方。然而，勒·柯布西耶的录音选辑来自我们对他的访谈。我们录制的许多建筑师都是说他们的母语。但有些人却宁愿说英语而不是他们的母语，这是为了更精确地表达。为了这本书和光盘，他们的言谈被统一编译为英文，但是在光盘上我还放入了一些原始录音资料。

目前这本书，连同光盘一起，是努力想创造的一种恰当的口述史模式。如同早期的现代建筑那样，这本书烙下了对新事物的热情和前所未有的痛苦。这本书试图用生动的话语讲述现代建筑的故事，而这些话语出自创造了现代建筑的人物之口。为了避免使用专用词和学术研究的形式，我的同事和我想尽一切办法建立一个全面且精确的文档。

对于口述史来说，总是会透出一个很大的问题，那就是正在被讨论的建筑作品的设计者，是否是作品的最佳审判者。那些玩家们是游戏的最佳审判者吗？大多数人和历史学家同样认为独立的局外人作出的评价会更加公正而精确。现代建筑的书籍中有很多的确是由那些素养很高的作者从外部的视角来写的。我们试图做一些另类的事情——从内部的视角来讲述一些早期的故事。现代建筑奠基者对其正在做的事情的思考和论述，对真正理解他们已完成的创作来说是必不可少的。这些先驱者中有许多确实通过写书和发表演讲来阐述自己的理念。勒·柯布西耶的出版物可能比他的建筑作品更有影响力。其他人，比如格罗皮乌斯，经常被描述成宣传家。包豪斯的活动之一就是出版书籍。弗兰克·劳埃德·赖特（Frank Lloyd Wright）告诉我："我父亲是传教士，我也是传教士。"这部作品力求生动地描述那些奠基者，此外还描述了同时代的其他不太出名的建筑师。这些人对那些奠基者和他们的时代发表了重要的见解。这些才是历史的沃土。

纵观历史，历史时期总是相互重叠。事实上，当今的美国仍然在建造哥特式大教堂。现代建筑扎根于过去的建筑。关于那些早期探寻现代建筑新形式的建筑师和建造者们，我们可以列出一个长长的为人们熟知的名单。在这本书中他们没有得到应有的重视，仅仅因为当我开始记录的时候他们已不在人世。幸运的是在这样的情况下，我们录下了与以下建筑师相识的人的声音：H·P·贝尔拉格（H. P. Berlage）、彼得·贝伦斯（Peter Behrens）、托尼·加尼耶（Tony Garnier）、阿道夫·路斯（Adolf Loos）、奥古斯特·佩雷（Auguste Perret）、埃利尔·沙里宁（Eliel Saarinen）、路易斯·沙利文（Louis Sullivan）、亨利·凡·德·费尔德（Henri van de Velde）、奥托·瓦格纳（Otto Wagner）。这些都包括在这本书里。

接下来的篇幅中，大多数接受访谈的建筑师的言论都包括在简介或是技术、社会和艺术三个条目中，这三者是塑造现代建筑最重要的三种力量。在"杰作"部分，建筑师们回应我的要求，选出了对他们来说影响最大的单体建筑，并且解释了他们选择的理由。有些人宁愿用建筑师的名字来代替他们所有的作品。三位建筑师——弗兰克·劳埃德·赖特、勒·柯布西耶、密斯——不出意外地一致被认为是最杰出和最有影响力的。这个领域贡献最大的十位建筑师——弗兰克·劳埃德·赖特、勒·柯布西耶、密斯、格罗皮乌斯、埃罗·沙里宁（Eero Saarinen）、路易斯·康（Louis Kahn）、菲利普·约翰逊（Philip Johnson）、奥斯卡·尼迈耶（Oscar Niemeyer）、塞特和贝聿铭（I. M. Pei）——的思想和观点的深入论述放在独立的章节里。在"评述"部分，建筑师评述了现代建筑及其在将来的潜力。随书的 CD 盘中除了包含这十位建筑师的访谈之外，另外还有六位：阿尔瓦·阿尔托、布劳耶、皮埃尔·路易吉·奈尔维、理查德·诺伊特拉（Richard Neutra）、J·J·P·奥德（J. J. P. Oud）和丹下健三（Kenzo Tange）。

毫无疑问，适用于口述史的特定成书模式还没发展出来。记录访谈的书籍通常采用的是传统杂志风格的问答模式。在设计这本书的时候，我们争取创造一个口述模式来应对这些材料的特殊本质。举例来说，在访谈时随意拍下的建筑师照片就是这本著作的一个重要部分，用来强调这是一本个人化的口述史。尽管在我们拍照片时，赖特信誓旦旦地对他妻子欧格凡娜（Olgivanna）承诺："你会惊讶照片传达的信息是如此之少。"文中所附的插图和说明还是起了补充和丰富之用。

正如我们了解到早期文明并不是彼此完全隔绝的，那些思想越过了古老的大陆和可怖的海洋，我们知道那些思想以更加令人惊异的速度穿越至我们的现代世界。正如美国建筑师埃利尔·沙里宁之子埃罗·沙里宁所言："我父亲坦承，当他设计赫尔辛基火车站的时候，沙利文在芝加哥博览会上的交通建筑对他产生了极大的影响。当然，每个人都可以通过建筑了解他人。"

当然，也许我们只有到今天才能设想这些建筑师了解某些其他建筑师的作品、运动，甚至是久远的时期或文化。我们甚至怀疑他们明明知道这些，却为了自我辩白或追求纯粹而不受任何影响的建筑学说而有意否认。他们的言论和作品通常会有很大的差异。然而，这些磁带记录下了他们的言谈以及他们选择的说辞。实际上，人们听到他们真实的声音，就会情不自禁地被他们对信仰的真诚和执着所打动。很大一部分内容看起来既愤世嫉俗又满不在乎，以至于人们怀疑他们是否心口合一。

　　毫无疑问，了解建筑的最好方式是去亲身体验。我参观过不少公认的现代建筑杰作，其中有些还参观过多次。对欣赏建筑来说，没有什么能比得上在塔里埃森住一阵子或在朗香参加一个美妙的大弥撒。带着这样的想法，我在这本书的末尾给游客提供了一个参观指南，列出了许多向公众开放的重要现代建筑作品的地址。

　　对理解和欣赏建筑来说，人们可能会认为听建筑是最没有价值的方式。然而，听到这些人用独特的音质、发音和重音所说的话语，有着某种独特的说服力和感染力，这是其他任何媒体都无法比拟的。这是活生生的历史。一本口述史著作也许对读者的要求比其他普通的历史著作多。正如所有的谈话那样，口述史是杂乱无章的。在这种限制下我试图去沟通所记录的内容，但是漫无目的的评述和天马行空的轶事赋予口述史以文字趣味和生活气息。在言谈中，想法的自然表达有一种引人入胜且与众不同的品质。读者会被要求忍受一定程度的重复。很多的重复出现在对建筑师的评论上。在编写本书时，我已经删除了很多这样的言论。但是也留下了足够多的内容用来说明那些能够归并到现代建筑之中的普适经验和思想。

　　这个项目中所使用的"现代建筑"一词，指的是延续 40 年之久的那股主导潮流。就像历史学家亨利 – 罗素·希区柯克（Henry-Russell Hitchcock）写的那样："在整个西方社会中，找不到比'现代'更好的词用来形容 20 世纪建筑的特征了……"学者的重要任务是在现代建筑中去探索多样性，这与哥特建筑、巴洛克建筑和其他时期的建筑是一样的。这部《现代建筑口述史》以某种角度讲是这种多样性的见证者。

　　判定现代建筑从何时开始是一个遗留下来的难题。为了回答这个问题，我们有点武断地参考了两本出版物。第一本书是由亨利 – 拉塞尔·希区柯克和菲利普·约翰逊合写的，用以补充 1932 年在纽约现代艺术博物馆举办的展览。书的题目叫《国际式风格》（The International Style），用来命名现代建筑。约翰逊对我说："1923 年是我所说的魔幻之年，是奇迹迭出的一年，我坚信，那些历史学家，会将这种风格定义为从这一年开始。"

　　采用同样专横的逻辑，我们认为 34 年之后由罗伯特·文丘里（Robert Venturi）所写的《建筑的复杂性和矛盾性》一书的出版预示了后现代建筑的诞生。尽管我们在持续不断地发展已有的口述史材料，去预约、访谈其他建筑师，以及重访一些原来的建筑师，除了尼迈耶和贝聿铭两位在随后的采访中更愿意谈及自己早期的作品，使得我们这本书的访谈时间都是在 1966 年以前。这本书将采访的年份排在访谈录右上角的空白处。

　　我们现在能用丘吉尔谈论不列颠之战的话来描述现代建筑了："这不是结束的开始，而是开始的结束。"在真实的世界和真实的建筑界中，可没有这么干脆的事情。我和瓦尔特·格罗皮乌斯谈话时，他警告说："评论家抑制不住要对还处在变化之中的运动进行分类，为每一种都贴上个风格的标签，这会使得人们对建筑和规划中新运动之活力的普遍疑惑越来越多。"本书包括了弗兰克·劳埃德·赖特，他在这个世纪开始之前已经干这行了，还有那些在国际式风格盛行期间搞建筑的设计师，他们在世纪末还在实践。第306~307页的时间表标明了本书中所涉及的建筑师的互有重叠的生卒年代。

为了这项工作，我要向很多人和组织致谢，我在本书末尾的独立页面中列出了他们的名字。然而，我在这里不得不提帕特·德尔·格罗索（Pat Del Grosso），在现代建筑口述史项目的最后7年里，她担任项目负责人。我很难想象出比她更加富有奉献精神和启发性的同事了。她的建议和劝告对这本书的贡献是极大的。

尽管这本书以现代建筑运动背景开头，以评价结尾，其重点放在那个时候发生的活生生的历史，而不是今天的事后评述。在本书中，你可以读到、看到，而且还能听到现代建筑的创始人，对他们及其作品进行评述。

导　论

"如同真正的革命一样，他们被一种纯粹的梦想所激发，带着矢志不移的热情投入实践。"

现代建筑是一场革命，摧毁了现存的鲍扎艺术（Beaux-Arts）体系，代之以一种新的秩序。地球的面目从来不会雷同。建筑师们来自这样的地方，如威斯康星州的里奇兰森特（Richland Center）、瑞士的拉绍德封（La Chaux-de-Fonds）、德国的亚琛（Aachen）、匈牙利的佩奇（Pécs）、西班牙的巴塞罗那（Barcelona）、巴西的里约热内卢（Rio de Janeiro）、芬兰的库奥尔塔内（Kuortane）以及日本的今原（Imahara）。如同真正的革命一样，他们被一种纯粹的梦想所激励，带着矢志不移的热情和锲而不舍的坚韧去求索和实践。

所有的革命都扎根于过去。综合来看，现代建筑可以被视为处在历史的洪流之中，但是更具体一点说，是发生在19世纪的巨变的产物。建筑是其所处时期的产物，或者如建筑大师密斯·凡·德·罗所说的"不是时期而是时代"的产物。当这些变化影响到建筑时，很难说清哪个变化影响程度更大。不过显而易见的是它们的影响发生在当代生活与文化的三大领域：即技术、社会和艺术。

随着20世纪的来临，建筑明显落后于变化。19世纪的鲍扎风格已经不合时宜了。在本书的磁带中，经常能听到这样的评述，传达出一个广泛的共识，那就是鲍扎艺术的生命力已经消亡了。它已经钙化到传统形式中去了，基本上是装饰性的，与新时代不再有关。

密斯·凡·德·罗回想起：

当我大约16岁的时候，我在干粉饰灰泥的活计。上午我必须用路易十四式样（Louis Quatorze）做完整面天花的四分之一，下午必须用文艺复兴式做完整面天花。我们使用过所有这些时期的风格，还有栗树装饰等等。我接触得太多太多，以至于对这些事情熟悉得不能再熟悉了。

另一个颇有特性的观察来自墨西哥的建筑师胡安·奥戈尔曼（Juan O' Gorman）：

我就读的建筑学校是一所学院式院校，他们教给我们的都是以鲍扎艺术为基础的内容。希腊的柱式成了当时的规范，所有事情均是如此。如果你想做一个中学，就会是两层楼，因此存在两套柱式，诸如此类。这是常见的鲍扎艺术的学院式元素，当然啦，它们以这样的方式被堆砌，以致我们变得对其厌烦透顶。

美国建筑师埃利奥特·诺伊斯（Eliot Noyes）讲述了他年轻时的感受：

充斥在我们周遭的是折中主义。哈佛仅仅是由过时的元素建立起来的。耶鲁兴建的是哈克尼斯哥特式（Harkness Gothic）建筑。"感谢哈克尼斯先生那昂贵的哥特式黑暗（Gothic darkness），"是哈佛歌曲中的一句。我认为哈佛更加幸运一些，因为至少它拥有乔治式（Georgian）的大窗户。

我进入了哈佛建筑学院，他们打算教给我们所需要的工具。这些仍然是在琼－雅克·哈夫纳（Jean-Jacques Hafner）的领导之下，他是一位很了不起的法国老人，终其一生未建成任何东西，但是他始终恪守旧的鲍扎艺术传统。

我要解决的第一个问题是一个多立克式大门。曾几何时我在这里的地下室里迅速完成了这幅图纸。它是那种环绕着哈佛校园的大门，山墙上写着："进来吧，在智慧中成长"或"柏拉图"、"亚里士多德"、"苏格拉底"。我发现当时自己的情绪通过有关我自己的那句"乃至荒谬"（Ad Absurdum）的铭文极美妙地表达了出来，并被刻进了石头之中。

嗯，我接下来要解决的问题是设计一座爱奥尼式庙宇，献给一名伟大的法国女演员。这初看起来有点可笑。

所有的图纸都是用墨绘制的。你还记得墨吗？你得在砚台中研磨，滴入水，这样你就能将所有的沉淀物都化开。然后，你弄出一滴，和些水，接下来你可以画上薄薄的一层。你一层接一层地去画，大约10层之后，你将它揭下来，能看到那儿是一块灰色。所有这些渲染都是用这种方式完成的。你将其逐渐发展起来，并完成了这些透明而漂亮的图纸。你在使用刷子和所有这些原料方面得到了极好的训练。

但是那个时候我的第二个问题又来了，我想去使用水彩。嗯，这可是大逆不道。然而，我用水彩来绘制——难以描述的极棒的灰绿色笔调——但是在这个爱奥尼式庙宇上面使用这些东西，我干得并不出色，的确如此。

接下来的问题是要求完成一个科林斯式建筑。我记得大约在这样的时候，我注意到一些高年级的班级正在处理的问题是为一位流亡的君主设计宫殿。那不是美妙极了吗？供流亡君主使用的一座宫殿！在这里，我们于1933年或是其他的年头，面对世界，整整一代新人尝试着去解决这个世界所遇到的问题。

这个时候，我们认同图书馆的所有藏书中，你已经获得科林斯式、多立克式和爱奥尼式的恰当比例。你会发现在这个国家用这种方式来训练建筑师已经延续了很长的时间。我认为每个学校都是如此。对我来说，这是一个真正躁动不安的时代的开端。

安东尼·雷蒙德回忆起他在捷克斯洛伐克的学生时代：

大约在1906年、1907年或是1908年，你知道的。在我们建筑学生协会的讨论中，涉及捷克的建筑杂志，其中一本叫做Smer，意思是"方向"，它已经属于现代的杂志，向我们介绍了弗兰克·劳埃德·赖特。你瞧，因为大约在那个时候瓦斯穆特（Wasmuth）在柏林出版了弗兰克·劳埃德·赖特的第一本书，一本小册子。我不知道你是否看到过。接下来在 1908 年，大部头的代表作面世了，那时我仍然在学校里。你瞧，这本书对我们产生了极大的影响。然后，我也开始盼望去那个创造了弗兰克·劳埃德·赖特的国度，因为我觉得欧洲已经终结了，所有的一切都已经终结了。

可是，山崎实（Minoru Yamasaki）以及另外好多人后来在鲍扎艺术的训练中发现了一些值得赞赏的东西：

我在学校的那段时期，鲍扎体系在美国占据着统治地位，现代建筑几乎无人问津。对我来说，那个时候，现代建筑意味着倾斜的墙体和简单的线条，而当时我对现代建筑连这样的认识都没有。

那个时候，我们都不喜欢鲍扎体系。我猜想是因为每个人相较于其他任何事物来说更加不喜欢手头的。不过，也由于我们发现鲍扎艺术中的某些东西是完全错误的。

然而，从现在回溯过往，我非常庆幸我拥有这种背景，因为我们开始理解的一种需求便是发展对比例、精致和细部的鉴赏力。我认为我们从鲍扎艺术中所学到的那方面的东西要多于我们从包豪斯所学到的。

部分由于对他们正在建造的这种过分精致的建筑的逆反，我们彻底抛弃了精良比例的理念，仅仅只有密斯这样的人士在坚守堡垒。

新科学及其产物——技术，对功能的强调成了去垮鲍扎艺术传统的首要力量。对建筑中功能重要性的一种解释是强调结构。早在 19 世纪中期，维奥莱-勒-迪克（Viollet-le-Duc），这位法国古代城堡的修复者，总结说建筑中的任何东西必须有一个理由，而且还要有一个结构上的理由。

也许，优先权不可避免地要赋予结构，工程师在这个科学的新时代里，制造了一些对后世发展影响巨大的现代建筑作品。1851 年在伦敦，约瑟夫·帕克斯顿（Joseph Paxton）创造了一个巨大的用铁和玻璃建造的展览大厅，取名为"水晶宫"，由 123 种标准单元所组成。仅仅用了 6 个月就建成了，覆盖了海德公园三分之一平方英里的面积。1869 年在纽约，约翰·奥古斯特·罗布林（John August Roebling）率先使用钢材，用巨大的悬索吊起了布鲁克林大桥，横跨了东河（East River）。1889 年在巴黎，古斯塔夫·埃菲尔（Gustave Eiffel）建成了前所未有的 984 英尺高的塔，一座由预制铁件构成的塔，塔也以他的名字命名。这 3 个先驱性的构筑物也是本书的磁带中经常提及的。

建筑师和结构工程师爱德华多·卡塔拉诺（Eduardo Catalano）评论道：

帕克斯顿的水晶宫是在 100 多年之前建成的，然而我觉得其精神和理念是当代的。我对那个建筑非常有兴趣。我认为该建筑确实将目前所有的设计哲学都付诸实施了，比如标准化、可拆卸、模数配合、轻质等等。此外，这个建筑的设计水平高超，同海德公园的氛围极为协调。因此，它的杰出不仅仅在建筑本身，而且在于它同环境的关系。

弗兰克·劳埃德·赖特告诉我他佩服的人总共只有3位——帕克斯顿、罗布林和埃菲尔——但是赖特说埃菲尔铁塔可以用木头来制作，因为这种材料只承受压力，而罗布林让钢材承受的是拉力。

关于拉力，巴克明斯特·富勒（Buckminster Fuller）作出了这样的评述：
我向你指出过人类技术方面的进步体现在各种各样合金抗拉力量的发展史中……当下，抗拉性能的开发是如此迅猛，以至我们现在可以建造尺寸是金门大桥（Golden Bridge）两倍的桥梁。这不是因为人们的胆量更大了，仅仅是由于材料的性能提升了。

帕克斯顿、罗布林和埃菲尔都不是建筑师，而是工程师。正如路易斯·沙利文在他的著作《入门闲聊》（Kindergarten Chats）中所评述的："只有工程师能诚实地面对一个问题。"他们的作品是杰出的，然而在19世纪早期并非是独一无二的。与帕克斯顿的建筑类似但尺度更小一些的铁和玻璃结构已经用来建造植物园了。桥梁，最著名的是由托马斯·特尔福德（Thomas Telford）、乔治·斯蒂芬森（George Stephenson）、罗伯特·斯蒂芬森（Robert Stephenson）和伊桑巴德·金德姆·布鲁内尔（Isambard Kingdom Brunel）建造的英国早期铁路桥，它们成为新时代的典型象征。1889年的巴黎博览会，机械宫（Palais des Machines）衬托着埃菲尔铁塔，机械宫是由建筑师费迪南·迪泰特（Ferdinand Dutert）和工程师维克托·孔塔曼（Victor Contamin）设计的，雄伟的钢拱肋放置在巨大的铰接点上。
亨利－拉塞尔·希区柯克与菲利普·约翰逊在他们1932年合著的《国际式风格》（The International Style）一书中将结构挑选出来作为新式风格的首要原则。他们引述的论据为现代建筑是由起支撑作用的框架和起分隔作用的墙体两者共同建造起来的，与传统的建造截然不同，在传统的建造中砖墙既是支撑物还要保护建筑不受气候的侵蚀。这本书的作者还提到了国际式风格的其他特征，比如规则性、使用标准部件、不再使用装饰以及强调显露材料。

正如密斯·凡·德·罗所说：
在我看来，结构元素简洁地展现出来是要紧的。它是一个更加客观的建筑。

然而，功能不仅仅是以结构，还要以性能来阐释。由斯科特曼·詹姆斯·瓦特（Scotsman James Watt）发明的蒸汽机标志着工业革命的开始。机器的实用效率得到了早期现代建筑师的广泛赞赏。机器是实用的，建筑也应当是实用的。这是对功能的一种局限性的解释，然而也是一种清晰的解释。沙利文的名言"形式追随功能"成了建筑革命的战斗口号之一。人们对这句格言的解释甚至比沙利文的本意更为狭隘，从而导致了对建筑需求和目标的重新审视。

埃罗·沙里宁评述：

在某种程度上，功能成了现代建筑的伎俩之一，成了推销的花招之一，然而一位弗兰肯斯坦（Frankenstein）式的人物被创造了出来。建筑师开始相信通过功能，这位弗兰肯斯坦能够造出建筑。因此，他们无所事事，等着他去建造，但是他没有如他们所愿。

勒·柯布西耶夸张的定义"住宅是居住的机器"是那个时期一句特有的大话。然而其影响力和耐久性不仅仅依赖于它是一种富有洞察力的看待住宅的方式。它是建筑实践方面的一句夸张的宣言。勒·柯布西耶的观点过去是现在也完全是现时代的，而绝非其他时代的。它拥有激进的革命时期那种令人兴奋的特质。

除了实用效率之外，机械技术还包含着经济效率。机械将使得建筑不似从前昂贵。这个假设在一些著名的实例中被证明是骗人的，在那些实例中革新的建筑师超出了预算。不过经常被忽略的是现代建筑的耗资明显是更多的。但是这个事实可能会令一些狂热分子沮丧，使一些评论家失望。现代建筑成功的一个关键原因便是现代世界里，建筑总的来说是廉价的。

新技术的产物——钢梁和钢索、钢筋混凝土和塑料——改变了建筑的设计和建造方式。部件在工厂批量生产以及用现代机器在现场装配，既节省了时间又节约了金钱，也许更重要的是节省了劳动力。现今这一切依然如此，只不过我们的建筑安装了制热、制冷、照明、通信和安全等精密的设备，这在以前是无法想象的。

本书同大多数的建筑著作一样，关注的是建筑艺术中的杰出实例，也许忽略了世界上无数其他的现代建筑。实际情况是除非是在一些不发达的社会，如今去建造现代建筑之外的风格是极为困难和昂贵的。

机械除了激起人们在建筑中强调结构和效率之外，还对建筑的美学有着直接影响。举例来说，勒·柯布西耶不但在他的著作中宣传建筑与远洋客轮、飞机等现代机器在功能方面的类似，而且在他自己的建筑设计中应用了这些机器的外观。

机器美学对现代建筑的发展产生了重要的影响，然而不是唯一的影响。现代艺术——绘画和雕塑——也给建筑设计以启示。比方说，勒·柯布西耶将他的时间平均分配给艺术和建筑。他的素描和画作受到了广泛的赞赏，然而是他的建筑画样式被广泛采纳为现代建筑的表现样式。

荷兰的艺术运动风格派（De Stijl）也对早期现代建筑有着重要的美学影响。风格派成立于1917年，艺术家和建筑师群体围绕着同名的杂志松散地组织在一起。这个运动发展的核心是由画家皮特·蒙德里安（Piet Mondrian）发展

出来的关于色彩和空间的激进理论。风格派涵盖的不仅有绘画和建筑，还有家具、图案和印刷工艺。由画家转变为建筑师的特奥·凡·杜伊斯伯格（Theo van Doesburg）、建筑师奥德和设计师格里特·里特维尔德（Gerrit Rietveld）将这些理论应用于建筑。风格派简单而抽象的形式以及亮丽的原色表达出要将艺术和建筑中过去的痕迹清除干净的意愿，通过使用能被普遍理解的形式元素来达到目的。

奥德指出：

依我看来，蒙德里安寻求的是一个清晰而明亮的世界。他努力在艺术中用简单的形式、比例和色彩创造出最大的价值，而那也同样是我努力在建筑中去做的事情。

一个不太直接但可能对现代建筑产生了更为重要之影响的是日本的传统建筑。这种风格的元素是由美国建筑师弗兰克·劳埃德·赖特设计的开放式住宅平面转译与传播开来的。尽管他坚决否认他受到过日本的影响。赖特告诉我："我甚至没有见过芝加哥博览会上的日本建筑。"1910年瓦斯穆特在德国出版了赖特的作品集，产生了轰动效应。自由流动的空间连续性摧毁了古典的盒子式房间。

现代建筑扎根在欧洲的哲学和科学传统之中。密斯喜欢引用中世纪哲学家托马斯·阿奎那斯（Thomas Aquinas）的言论。理查德·诺伊特拉提到的是德国哲学家威廉·冯特（Wilhelm Wundt）。最近的根源可以在卡尔·马克思（Karl Marx）和弗里德里希·恩格斯（Friedrich Engels）的社会经济学理论中找到。20世纪初期的意识形态气氛以社会主义为特色。它对社会公平的解释提供了道德责任的观念，成了整个现代建筑和设计革命的特征。

另外一个经常被引述为现代建筑早期源泉的是英国1861年由威廉·莫里斯（William Morris）开创的工艺美术运动（Arts and Crafts movement）。他认为机器降低了美学品质的价值，并摧毁了传统的手工艺。他通过在工业社会中恢复手工艺来探寻一种新的社会秩序。

在德国的氛围中，这样的思想呈现的是一种不同的变化。机器在工匠手中逐渐被视为一种精巧的新工具。1907年，工匠、企业家和建筑师在慕尼黑联合起来成立了德意志制造联盟（Deutsche Werkbund），主张工匠为大众设计批量生产的产品比为富人设计独特的艺术品更有道德。

思想已经开花结果，然而建筑真正的衡量标准必定是建筑物——建成了的建筑物。早在19世纪的最后十年，这些思想中有不少已经融入到建筑之中了。1897年比利时建筑师维克托·霍塔（Victor Horta）在布鲁塞尔的人民宫（Maison du Peuple）中以曲线形的铁和玻璃立面戏剧性地展现了新的材料。在同一年，另外一位比利时人亨利·凡·德·费尔德将新的工业材料融进新艺术（Art Nouveau）风格之中，从而催生了一种新的建筑。他在科隆的联盟剧院（Werkbund Theater）中实现了这一点。

瑞士建筑师阿尔弗雷德·罗特（Alfred Roth）记得：

亨利·凡·德·费尔德在他生命的最后十年住在瑞典。我经常碰到他，同这样一位在现代运动初期拥有伟大灵魂的人士在一起的时光对我来说是美妙的。因此，我自然会与他讨论，他也说了一些精彩的事情。我永远不会忘记的是这样一句话："艺术只会出现在用爱去做事情的地方。"

1887年，带着同样的奉献精神，苏格兰人查尔斯·伦尼·麦金托什（Charles Rennie Mackintosh）满怀激情地设计了格拉斯哥的艺术学校（School of Art in Glasgow），后来被认定为现代建筑的一个标志。同一年，荷兰建筑师亨德里克·彼得勒斯·贝尔拉格在他设计的阿姆斯特丹证券交易所（Amsterdam Stock Exchange Building）中将砖和铁以一种直率的方式组合在一起。

奥德谈到贝尔拉格：

我和贝尔拉格是朋友，同他的家庭保持着联系。因此我能方便地经常同贝尔拉格见面和交谈。我钦佩他的作品、他的建筑和他的建筑原则。最初我追随的是后者，后来我追求扩大他的原则，并拥有我自己的原则。这并不是真正能得到与他不同的结论。我认为他的原则之一便是诚实地去建造。不要用装饰等东西去建造，而要彻底从构造出发去建造。那是贝尔拉格身上让我非常感兴趣的地方。也许相较于他所展现的东西，我对他在表明信念之后所做的事情更为钦佩。我认为他所做的并不全是美好的，他也建造过丑陋的东西。然而那些东西是真实的。那是我第一次见到一个真实的建筑，正是这一点激起了我浓厚的兴趣，你知道的。

早在1895年，路易斯·沙利文设计了布法罗的保证大厦（Guaranty Building of Buffalo），其强有力的垂直风格成了美国摩天楼的特色。弗兰克·劳埃德·赖特评论道："敬爱的大师是一位诗人。他这种类型，是我们现在所没有的。"法国人奥古斯都·佩雷成为在建筑中运用钢筋混凝土的先驱，比如巴黎附近勒兰西的圣母教堂（Le Raincy）。

瑞士建筑师马克·索热（Marc Saugey）强调：

佩雷对铺设当代建筑之路是极为有益的。在1910年左右，他的影响无疑是巨大的。我在佩雷那里做绘图员，看到了他作品的实用性。佩雷经常说："钢筋混凝土既然存在着，我就用钢筋混凝土来建造。"

但是我认为佩雷没能及时从他在巴黎美术学院所受的古典教育中脱身出来。他总是因为想赋予钢筋混凝土一种过于传统的可塑性而受到阻碍。他在作品中仍然采用柱脚、柱头和线脚。你会感觉到在他所有的建筑中，他没有充分摆脱他所受的束缚。

现今，就以奈尔维为例，我们看到可以怎样开发钢筋混凝土的可塑性，而不用依靠这些石砌时期的老方法。

佩雷与后起的当代建筑师斗争，尤其反对勒·柯布西耶。我认为他受到了同一种疾病的折磨，一些革命者在生命的尽头都罹患过这种疾病。

关于这一点，索热谈到另外一位钢筋混凝土先驱托尼·加尼耶：

当我有幸与法国现代建筑师中的重要人物之一托尼·加尼耶交谈的时候，他像面对一位友人那样告诉我："记住，当某人有一个清晰的理念，不论一个项目的规模如何，该项目都可以被描绘在一张地铁车票上面。如果你不能在一张小纸片上表达出你的理念，那么你的理念尚未定型。因此，不要开始画图，继续探寻。"

在 20 世纪早期的维也纳，奥地利建筑师奥托·瓦格纳因其作品而获得了广泛的认可，邮政储蓄银行（Post Office Savings Bank）便是其中之一。在邮政所和其他的建筑中，他运用现代材料以某种方式反映出他所受的古典训练。理查德·诺伊特拉说："至于他的建筑也许是欧洲能与弗兰克·劳埃德·赖特或他之前的沙利文在这里所完成的建筑相提并论的。"与此同时，坚定的阿道夫·路斯主张装饰是罪恶，他的出现基本上是出乎意料的。

奥地利出生的美国建筑师维克托·格林（Victor Gruen）记得：

阿道夫·路斯给我留下了非常深刻的印象。阿道夫·路斯不仅在建造，而且在写作。他也许是头脑最清晰的思想家之一，也是抗击所有他视为过时之物的最坚强斗士之一。我相信许多年轻人会对他所说的话语而兴奋不已。我总是记得他过去习惯向我们展示一个漂亮的英国制造的手提箱，说："这就是设计。"

在那之后不久，一件令人激动无比的事情是路斯在维也纳建成了第一座大楼。大楼建在霍夫堡（Hofburg）的对面，那是奥国皇帝的一个城堡。由于那时正处于革命前夕，皇帝非常恼火。因为他决不能看见一幢没有窗头饰线的建筑。因此，路斯不得不在建筑上添加窗头饰线。他采用的形式是在每个窗户下面悬挂微型的花钵状饰线。路斯进行了艰苦的斗争。他让我如此激动，以致当他去世时，我非常伤感。

实际上，我为维也纳的一家权威报纸撰写了他的讣告。我一直认为由于他对建筑颇具哲理的处理方式、清晰的思考和抗争的精神，他是对现代建筑作出了最重大贡献的人物之一。也许他建造的建筑不如其他人多，但是他通过写作、演讲和抗争为现代建筑作出了自己的贡献。

其实，此人不但反对古典主义和模仿文艺复兴，而且当其他所有人都被吸引去发明一种新的风格——新艺术风格时，他也以反对文艺复兴相同的力度和反感来对抗新艺术风格。他让他的朋友极为不悦，但是他说将这些愚蠢的花放在建筑上与在古典柱式中加入线脚一样，是没有意义的。

在 1909 年，德国建筑师彼得·贝伦斯为电力公司设计了颇有影响力的柏林透平机工厂（Berlin Turbine Factory）。其所采用的钢筋混凝土和巨大的玻璃墙，标志着一种新建筑的诞生。瓦尔特·格罗皮乌斯、密斯·凡·德·罗和勒·柯布西耶都在他的事务所里工作过。

凡·德·费尔德、贝尔拉格、沙利文、佩雷、加尼耶、瓦格纳、路斯、贝伦斯和其他一些我们已经提及过的人士都是先行者，他们带领我们走近本书中的第一代建筑师。每一个时代都有其转折点——一种理解世界的新方式。在本书中，尽管现代建筑的奠基者们毫不犹豫地承认他们对先辈及其思想的感激，他们还是宣称自己是革命者。他们利用无产阶级革命的通用术语来宣传他们的学说。宣言、小册子、书籍和演说宣告了一种新风格的来临。然而，这些早期词汇中的大部分从我们记录的资料中消失了，这些资料是在运动及其参与者已经成熟的时候录制的。但是基本的思想和信念没有改变，事业的激情也没有消失。这赋予了第一人称的描述以鲜活的历史气息。

技　术

工业革命改变了人们思考建筑的方式。新技术被解释为工业科学或实用科学，生产出各式各样种类繁多的新机器和新材料。美国的顶级技术专家巴克明斯特·富勒热情地向我描述："我想通过设计使人类获得成功。"

功能一直是建筑的一部分。建筑总是被期待着去发挥作用。古罗马建筑师维特鲁威（Vitruvius）在他的《建筑十书》（ten-book treatise On Architecture）中列举了建筑的三个属性：美观、实用和耐久。后两者是功能方面的。早期现代建筑将功能重新定义为要酷

"就建筑来说，喜欢或不喜欢不是一个简单的趣味问题。我们必须依据实际情况选择材料。"

似新时代创造出来的原型——机器。这个观念被拥有新功能的建筑类型——机器时代所需求的工厂、车间、办公楼和机场——强化了。采用任何一种过去的风格来构思核动力工厂或者火箭发射平台是有挑战性的。

当今要理解由现代建筑造成的物质变化的范围有时是困难的。人们只能去对比照片，例如以本书刚开始时的巴黎同20世纪60年代的香港进行比较，以此来领会技术革命的规模。现代建筑师认识到新技术时代的来临，但是他们以各自不同的适应方式而区分开来。

加拉加斯城市大学的奥林匹克体育馆

卡洛斯·比利亚努埃瓦（Carlos Villanueva）设计，委内瑞拉加拉加斯，1950年。

市政厅

威廉·杜多克设计，荷兰希尔弗瑟姆，1930年。将抽象的风格派理念和传统的荷兰建筑材料相结合，杜多克设计了现代风格早期的一个里程碑。

威廉·杜多克（WILLEM DUDOK）: 1961年

不用说，优秀建筑的首要条件便是高效的建造，但是不要让我们愚蠢地去认定和期待正确的建造会自然而然地导致优秀的建筑。建造是一种手段，一种如此重要的手段。缺少了它，建筑是不可能出现的，正如没有语言，诗歌是无法想象的。

为什么只有可视的建造才被认为是一件诚实的作品？当我年轻的时候便有一个理念，许多建筑师曾公开讨论过这个理念，对我来说从来未曾清晰起来，那就是：建造应当是可见的，这一点既无必要又无关紧要。这样的事情其实在自然中也不是如此。没有人会因为骨骼没有外显出来而否定人体的效率和美丽。人们能感受到它的存在，尽管它是隐而不见的。

我不明白为什么不允许在好的钢筋混凝土结构外面覆盖色彩和质地更好的材料。例如，我喜欢用精美的瓷片将建筑的钢筋混凝土框架覆盖起来。为什么不这样做呢？你必须这样做。它们不得不满足不同的目标。钢筋混凝土结构满足的是建筑的强度，而外墙必须抵抗气候的影响。除此之外，外墙还有一个完全不同的功用。你可以用其他更漂亮的材料或更美丽的颜色来覆盖建筑。为什么不这样做呢？我喜欢使用搪瓷材料、金属制品和瓷砖。

我憎恶混凝土的颜色，它很快就变得非常脏。我不喜欢我的建筑经受风吹雨打，我不喜欢那样。如果我开始设计一个建筑，我会思考建筑的色彩方案，我想让它保持这样的一种状况。举例来说，我们伟大的古希腊建筑师在弥留之际可以自豪地说："我的建筑看起来就像是在昨天建成的，如同当时我建造它时一样的光鲜亮丽。"你明白我的意思了吧？现在，如果你看到钢筋混凝土建筑，哦，你要流泪的。

看这儿，你一定没有建造过反常的结构。你建造的一定是非常合理的建筑。然而你不是必然能见到那样的建筑。你一定觉得那是在建筑的内部。如果你从外面来看这个建筑，你将会感知到它的结构。你一定能感知到它的组成。我当然希望我们以一种有效且不复杂的方式去建造，这样便能对所用材料的特性和构筑的方式进行充分的评判。然而，构筑终究不是本质，空间才是。空间是供人使用的。

埃利奥特·诺伊斯：   1957 年

功能在我看来是非常透彻而清晰的。当我来理解功能时，它对我来说是非常清晰的，就像是一名导游。功能是线索。我下工夫钻研过功能，功能成了形式的线索。接着争议出现了，你听到过学校中制图室的争吵："好，我打算将一个花瓶拿出去放在公路前面的基座上，这也是'功能'。它的功能是当我进入这样房子时让我愉快。"现在这对我而言是非常透彻而清晰之事的直接歪曲，是很低劣的。我们常常同它进行切实的战斗。

在我看来，有关功能思想的美妙之事便是你打破了这种花瓶之争，并且说那恰好不是它的意思，我们正在谈论的功能，是机器、效率和部分之正确关系的功能。因为那才是我们的线索，真正给我们指明了方向。

它所诉诸的是许多我们居住的建筑——住宅、教室、宿舍——其中的功能显然是糟糕的。你知道的，好，让我们来解决那件事情，走向光辉的未来。我们没有意识到：这一点仍然过分地限制着真正优秀的建筑师，无法从中产生伟大的建筑，然而它的确是一条线索。的确如此。

弗兰克·劳埃德·赖特：   1955 年

手工艺和设计是一回事。好的手工艺必须拥有好的设计，因为设计具有手工艺的性质。你不能将手工艺同设计分开。我正在描绘、鼓吹并且设法去建造的有机建筑以什么为基础？机器被当做一种工具。机器能使手工艺完成得非常出色，干得很漂亮——那就是机器所具备的一切。

现今，我在我的系统中拥有了筹码。这只手中握满了筹码，不是吗？这些筹码为了什么目的呢？用来激活形式，不是吗？现在如果我将筹码拿走，并且说筹码是这只手，那是真的吗？它仅仅是设计出来的一种元素，用来激活那个有其功用、目标和表现力的形式。现在，国际式风格实在是可笑的，它忽略了何为美以及何为人性。

形式追随功能，的确如此。但是究竟谁来关心？不要将形式和功能降低至一些科学分析，那会使之分崩离析。我们想让它结合起来，我们想要的是事物的诗意。

巴克明斯特·富勒：   1964 年

你必须了解我所从事的事业类型与所谓的建筑世界之间的差异。你能看到建筑师们有多么喜欢我。我看起来正在创作与他们类似的东西。我一直有一个目标，我在创作上必须精益求精。我会找到一种密斯式的建筑，有着完美的整体性，我绝对不会改变那一点。但是他说："少就是多。"然而他那样说确实是从审美角度着眼的，不同于我从重量角度来论述。

当聘请我做研究型教授的那所大学问我打算怎样命名我在这里的工作时，我告诉他们我的题目是"通用的设计 科学的探索"。

福特汽车公司在他们急需一个圆形穹顶的时候，首次来找我。他们正在为福特汽车公司50周年庆典做准备。年轻的亨利·福特（Henry Ford）热切地想做一些他祖父会喜欢的事情。他说他的祖父说了好多年了，祖父喜欢在圆形大厅上面覆盖一个穹顶。他们在应该如何利用圆形大厅方面没有任何进展。他认为去建造那个穹顶将会是美妙的。但是一直到比较晚，大约3个季度之后它去参加了世博会的开幕式，他才想起了那件事。接着他让他的工程师去张罗。

他们发现福特已经在芝加哥博览会上展出的圆形建筑是由非常轻质的钢框架制作的，根本无意成为一个永久性的建筑。但是老福特非常喜爱它，他将它从芝加哥移到迪尔伯恩，并且重新建造起来。因此，结构根本不需要为了承受一个传统的穹顶而必须足够厚重。他们说为了承受一个传统穹顶的重量，他们必须加固建筑。年轻的亨利专注于这件事情。他有一个兄弟，另外一位亨利，他知道我作品的情况。他是跑到我这里来的学生中的典型一位，他告诉他的兄弟亨利：他认为也许我能完成这项任务。

因此福特汽车公司来找我，我得到了这个差事。但是福特的工程师们对此非常怀疑，他们实际上在那个差事的过程中一直同我对着干。我不得不极其艰难地为此工作，我提前一个月完成了任务，只花了相对较少的一笔经费。我是用一台巨大的水力吊车将其建成的。我们最终将穹顶放在屋顶上，移开脚手架，举办了一次辉煌的庆祝会。

它是杰出的，福特汽车公司的首席工程师来对我说："我除了向你祝贺之外，还要让你感到震惊。我不愿意告诉你，但是我们确信你的穹顶发挥不了作用，你建不起来的，我们会与一个房屋拆卸者订立合同来清除未完成的工作，让它不再碍事。"他们在电视节目上投资了2500万美元，所有的事情将要在这次50周年庆典上发生。如果这个建筑会倒塌的话，他们想让这个废物滚蛋。因此，他说："我们在危急时正好聘用了他，实际上我们付给他的费用要多于支付给你建造穹顶的。"

现代建筑的兴起主要归功于新材料的发展：加工过的材料，例如钢和玻璃；混合材料，包括钢筋混凝土；合成塑料；各种各样的板材。所有这些材料都不是新的。钢是在大约1000多年前的印度由铁制成的，一直未被超越的日本钢剑是在公元800年锻造出来的。然而钢仅仅是于本世纪初在建筑中代替了铁。玻璃的源头在古代就找不到了。公元前2500前就有了玻璃珠子。

福特圆形大厅

巴克明斯特·富勒设计，密歇根州迪尔伯恩，1953年。建造在现存的一个建筑上，30天内完工，富勒的第一个铝和塑料建造的网格穹顶是结构上的一个重大突破。

尽管在窗户上使用玻璃始于古罗马时期，加工过的平板玻璃是于工业化时期出现的。古罗马人使用混凝土，然而现代的钢筋混凝土才真正是在结构上运用的开端。

现代建筑不仅仅是以所使用的材料为特征，还以建筑师对待材料的直率态度为特征。正如密斯·凡·德·罗所说的："一根大梁是没有什么不好意思的。"

奥德：　　　　　　　　　　　　　　　　　　　　　　1961 年

我最喜欢的建筑材料是受到所覆砖块保护的混凝土。以砖来说，我青睐的是色彩明亮的大砖块。多数情况下为白色，有时为一扇门，有时为一条沟槽，或是诸如此类的别的实物，均为强烈而纯净的颜色。这散发出一种轻快而愉悦的感染力。我喜欢让人高兴的建筑，正如我喜欢让人高兴的人一样。建筑能协助展现后者。成为一名优秀的建筑师是很美妙的事情。

欧内斯托·罗杰斯（ERNESTO ROGERS）：　　　　1961 年

我认为材料仅仅是工具，因此我认为不会只有好工具或坏工具。既有好结果也有坏结果。假如你能够使用砖，你可以作出一件像赖特的罗比住宅（Robie House）那样的杰作。假如你是密斯·凡·德·罗，你基本上会去使用钢。假如你是勒·柯布西耶，你将会使用混凝土。我认为这 3 种实例给每个人提供了通常的可能性。当然，对一些艺术家来说，还存在些意气相投的味道。

雅各布斯·约翰尼斯·彼得·奥德

马克·索热：　　　　　　　　　　　　　　　　　　1961 年

我认为新的解决方式是在技术中出现的。我们昨天晚上在谈论奈尔维的思想。同自然相比，他认为我们在建筑中仍然使用了过多的材料，建筑的结构将会理所当然地让步于一种包裹式的支撑体系，正如在自然中发现的叶子、贝壳那样。

此外，在这些技术发展中，人们必须记住这个领域中的新材料，包括所有的塑料和其他人工材料。我们还处在起始阶段。我认为在几年之内我们将会目睹无数更加辉煌的工业化，预制的方法将会让我们的建造更加迅速。顺便提一句，建筑的整体形式会被忽视，那是光之建筑。现今的建筑不一定非在白天才能看得见。现今人们始终生活在黑夜里，建筑也应根据人造光源来构想。

保罗·鲁道夫（PAUL RUDOLPH）：　　　　　　　1960 年

密斯·凡·德·罗已经在这个国家创造了最富表现力的钢框架，很难见到那种框架还能怎样向前发展。然而，预制钢筋混凝土的潜力还几乎没有去发掘。

在这个领域，欧洲走在我们的前面。如果有人想做一次预测，他会说预制钢筋混凝土美学将会引导我们建造依靠光影表现的建筑，与依靠本身的美学价值的建筑相反，其反射性来自幕墙。

现在，这并不是说幕墙作为钢笼的衣服已经不再有意义了。仍然有意义的，只不过不是唯一的方式罢了。我们全都渴望的一件事情是在处理建筑外部时拥有更大的可塑性或深度。这一点，我认为通过操控预制混凝土在大多数情况下会得到满足。

布鲁斯·戈夫（BRUCE GOFF）: 　　　　　　　　　　　　　　1956 年

我立刻想到的材料是新型的塑料，正被开发用于结构，应该能降低建筑90% 的重量。面对这种更加轻盈的建筑，我们在争取获得一种更为活跃的感受。然而，我不会说那是唯一的，存在许多其他的可能性。塑料是很有潜力的，但是绝大部分仍然处在试验阶段，还无法使用。

金属当然同它们一样是有潜力的。我认为铝还未能从结构方面去探索其超越钢或其他更为沉重之金属的潜力。

福特住宅

布鲁斯·戈夫设计，伊利诺伊州奥罗拉，1949 年。戈夫设计了这座个性奇特的住宅，围绕着中央下沉的厨房和起居区域。工作室位于上面悬挑的露台上，住宅被一个圆形的鱼鳞板式（shingle）穹顶包裹着。

爱德华多·卡塔拉诺: 　　　　　　　　　　　　　　1956 年

航空工业总是宣称——他们没有宣称而是我们宣称——他们以正确的方式在使用铝。我认为他们的方式是不正确的。存在两种使用金属的方式。其一是在你可以区分何处受压力以及何处受拉力等地方使用线状的元素。这种方式计算结构是非常简单的。那么还有另外一种方式，便是采用薄壳或表皮来处理。在航空工厂，你很少发现会依据表皮或薄壳的活动状态而来的那种三维视角来处理飞机。因此，我认为我们通常说航空工业如此先进的唯一原因是在建筑中制造了一些趣味，而根本不是去吹捧航空工业。

从运用钢筋混凝土薄壳方面，假如你见到有些事情在 30 年前的德国完成得不错，从结构的视角来看，他们比许多飞机的设计要优秀得多。在我看来，这个问题不仅仅包括材料本身，还包括材料是怎样运用的。

当然，你把握了钢筋混凝土的本质。钢筋混凝土是一种思想，已经被运用了很多年。每次人们发现了应用这种材料的新方式，材料是相同的，然而应用是不同的。我认为如果缺少清楚的说明，那么整个结果将是脆弱的。在密斯建筑的结构中，你看到了支撑构件。你看到平板、柱子等等。那些构件在支撑楼板，承受荷载，诸如此类。现在，这是一种建造结构非常简单的方式，只是其本身还不够丰富。

诚实是一种聪明的方式。我的意思是有时不诚实会更好。我认为每个人会为了诚实而试图展示裸露的事物。有时，我们必须穿上衣服，这是我的想法。我与学生在一起时，遇到的最大困难之一便是他们倾注了过多的心血在那些聪明的理念上，然而丝毫没有诉诸感情。一样东西之所以能同另一样东西区分开，正是因为它们在功能上是独立的。有时将他们统一起来会更好。当某样元素本身非常丰富，并且占据主导地位，那么将它暴露出来是合适的。然而有时不是如此。在那个结构之外还有另外的东西，因此最好将那个结构置于背景之中。

维克托·格林：　　　　　　　　　　　　　　　　　　1957 年

我非常强烈地感觉到立面全部采用玻璃从长远来看的确不是解决之道。它借用光辉来提升自己。它没有赋予那种我们习惯于同建筑的外观联系在一起的光影效果。它在反射，这种反射是有趣的。在大多情况下，这种全玻璃盒子建筑最漂亮的部分是其周围的老建筑以及反映在玻璃中的影像。如果你将一个玻璃建筑放在一块缺少这种老建筑的场地上，该建筑将是难以被接受的。然而我相信玻璃建筑肯定有其优点，尤其是在一栋办公大楼中，基本上不用去满足个别人的趣味，因为数百人仅仅是工作时在那里，晚上回家。

关于这些玻璃建筑，我们还有一些问题要克服，因为施加在空调和供热系统上的负担增加了。显然地，你通常见到所有的活动百叶窗和窗帘是放下来的，这种现象证实我们还存在光线刺眼的问题。

维克托·格林

我认为由斯基德莫尔（Skidmore）、奥因斯（Owings）和梅里尔（Merrill）设计的纽约制造业者信托银行对全玻璃立面的运用是绝妙的。因为双重功能都得到了满足。内部的照明完美地注意到了其强烈的宣传功能。整个银行变成了一个商业窗口，每个人都知道里面正在发生的事情。内部很宽敞，让人印象深刻。因此，我们总是在那样的情境中不得不追问自己：我们正在做的事情是值得的吗？它是否适应了这个建筑应当具备的特定用途，或者我们仅仅是将某些我们曾经梦想作为一种技术成就的东西转用于它并不适宜的地方了？

汉诺威制造商信用大楼

戈登·邦沙夫特（Gordon Bunshaft）为
SOM 而设计，纽约市，1953 年。这个四
层的玻璃盒子，面向繁华的第五大街的
展示橱窗是空的，以此挑战传统的古典
银行建筑的"金钱商店"（money shop）
概念。

"于是工程师应当将自己从被
老一辈建筑大师创立的传统所支配
的形式中解放出来，这样在彻底自
由的状态中，通过将问题作为一个
整体来构思，能将材料运用到极致。
也许接下来我们将获得一种新风
格，正如汽车和飞机制造那样，同
样的漂亮，同样也是由材料的本质
所决定的。"

罗伯特·梅拉德

马里奥·萨瓦尔多里（MARIO SALVADORI）：　　　　1957 年

在美国，我们拥有一个非常大的有关表现的词汇库。我们拥有各式各样的
材料，各式各样的传统。我们是折中主义者。现在，我发现艺术家创造的作品
是最伟大的。首先，他们使用了一种独特的语言。其次，他们在工作中给予自
身以艺术的限制。想想但丁用看似不可能的抑扬格律创造了《神曲》（Divine
Comedy）。仅仅是将你自身塞进紧身衣，你看起来便能完成伟大的创造，如果
你已经穿上了它，结果当然是这样的。现今，在美国，我们太自由了，这就很
危险了。

我唯一了解的材料就是混凝土。我认为混凝土是一种美妙的材料。然而那
是我唯一知道如何去使用的材料。不过，用混凝土你确实可以作出任何你喜欢
的东西。因为我喜欢形式能自由一些。现在我可以说自由，那是一个非常危险
的词语，尤其是用于描述形式。如果你是自由的，你就可以为形式画草图。速
写的形式不是结构的形式。因此存在一定程度的限制，使之回归至地球引力和
其他事物。

我认为混凝土还没有真正地被利用起来。我认为我们才刚刚开始，因为迄
今为止，混凝土已经被承包商在使用。它已经被接受过钢结构设计训练的工程
师使用过。仅仅是在最近的 20 年中，混凝土的运用稍微有点创造力了。举例
来说，我认为勒·柯布西耶还没有征服这种材料。我认为有两个人了解混凝土，
梅拉德（Maillart）和奈尔维。奈尔维当然比梅拉德走得更远。我们的确只了解
混凝土的皮毛。

皮埃尔·路易吉·奈尔维：　　　　1961 年

一名优秀的建筑师能看出一个设计的主要问题，能沉着查验各种可能的方
式，最终还应彻底地掌握完成他的项目所必需的技术手段。

我喜欢钢筋混凝土，因为从中我发现了其他所有材料的全部静力学的、塑性的和结构的特质，此外，它还提供了几乎是没有限制的以及尚未穷尽的可能性。

路易斯·康：　　　　　　　　　　　　　　　　　　　　　1961 年

现今，材料是漂亮的。混凝土是一种不可思议的材料。它是带着勇气拥有跨越能力的石头。它就是石头和钢。石头能够理解。我喜欢某些事物。我喜欢砖，我喜欢石头，我喜欢所有这些材料……我开始喜欢混凝土。我对钢有几分恰到好处的喜爱，你知道的。

菲利普·约翰逊：　　　　　　　　　　　　　　　　　　　1955 年

正是美国的繁荣影响了我们对待材料的态度。我确信我们的建筑中多用了两倍的钢材，因为这样更加安全。工程师得到的报酬是一样的，甚至更多。那么建筑当然会矗立起来。甚至可以说没有人将钢材能够摆动的优点充分发挥了出来。一幢高层建筑摇摆的幅度为 1 英尺。让它摇摆 3 英尺，由此减轻你所用的钢材重量，得到一个更加有趣的建筑。那就是我所指的人们不要对任何事物施加压力。

可以举出我们完成的一个实例。那就是乔治·华盛顿大桥（George Washington Bridge），我们将钢筋中的受拉原理应用到极致，结果便是这个领域中最漂亮的结构。

现在，工程师在塔克马大桥（Tacoma Bridge）中将这一原理应用得更加深入了，不过它倒塌了。工程师承受了更多的压力。博韦教堂（Beauvais）的中殿也倒塌了，然而那并不意味着哥特式建筑师将石头挤压至其承受力的顶点是错误的。我认为那种胆识在美国工程师是缺乏的，而在美国建筑师中则更是缺乏的。

1963 年

从某种角度说，石头是真实的，混凝土永远不可能是真实的。由于我没怎么使用过混凝土，我认为处理混凝土的方式应该如勒·柯布西耶那样，弄出优美而深邃的阴影，格外的粗犷，巨大的出挑，黑白相间的深度切口，一派粗野风格。当然，我受到了勒·柯布西耶的影响，这段时期我们所有人都是如此。

我非常敬佩勒·柯布西耶，我最后一次参观马赛公寓（Marseilles building）时其粗糙材料的丑陋让我极为震惊，还有极为糟糕的采光对我的触动也许要大于其他人。我必须努力去欣赏其形式。

若非混凝土变得精致了……在我看来，奈尔维是专门做抹灰顶棚的。当然，他是我们时代最杰出的顶棚装潢家。

晴海住宅

前川国男设计，东京，1957年。这个大规模的十层公共住宅计划，有着向外伸展的基础，是前川国男现代风格的一个生动的实例，坐落在东京湾的一个岛屿上。

何塞·米格尔·加利亚（JOSÉ MIGUEL GALIA）：　　　　1955年

我相信混凝土是一种具有惊人可能性的材料，但是目前尚有缺陷，那便是结构计算方法的限制。当有一天这些问题得到解决时，我们将能够利用混凝土固有的流动性来随意赋形。

前川国男（KUNIO MAYEKAWA）：　　　　1962年

如果我在日本工作，不管我们喜欢与否，我们会不由自主地去建造预制混凝土建筑。正如你所知晓的那样，在日本，建筑应当在特殊的情境中去设计以免遭地震的损害。不管我是否喜欢，我使用混凝土已经很久了。我认为自己已经逐渐钟爱或者是喜欢混凝土了。技术的发展已经有效地改变了建筑，在某些情况下，这些改变的结果是我们的生命和环境失掉了人性。我认为现代建筑正面临着如此严重的困境，以至于它正在对人的生命产生有害的影响。

丹下健三：　　　　1962年

就建筑来说，喜欢或不喜欢不是一个简单的趣味问题。我们必须依据实际情况选择材料。就日本而言，混凝土是目前最适合与最基本的材料。它比铁便宜，能作出更加自由的形式。

在过去的几年中，日本的实际情况已经有了显著的改变，与材料的耗费相比，劳动力变得更昂贵了。我们不得不使用预制材料及其方法。我认为我们必须朝着工业化的方向去使用混凝土。

在过去，我想在我的作品中使用钢，然而在日本的环境中，那样做还为时过早。我觉得我还不能够充分表达出或制作出我想要的形式。因此，我在我的设计中非常依赖混凝土。但是，最近情况发生了改变。制造技术或处理钢的技

运动中心

丹下健三设计，日本高松，1962年。这个给人留下深刻印象的钢筋混凝土建筑反映出丹下健三决心将日本建筑传统仅仅视为创造新的建筑秩序的一种启示。

术进步了，而且劳动力价格相对来说更高了。根据生命的发展来说，这是合适的。我们自由地运用混凝土来设计已经变得困难了。但是我认为混凝土的使用也许仍然会多于钢。

阿丰索·爱德华多·里迪（AFFONSO EDUARDO REIDY）：1955年

我们无法拒绝钢筋混凝土，因其可塑性能使之看起来成了受偏爱的材料。钢在实际的设计中有些刻板，而钢筋混凝土给了建筑师更大的创造自由。我认为人们至少应当努力运用好每种材料的功用、颜色、质地和形式。无论何时，只要有可能，在运用材料时便要尽可能保留其最初的状态。

我不知道为什么，但是在这儿，在巴西，建造要比保留容易。也许这是心理姿态的问题。这个问题在公共服务性的政府项目比私人项目要严重。在公共设施中，所有工作的开销均来自城市或州预算所分配的资金。当一个项目批准了，赊账要扩展至施工。每年的支付通常要分成好几块。欠款是不太容易拿到的。但是当管理部门征求维修或保护费用时，这些资金会被削减至无法做任何事情的程度。建筑的寿命比预期要早，几年工夫就显得非常陈旧了。由于铁缺少涂料的保护，它们开始恶化。铁锈蚀了，木材腐烂了。换句话说，由于缺少保养，损毁严重。

阿丰索·爱德华多·里迪

马塞洛·罗伯托（MARCELO ROBERTO）：　　　　1955年

在巴西，维护是一个问题，源于许多不同的因素，尤其是因为缺少保护。我们创造了某样东西，然后我们丢弃它，宁愿另起炉灶而不去保护老的成果。南美洲大体是如此，巴西人尤其不喜欢古董。他们不关心传统。他们宁愿事物土崩瓦解，并另外建造一个。也许那是正确的途径。

当然，在这里我们使用混凝土，因为这是更加简便的。然而那并不意味着我们不使用其他材料。我们使用木材、石头和钢材。没有任何材料是不能使用的。当我们使用木材或石头时，我们制作出来的东西将会与我们用混凝土制作出来的大不相同。工作的精神是一样的。我认为对材料的选择不会扮演重要的角色。

艾尔弗雷德·罗特：　　　　　　　　　　　　1961年

我不属于青睐粗犷混凝土的现代建筑师群体。我不喜欢那种材料。这栋我正住在其中的住宅，外部是混凝土。其外墙是由钢筋混凝土与里面的绝缘材料所组成。我不喜欢它。它看起来是廉价的。我将整个建筑抹了灰。看看我邻居的这栋住宅，是用粗糙的混凝土建造的。为了使之漂亮以及为了解决窗户的细节问题，将会使你付出比涂抹更多的金钱，这样才能解决问题。因此，我极不喜欢勒·柯布西耶的观念和他的素混凝土理论。在欧洲，尤其是在瑞典，年轻一代对这些事情有点糊涂。素混凝土已经变得极为流行。

自然地，如果素混凝土适合我的目标，我会去使用。例如，我的住宅的护墙便是素混凝土建造的。或者是在我们于几周前开始的学校中也使用了，那是苏黎世的一个大型的学校。我会将这所学校所有的外墙、护墙、楼梯等都用精细而光滑的素混凝土来建造，但是不会用于主要的建筑。我认为我们不能退回至低等级的状态。我们处在20世纪，然而也许对有些人来说，让我们感觉生活在早先的时代会更浪漫、更激动人心。

卡洛斯·比利亚努埃瓦：　　　　　　　　　　　　　　　1955年

我喜欢简单的材料，因为它们天生的纯粹让我鄙视表现癖的愚蠢和自负。在它们之中，我特别喜欢混凝土，标志着整个国家建设的进步，如大象那样柔顺而强大，如石头那样不朽，如砖块那样谦逊。

拉多：　　　　　　　　　　　　　　　　　　　　　　1956年

如果我们回溯建筑的过往，我们能看到所使用的一些材料。它们拥有一些固有的品质。举例来说，当他们使用石头或砖块时，尤其是石头，它是一种自然的材料，在自然材料以及同自然有直接联系的周边环境之间存在某种亲和力。现在，我认为现今最大的问题便是怎样运用我们的新材料，使之适应金属与合成材料等非自然材料。石头和木材天生同自然有着密切的关系，它们的使用从某种角度来说便是致力于保留其材料的天然属性。当我们要使用金属与合成材料时，我认为我们仍然有很长的路要走。我认为现代建筑从某种角度来说依然没有成长起来的原因之一便是尚不够成熟和雅致。

加拉加斯城市大学的奥林匹克体育馆

卡洛斯·比利亚努埃瓦设计，委内瑞拉加拉加斯，1950年。体育馆是比利亚努埃瓦大学城规划的顶峰，其最具戏剧性的元素是暴露出来的悬挑混凝土薄壳，优雅地庇护着大看台。

老的建筑杰作，甚至不用追溯至哥特式或巴洛克式，而是在100年或200年之前，我们看到那些使用的材料有些年头了。它们经受了风吹雨打，外观并没有损坏，反而得到了提升。那对石头来说是如此，对木材来说亦是如此。甚至对一些金属，比如铜，也是适用的。你能够建造出漂亮的铜屋顶，它们会变老。它们氧化了，变成绿色。举例来说，你看一些漂亮的巴洛克铜屋顶，岁月使材料变得圆润，确实提升了建筑的品质。

现在，关于新材料，我认为我们尚未找到一种细化和最终的方法。有些现代建筑的杰出范例的设计非常好。当它们刚建成时的照片很漂亮，10年之后看起来却是邋遢的。发展某些观念或原理需要很长的时间。如同我所说的，对于自然材料我们拥有确切的导则。那指的是自然的规则。而对于金属与合成材料，则会困难得多。一些材料也拥有显而易见的固有品质。就以铜为例，在雕塑中，那种材料通常用来浇铸。它拥有确切的固有品质。我们必须找到怎样将新材料的某种固有品质显露出来。那样的事物几乎触及到了自然中的某些奥秘。我们需要去发现那些使得某些材料变得浓烈、美丽和更加强大的奥秘。那不仅仅是力量，也不仅仅是耐久性，而且是作为其本身一部分的外观和保养。

当今的材料看起来总是必须被抛光和进行某种程度的保养，比如一个厨房被弄得很漂亮。在某种程度上讲，那不是自然之物了。老的材料，比如石头和木材，的确与自然有亲和力，自然不会与它们相争。在我看来，自然似乎在与我们的新材料进行战斗。新材料缺少那种亲和力，需要花时间发现如何找到那种适当的关系。

胡安·奥戈尔曼：　　　　　　　　　　　　　　　　　　　1955年

关于材料，我会告诉你一件事情，我又一次问墨西哥画家迪格·里韦拉（Diego Rivera）。我说："为什么我们通常会宁愿选择石头和木材，而不是这些非常好用的现代塑料？事实上，它们中的一些是极为优良的材料？"他回答的内容可能来自于他的印第安意识："人类同石头、木材和泥土生活的年头要比塑料多得多，因此也许那便是从美学角度来看，那些材料比塑料更加漂亮的原因。"

胡安·奥戈尔曼

保罗·韦德林格（PAUL WEIDLINGER）：　　　　　　　　1956年

概括地来说，只要你赏识它们，任何材料都是没有缺点的。缺点只会附着在建筑师和工程师身上，从来不会附着在材料上。人有缺点，而材料没有。

在许多方面，机器在现代建筑的发展中已经成了一个关键的因素。在古时候，材料的获得受到交通的限制。现代建筑师接受了建筑材料的分配已经成为一个既定的事实。许多强大的机器使得现代的建造是可能的，又是经济的。除

墨西哥大学国家图书馆

胡安·奥戈尔曼设计,墨西哥城,1952年。这块12层高的书架厚板矗立在一栋矮房上,展现出身为建筑师和画家的奥戈尔曼在粗野的民族矿材上所制作的镶嵌工艺。

此之外,机器是建筑本身的一部分。美国土木工程师奥提斯(*E. G. Otis*)开发出电梯使得摩天楼成为可能。他于1857年安装了第一部安全电梯。关于机器系统——电力、管道、供热和空调——后面几种是我所访谈的建筑师最频繁提及的。

小菲利普·韦尔(PHILIP WILL JR.): 1956年

设计建筑,我们做的基本上是在创造环境。在控制环境方面,最近所取得的一次最了不起的进展便是空调的发明和推广。它对设计的影响其实才刚刚被感受到。我们可以在我们自己的工作中感受到。我们在校园项目中将会采用新

西斯科特初级学校

小菲利普·韦尔与劳伦斯·B·珀金斯(Lawrence B.Perkins)设计,纽约斯卡斯代尔,1953年。教室环绕着中心的普通场所,如图书馆和礼堂,这个学校开辟的布局方式和非常规的外观被无数其他地方的学校所采纳。

的规划和建筑类型。没有空调，这些将是不可能的。然而这样的规划产生了问题，他解决了许多一直困扰教育者的问题，但是那增加出来的控制环境的方式慢慢地用于几乎所有的建筑类型，其影响才刚开始被感受到。

鲁道夫：   1960 年

我想说你将一个人预算中的 35% 或 40% 花在了机器设备上，在未来 20 年之内，我们将寻找更有意义的途径。这对我而言便是更富有雕塑感的元素。它使得光和影的展现真正精彩绝伦。为什么我们所有的多层建筑都要不可思议地进行空气调节？我认为你可以真实地表达出这种事实。这明显可能会导致一种机器表现癖，如同我们已经走过了一个舞台，并且仍然处在一种结构表现癖的舞台之上。

你知道的，花在那些东西上的这 35% 或 40% 的预算，人们以前是用于绘画、雕塑和装饰上的。你现在不可能说服任何人在那些事物上投资了。我们必须生活得更加舒适，但是只有我们采取这种恰当的方式真正能控制光和影才有可能。实际情况是从建筑设计角度而言，空调的出现尚未被正视过。实际上，我们不可思议地对我们的建筑进行空气调节和加热。漂亮的结构是逐渐形成的，然而它们被各种各样的管道等玩意儿弄得像一个瑞士奶酪。噢，这两者的整合确实有趣。

我不知道你是否了解我们在波士顿建造的蓝十字 – 蓝盾大楼（Blue Cross-Blue Shield Building），现在已经大名鼎鼎的一幢多层建筑。我们努力使机器系统更有意义，而不仅仅是让你保持温暖或让你保持凉快或让你保持干爽，或其他的状态。举例来说，这幢建筑的支撑当然来自底部。然而像一只巨大的章鱼似的机器系统来自顶部，并环绕着整个建筑。热空气和冷空气及其回流均在柱子的外面，那么水平的支杆便清晰地展露出来了。因此这就像一个巨大的藤蔓环绕着整个建筑。

机器和气候控制当然是并存于此。工业革命已经在工业化的结构方面影响了建筑，这是有意义的。整个预制化运动，人们是无法抗拒的。然后我呈献的主题是机器应当为我们服务，而不是支配我们；波士顿的空调建筑不必同旧金山的空调建筑相同；这两个城市的尺度完全不同，人们的生活确实存在着非常大的差异。你甚至可以使用相同的预制构件，但建筑会展露各自场地的弦外之音。说比做容易。我并不是说地域主义是建筑形式的唯一决定因素，当然我的意识不是要抗拒整个工业革命。

蓝十字 – 蓝盾大厦

保罗·鲁道夫和安德森（Anderson）、贝克威斯（Beckwith）、海勃尔（Haible）合作设计，波士顿，1960 年。空调管和结构柱交织在垂直的预应力混凝土网格式立面上。

被机器唤起的对预制化的乐观期待，部分已经实现，还有部分受到了挫折。当今，许多建筑部件是在场地之外制造的，预制组件已经将绝大部分的现场作业转变成只有装配一项任务了。这些组件从结构部件、墙体和窗户单元至管道、供暖和空调器械。然而，由于费用以及法则和协会的制约，许多施工

作业还是要在现场完成。美国的私家住宅便是最有可能按照这种方式建造的典型。它们的范围包括在工厂制造预制住宅和活动住房以及去当地建造的发展式和定制式住宅。

马克斯·比尔（MAX BILL）： 1961 年

我认为良好的经过设计的预制化将会以某种方式改变许多事物。不过我认为那是非常困难的。预制必须走拥有丰富的可能性之路。这些丰富的可能性便是预制所面临的问题。我们总是认为它将会迅速发展。但是它的发展不会有我们所设想的那样快。我完全同意预制，但是预制在某种程度上成了一种宗教，一种秘诀。预制一方面是一个真实的技术问题，另一方面是一个人文的问题。它是一个灵活性的问题。

设计学校

马克斯·比尔，德国乌尔姆，1955 年。设计遵循着包豪斯传统，这所技术学校开设了建筑、工业设计和视觉传达等专业，坐落在一个小山上，是一个简洁而高效的综合体。

我们总是在建造预制式建筑。我所有的建筑都是用预制构件建造的。然而就算是在能够被预制化的结构中，你可能必须以一定的方式来建造一个建筑。举例来说，我在乌尔姆的这个设计学院大楼，是我的第一个完全预制式的建筑，但是我们没有钱去建造一个预制化大楼。我们必须尽可能便宜地去建造一个混凝土建筑，那也许是将这个大楼预制化的最便宜的方式了，然而这是不可能的，因为预制化需要一定的技术水平和规模。

索热： 1961 年

现今，尽管我们经常被告知，尤其是被建造者和供应商告知，预制化和工业化妨碍了你的自由，对建筑艺术强加了非常严格的限制，我认为我们将要沿着一条彻底不同的道路行进。一旦预制化最初的危机过去之后，我们将会看到生产中无穷无尽更大的可能性。为了更加接近建筑师的目标之一，建筑师将会被赋予更多的自由，这个目标就是通过住宅和建造艺术来获得解放，并且不再对建筑的使用施加限制。

瓦尔特·格罗皮乌斯： 　　　　　　　　　　　　　　　　　　1955 年

　　始于 19 世纪 60 年代，钢材中的重大发明——以前不存在的真正用于建筑的钢材——以及由加德纳（Gardner）发明的钢筋混凝土，带来了全新的视角。当今，我们可以建造出大跨度，而古代的建筑由砖墙或石墙砌成，窗户上带有图案。现在我们可以建造一个框架，然后用外壳进行包裹。那是完全不同的一种方式。那让我们更加的自由，因为我们可以自由地在我们想要的地方开洞口，由于结构部分是框架，而不再是以前一直应用的墙体了。因此我们在发展我们的方案和所有的建筑细部方面更加自由了，正是由于这些杰出的发明。

　　当然，随着这个大运动而来的便是走向预制化。未来将是预制化的时代。我在 1910 年关于这方面写了一些东西，对此我非常自豪。在我看来，预制化不是一个意外的革命，以至于每个人将要生活在完全相同的住宅里。这是一个缓慢革命的过程，一环接一环。先是摆脱工匠之手，经历机器，因而有一天我们得到的结果是我们可以在市场上购买相同尺寸的富有竞争力的部件，由建筑师来随意运用这些组件来完成整个设计。我不管我们用作设计单元的是砖还是石头，我们都能够通过工业来得到这些现成的部件。

　　我发现最近这种类型的预制化已经渗透进摩天楼之中了，而不仅仅是住宅建筑。我可以利弗兄弟大楼（Lever Brothers）为例，整个建筑的 85% 至 90% 采用的是工厂中预制的组件，带到现场，在那里装配。因此从一个建筑发展来说，我们涉及一个装配程序，大部分工作是在固定的车间里完成的，然后部件被运到现场，并在那里装配。

　　人们担心我们将使得所有事物过于一致，实际上不是如此，因为市场的自然竞争将带来这些部件丰富的多样性。甚至是他们沿用相同的尺寸，这是必需的，我们还是会有足够丰富的选择对象。同样，建筑师将不会被扔出市场之外，因为把现有的组件装配成一个房屋同用砖来砌筑是一样困难的。尽管有机器及其丰富的性能，我们现今要处理的类型比手工艺时期的要多。

　　我一点都不担心国家的工业会造成过分的统一。我们将会拥有极为丰富多样的部件，并且我认为如果部件的一些常见的共同点贯穿至整体，那只会有好处。我们要避免我们现今出现的那种可怕的大杂烩，当我们来到一条街道，那儿的景象是所有的东西都是不同的，而不是让其受到更多的约束。

　　举例来说，这不仅仅是技术问题，还是财务问题。这的确是一个恶性循环，我亲身经历过。我拥有通用板材公司康拉德·瓦克斯曼（Konrad Wachsmann）的专利权。我们没有找到中意的供应商，因此该工厂没有成功。然而主要的缺点是财务方式，因为当你获得你的联邦住房管理局（FHA）的经费时，钱要在 6 个月或 8 个月之后才能到位。然而当你有一个工厂和仓库，预制单元几个小时之后就会完成。如果你不能尽快地处理它们，一会儿工厂就塞满了。因此你必须拥有市场以便流通，然而在你得到房屋项目之前，你不可能拥有市场，这是最困难的事情。如果政府对预制化没有特殊的财务方式，它将会发展得越来越慢。

你瞧，这种发展的出现经历了很长时间。我从不奢望预制化有一次意外的突破，将其他的东西扔出市场。它是一个缓慢而持续的过程，当你打开 Sweet 目录，你将发现有很大一部分已经可以从工业中得到了。我唯一的观点便是建筑师的参与还不充分。他过多地将其推给工程师去开发这些部件。他应当走近工厂，去开发它们。

它将无止境地向前发展。许多预制系统和工厂失败之后，仍然有一些在继续运作。我认为将会出现更多通用的预制房屋部件，而不是一个工厂制造出整个房屋。这幢房子由许多不同的部件组成，我们必须从许多工厂去收集，而不仅仅从一个工厂。

彼德罗·贝卢斯基

彼德罗·贝卢斯基（PIETRO BELLUSCHI）：　　　　　　　1956 年

将部件以极低的价格在工厂中建造，然后在现场装配，这也许是对建筑和现代建筑形式最大、最卓越的贡献。我认为塑料、铝和其他类型的材料是可以加工的，正如汽车能够被压平，为将来提供了最多的机会和最大的变化。我们确实没法承担得起让薪酬极高的工人去逐块砌砖的费用。工资正在上涨，我们没法承担采用绝对系统（absolute systems）的费用。因此，只不过是经济原因，我们被迫去使用所谓的预制材料。预制是个被用滥的词汇，人们在一段时间之前对其期望甚高，许多人已经失望了。然而实际上我们走上了这条路，看到它充斥在我们周围，我们的确无法改变事情的进程，因为它是我们工业技术的直接产物。

公平储金和借贷协会大楼

彼德罗·贝卢斯基设计，俄勒冈州波特兰市，1948 年。这幢建筑被认为是一个开拓式的作品，既由于其光滑的钢筋混凝土框架、彩色玻璃、铝材包裹，又由于它是美国第一幢密封的空气调节式建筑。

拉尔夫·拉普森（RALPH RAPSON）：　　　　　　　1959 年

出现了重大的技术进步，在我看来，我们明显进入了在建筑中越来越广泛地运用工业化的发展洪流之中，这自然指的是预制化。现在，你是将单独的部件汇集并装配起来还是作为一个整体进行预制，我不得而知，但是我认为这两样事情都会发生。

这肯定会发生在住宅领域。我确信我们在很多年之内还会秉持独立结构的理念，这似乎成了一种美国幻想—— 一种愿望，最终我们将拥有许多独立式住宅。我希望我们不要再浪费地球上的自然资源，更加尊重我们的整体环境。也许我们将更多地根据整体空间来思考住宅和其他建筑，这可能意味着联排住宅或组团式住宅。我认为那并不是说一定要取消独立式住宅。独立式住宅无疑会在我们身边存在，即使它也许是一个大型综合体的一部分，无论是行列式或水平伸展式的。

查尔斯·古德曼（Charles Goodman）： 1956 年

技术的发展自然是最让我感兴趣的，我认为国家中每一位工业家都应向着自动化奋进。我认为那将是技术发展中最伟大的象征，因为它是自我校正的。任何一位熟悉工业进程的人士都知道那意味着什么。在过去，住宅的批量生产是存在缺点的，它的耐受力已经耗尽了。换句话说，如果你有相同的一套冲模和钻模等物件，那些钻模不会总是完美的，那意味着持续的人工检测，除非你拥有一套自动检测系统。自动化发展到极致将能做到那一点。就我看来，那是自动化最伟大的贡献，自我校正系统会降低自动程序的费用，最终使买家得到廉价的产品。

当然，我提及自动化的原因，是因为对我来说预制化将会逐渐产生一种巨大的力量，以至于我不会见到还有人会去考虑建造一栋传统的私家建筑。当然，你知道的，我们仍然采用传统的方式建造了很多、很多独立式住宅和部件。然而，我们使这些部件的工业化水平达到了一个很高的等级，即使它是一个单独的项目。

当你谈论预制化的时候，你便是在谈论与汽车工业的特征非常相似的一些事物，那没什么意思。那样的事物最初是延迟了汽车的交易。注意，我在论述的不是每个人都用来进行比较的装配线，因为私家建筑中的预制拥有一个预制系统，而这与汽车装配线是风马牛不相及的，它是一种不同的装配线。

当汽车首次被生产出来时，其价格是昂贵的，使它们变得平常的正是装配线和财务系统。缺少财务系统，装配线将毫无价值。当下在私家建筑中，我们拥有了你所谓的一种装配系统，为低价作出了贡献，但是我们没有名副其实的一种财务系统。现在仍然是黑暗时代。就工业建筑和商业建筑而言，我们采用预制化已经有一段时间了。毕竟，当你做一个办公楼，那是什么？一系列的部件。预制化在那里当然不是新鲜事儿，在这里才是的。

卡尔·科克（CARL KOCH）： 1956 年

由组件在场地外装配而成的建筑，越来越大的结构部件，这是最有趣的。正在发生巨大的变化。我认为现在将我吸引至整个住宅领域的是物体能被装配在一起的方式以及我们用来改进施工、生产和材料巨大的设备，而不是这些事物目前的个别成果。

我们正朝着让我们的建筑和建筑群在最新的技术手段和结构系统之间建立有效关系的方向迈进。我认为我们正开始与大量的现代建筑保持距离，那几乎是对机器本身的崇拜，而根本不是将它当做一种有效的工具。做大量非常痛苦和昂贵的手工劳动，以使它最终看起来像是机器完成的一样。我认为将一堵塑料墙弄得好似一堵钢铁墙简直是荒谬的，不是吗？

东门公寓

卡尔·科克与威廉·霍斯金斯·布朗（William Hoskins Brown）、罗伯特·伍兹·肯尼迪（Robert Woods Kennedy）、弗农·德·玛斯（Vernon De Mars）、拉尔夫·拉普森合作设计，马萨诸塞州剑桥，1950年。科克沿着查尔斯河设计了这幢12层高的建筑，包括一个公共房间、顶楼的洗衣房和零售空间。261套公寓均有一个阳台或露台。

戈登·邦沙夫特

戈登·邦沙夫特：　　　　　　　　　　1956年

在我看来，这个国家发生的最伟大的变革是建筑不再需要被建造得能保持500年。它们不再被建造成标志物，内部的使用目的代代变更，例如巴黎和伦敦的一些建筑。当今，我们的文化经济和人们对舒适性需求的提高，使得建筑在20—25年之内就过时了。我认为这种变化将逐渐对建筑和建筑设计理论产生根本的影响。

换句话说，底特律的汽车工业，人们正在感知其新的模式，至少在纽约是如此。特别是当一个建筑在建成后20年就被拆毁的时候，主要是因为对场地的经济分析以及需要最新的机械器具，比如空调、更好的电器、照明等等。

当然，关于这一点还存在另外一个原因，那就是经济的和社会的原因。这些建筑中大型的套间主要是为聘请了佣人的人士而建造的。现今，佣人已经消失了。建筑必须适应我们当今的需要。我不知道这是否是一个好的方向，也不清楚它是民族的还是国际的，但是它暗示着某些事情正在发生。

就技术发展而言，毫无疑问，我们必须开发出一种能将这些建筑建造得精确、轻松而快速的方式，这当然会导致预制化。当今建筑的建造基本上还是与40年前相同。外壳是不一样的，然而基本结构是相同的。无数的水泥、无数的水、无数的沙子、无数的砖块在建筑的上上下下移动。当他们建造伍尔沃恩大楼（Woolworth Building）时便是采用这种古老的方式。建筑工业作为一个整体，不仅仅包括建筑方面，还是一个进展缓慢的设备，充满了贸易、联盟、协会和其他叫不出名称的事物。这些事物进展非常缓慢。另外有一个小东西叫建筑规范，其进展也是非常缓慢的。但是我们将会逐渐拥有预制的、建造轻巧而快速的、洁净的建筑。

利弗大楼

戈登·邦沙夫特为 SOM 而设计，纽约市，1952 年。最有影响的早期现代办公建筑之一，这幢 18 层高的蓝绿色玻璃塔楼位于一个更为宽广的单层楼房之上，整个建筑由不锈钢贴面的柱子支撑起来，留出大部分向行人开放的公园大街场地。

社会

建筑一直是一门社会艺术，它是公共性最强的美术。一座建筑的完成需要政治、规划、设计、财政和建造等众多领域人员的协同活动。

第一次世界大战后，社会意识的普遍提高给现代建筑带来了特殊而广泛的社会使命感。社会主义及其所呈现的多种形式不仅是现代建筑的发展背景，也是一股批判性的策动力。建筑师想为人们创

"世界上实际并不存在唯利是图的文化，文化应该与某些人类功德相关。"

造更加美好生活的愿望是真诚而热切的，从而激发出一种充满使命感的热情，与之相伴的还有正义感。建筑发展成为一种新的道德。建筑历史学家西格弗里德·吉迪恩（Sigfried Giedion）认为"当代建筑始于一个道德问题"。与鲍扎艺术相比，新建筑讲求的是真实、健康和真诚。

奥塔涅米技术研究所（OTANIEMI INSTITUTE OF TECHNOLOGY）
阿尔瓦·阿尔托设计，芬兰奥塔涅米，1961年。

爱德华多·卡塔拉诺：   1956 年

我们过于关注技术的发展。社会发展和社会结构比有形实体结构更为重要。我认为社会结构是影响建筑设计的首要因素。

奥斯卡·尼迈耶（OSCAR NIEMEYER）：   1956 年

社会主义将简化建筑。它将应对人类的重大问题，并找到解决这一总体问题的答案。

欧内斯托·罗杰斯：   1961 年

我曾说过形式就是结论。我想说的是，从更广泛意义上讲，建筑也是一种结论。建筑并非人类的独立活动，而是一种根植于历史背景，或者说社会背景的活动。因此，形式是不同缘起的结果。所有建筑都是不同缘起的结果。当它建成之时，就像自发生成的一样，但这并不意味着它真的独立存在了，而是意味着它被融入了。

奥塔涅米技术研究所

阿尔瓦·阿尔托设计，芬兰奥塔涅米，1961 年。场地位于一座高山上的森林公园里，报告厅、实验室以及建筑的其他部分是由砖、花岗石和大理石构成的建筑综合体，如此设计是为了在不破坏整体的基础上向外延伸。

阿尔瓦·阿尔托：   1961 年

我不认为建筑形式总是实用的。实际上，世界上并不存在唯利是图的文化，文化应该与某些人类功德相关。我感觉仅为自己而存在的形式并非一种人类信仰。它必须与他者产生某些关联。我也会从其他角度来看待自己的建筑形式。

奥斯瓦尔多·布拉特克（OSWALDO BRATKE）：   1956 年

我相信，技术发展与社会变迁相比，前者对生活变化和建筑要负的责任倒是更小些。几千年来，世界各地的主要建筑材料一直是木材、砖和黏土瓦。我认为新形式的出现是基于新材料和更为复杂的技术。然而，其重点却在于功能，

奥斯瓦尔多·布拉特克

莫隆比儿童医院（MORUMBI CHILDREN'S HOSPITAL）

奥斯瓦尔多·布拉特克设计，巴西圣保罗，1951年。反映了布拉特克终生对社会的关注，这座医院采用了简洁的设计和低养护费用的建筑材料，拥有宾至如归的室内空间以及陪护孩子的家长用房。

新的功能是被新的社会结构所激发出来的。当然，钢筋混凝土在前十年里对于建筑形式变化确实起着至关重要的作用。然而，社会结构才是决定中世纪、19世纪和当代建筑特点的根本因素。

吉欧·蓬蒂（GIO PONTI）：　　　　　　　　　　　　　　1961 年

过去，建筑师为王子、君主和皇帝们建造宏伟的建筑。今天的建筑师致力于对未来的预言。建筑师不再是一个宫廷人。当今我们奉行的原则是独立自主，通过城市规划以及相关问题来研究未来，成为向社会灌输这些理念的先驱。例如，勒·柯布西耶是建筑师的先驱，诺伊特拉是建筑学院式教育的先驱。格罗皮乌斯既是最伟大的建筑先驱也是最伟大的教师。当代所有建筑彼此共同作用并促进了社会发展。

丹下健三：　　　　　　　　　　　　　　　　　　　　　1962 年

把技术及技术进步与社会进步分离开来是不可能的。相应地，我们也不能把建筑技术剥离出来看。我们必须同时想到社会变迁是如何影响建筑的。所以我认为，如果我们思考一个建筑时，基于技术和社会两条轴线会更便于理解这个建筑。

首先，作为包括空调在内的制造和建造技术在不断发展进步，许多变化会自然而然地产生。另一方面，交流的技术也将迅速发生变化。我认为它将完全改变社会结构。说"社会结构"可能显得过于抽象。实际上，交流就是一种使人与人、人与物、物与物之间发生联系的技术。因此我觉得社会结构将会大大改变。我认为它可能会极大地影响建筑的发展。一个建筑与另一个建筑的联系，一个建筑与更大的建筑群之间的联系，以及与城市社区结构的联系都将大大改变。他们的改变有赖于交流的特性。

皮雷利塔楼（PIRELLI TOWER）

吉欧·蓬蒂设计，意大利米兰，1958年。尖锐的侧墙强调了这座优雅的33层塔楼的纤细，在这个建筑中，蓬蒂和工程师皮埃尔·路易吉·奈尔维背离了标准的现代办公建筑的长方体外形。

对于我们建筑师而言，未来的难题是如何仔细看清一个建筑元素与其他建筑元素之间的关系，或者是建筑和城市之间的关系。换句话说，因为每个建筑元素在整个城市中扮演不同的功能，在我们所身处的时代里是很难去设计一个简单自处的建筑的。从这个意义上讲，就出现了空间流动性的问题。我们不得不在空间流动性的极限范围内思考建筑。

汽车是关于交流的一个恰当例子。我想汽车除了自身功能之外，在许多方面都影响着这个世界。极端地讲，空间就是为交流而存在的，汽车扮演着联系一件事物和另一件事物的角色。因此，如果我们把交流的功能用于建筑的内、外部空间之间，一种思考建筑和城市的新方法就应运而生了。所以，我认为交流技术，或者有赖于交流技术的社会变迁将在很大程度上改变未来的建筑。

社会变迁与技术变迁密切相关，尽管我并不能说社会变迁主要来自于技术变迁。目前，制造和建造技术有了很大进展。国民生产值的绝对数量变得非常巨大。在日本，超过 20% 国民生产值都属于建筑领域，而过去建筑业产值的比例仅仅占到 5%。因此这一占绝对优势的建筑业产值引起了社会物质环境的迅速发展。另一方面，绝对产值中剩余的 80% 几乎都进入了消费领域。这样一来消费的绝对数量也变得十分巨大。消费的增长意味着事物消失的速度变快了。物质环境结构的发展和增长越快，旧的微小事物消失并变成新事物的速度也就越快。这意味着与时间相关的流动性已经被加强了。这是我们时代的特性之一。如果我们不创造新的建筑类型来应对这种现象，建筑本身就落后于时代了。

当我们思考建筑的时候，必须在时空运动的条件下。我不否认功能主义，但是我认为我们必须克服功能主义静止的思维方式。建筑和城市是人们生活和工作的地方，其基本前提是为人服务。这一点始终不会改变。现代世界城市承认个体的自由意志，然而社会是一个有机体。这一点应当影响并反映在建筑和城市的物质形态中。

理查德·诺伊特拉：   1955 年
当然，我不怀疑所有因素中最可贵的是人这种因素，人应当被视为客体来研究，在过去的一万年里，它们被许多哲学家建议作为一个客体来研究。也许在这件事被记录下来之前这个建议就已经是真实不虚的了，因为人们早就已经开始对人类自身发生了兴趣。另一方面，在如今看似灰暗的年代里，这个建议却是极其新鲜的，今天有成千篇论文发表在与观察及实验室工作相关的系统科学杂志上，这些实验区分了我们的时代和亚里士多德的时代。

我在此不想以任何形式打击亚里士多德，但是我认为在认识是什么维持着有机体的运转方面，我们的确已经取得了巨大的进步。我们了解许多有关有机生命的知识，特别是对人类有机体的了解更多。所以，如果我们讲到住宅生命，

理查德·诺伊特拉

有机这种提法就可能成为最具创新意义的发明，其实建筑学中一直都是这么提的。即使你拥有一座发电量上百万千瓦的电站，但只有五个人在里面工作，那么这五个人就是设计这个电站的决定性因素。

因此，现在我认为，研究人类反应和所有人类有机体的感官天赋，探究其核心部分是怎么一回事，以及它们是如何立体组织和共同工作的是我们这个时代的巨大创新。这些研究经常与具备自身规则和结果的技术发展产生冲突。

显而易见，能帮助我们找到将所有事物规范到一个现实秩序下的共同特性和影响因素是：什么是人类能够获取的？什么是生物能承受的？什么是生物的整体性？我们将永远无法攻克这些难题。这也是我们绝对不想去攻克的难题，因为我们想继续发展下去。

真正想为人类设计的建筑师不得不去了解比维特鲁威建筑五要素更多的东西。

马克斯·比尔：　　　　　　　　　　　　　　　　　　1961 年

影响我建筑设计思维的始终是人的需求。包括社会背景、个人背景、个人对事物的需求、需求与形式以及需求与设计之间的关系。我想所有的元素都需要放在最恰当的地方从而实现人类所需要的功能。我认为建筑从来不应该是自我表达，也从来不应该是个人野心的表现，它也绝不是展示主义或者所谓原创及个人化的观念。

建筑一直是一种集体努力的结果，现代建筑的社会风气强调了设计团队的平等主义（egalitarianism）。瓦尔特·格罗皮乌斯就曾是这一观点旗帜鲜明的倡导者。

瓦尔特·格罗皮乌斯：　　　　　　　　　　　　　　　　1956 年

我们必须学会自下而上的团队协作。我们今天所涉及的领域是如此巨大，以至于不可能通过一个人的头脑来摆平一切。团队协作有其自身机制，我们必须通过学习才能掌握。我认为当建筑和建筑学越来越多地扩展到规划领域的时候，团队协作是绝对必要的。

恩里科·佩雷苏蒂（ENRICO PERESSUTTI）：　　　　　　　　1956 年

有时候团队协作就是指你同罗杰斯以及我这样的人一起工作许多年。当然有一些工作会对我们当中的某一位产生更大影响。但大多数情况下，我们彼此是没有差别的。我们的作品反映了我们的整个工作以及我们团队的水平。面对同样的情况和问题，我们会自己改变主意或受到其他人的思想影响而改变主意，因为其他人比我们更高明或者我们比其他人更高明。很难说这是否算一种优势。如果合作者最终能殊途同归的话，这就是一种优势。我们进行自我批判，但是就像我说的，合作的最佳结果是当你的主意或其他人的主意最终成为一个共同的主意。那么我们自然知道这个主意就是最正确的。

我个人对我们的团队协作非常自豪，这种自豪来自两个方面。一是团队工作精神的契机十分难得。二是我认为团队协作与格罗皮乌斯所说的当前文化条件下的某种迫切需要相符。当然，这么做也是有风险的。就像人一生要成为一个学士或者是要结婚也是十分困难的事一样，因为这个过程中总是会出现问题。

皮埃尔·路易吉·奈尔维：　　　　　　　　　　　　　　1961 年

要想使建筑获得美丽、无限和丰富的可能性，建筑师必须更多地涉足建筑技术和静力学，或者他们必须形成通过团队来研究其项目的习惯，团队通常由建筑师、工程师和开发商组成。合作是极其重要的，因为建筑师可能在整个设计过程中扮演一个创造者的角色，与此同时，工程师必须从第一张草图开始就参与协助建筑师，构建并确定与建筑师设计理念相应的静力学和结构可能性。这样一来，某些设计风险就被避免了。例如，如果深化的设计项目不可能被建造，或者建起来有困难，技术很复杂，那么这就不只是一个建筑经济性问题了，它会令建造的最终结果有些不自然。

皮埃尔·路易吉·奈尔维

鲁道夫·施泰格尔（RUDOLF STEIGER）：　　　　　　　　1961 年

基于长时间的经验，我认为团队协作对我来说是建筑扩初设计的重要条件。因为团队手段可以更好地把握建筑所涉及的广泛领域。然而，必须指出的是团队协作并不是专业分工，它不是指张三来做建筑，李四来做技术，王五来做其他，等等。我的理解是，这不叫团队协作，而只是在同一间办公室里基于专业人员的一种组合。

团队协作应该是受到同等教育和具有同等能力的人一起工作。任何一个人可以完全替代另一个人。只有这样团队协作才具有互惠价值。否则最重要的东西，也就是相互批判的精神将会遗失。在各专业人员之间不存在相互批评的问题，但是受过同样训练的建筑师之间是能够进行讨论的，当然尽管每个建筑师根据其自身个性在某个方面会有特殊发展。

例如我们的团队包括我和黑费利（Haefeli），维尔纳·莫泽（Werner Moser），还有我儿子等人。一个人早上去了，订购了一种色彩样本，下午另一个人来了，拿走样本。我们亲密共事默契得像一个人一样。我和我儿子一起工作时，我能在他修改的一个平面上接着再修改。第二天，他又在我修改的基础上继续修改，而这一切的发生不需要任何口头沟通。我们在同一种精神指引下完成了这件事。团队协作只有在精神协作可能的前提下才是有价值的。一个团队如果由外面的人组成，不幸的是这种情况经常发生，当一个人不知道他该信任哪个建筑师时，合作绝对是没有意义的。虚假形式的工作团队意味着精力的消耗。只有当团队以自然方式产生时才是巨大的优势。

友好的意见交流也相当重要。我和格罗皮乌斯、勒·柯布西耶，凡·伊斯特伦（van Eesteren）、吉迪恩，凡·登·布罗克（van den Broek）等人都是国际现代建筑协会理事会的成员，我们常常组织一些有趣的聚会。我们总是在塞弗尔（Sevres）大街25号——勒·柯布西耶的家里聚会。谈论的话题十分广泛，但建筑谈得更多些。例如，形式重要性，以及更为宏观的东西，如城市建筑、公共性、建筑群体如何组织等等。

当然，两个团体也很快因此而形成。国际现代建筑协会内部从一开始就存在两个意见完全分离的团体，我想直到现在依然如此。一个团体是由荷兰人、北欧人、瑞典人和瑞士人组成的，他们想达成一个更为系统化的、文献式的基本原则。另一个团体是由勒·柯布西耶和后来的塞特组成的，他们更强调公共性。只要两个团体之间保持一种很好的平衡，国际现代建筑协会就能保持其创造性和发散性。

从这些讨论中总有一些东西浮现出来，有时候讨论相当激烈。我回想起马特·斯塔姆（Mart Stam）与勒·柯布西耶之间，以及汉斯·施密特（Hans Schmidt）与勒·柯布西耶和莫泽的争执。这些讨论异常激烈但非常富有创造性，也就是说，他们彼此辩证地校正对方。后来，遗憾的是宣传被过于强化了。许多有影响的人，或者不如说是有影响的团体失去待在国际建协里的兴趣，因为他们不认为宣传有很高的价值。有趣的是，一些事情丧失了其平衡性就蜕变为一种不活跃状态。我为此感到深深遗憾，这些聚会不能再持续进行，我们不再济济一堂，因为许多人退出了。

工业革命时期世界上大约有7.2亿人。到20世纪20年代，人口增加到18亿。不可预测的人口爆炸迫切催生新的建筑解决方案。在当时的社会气候下，住宅

《住宅与休闲》（LOGIS ET LOISIRS）现代建筑杂志，法国塞纳河畔的布洛涅（Boulogne-sur-Seine），1938年。刊登了1937年在巴黎举办的第五届国际现代建筑协会大会的报告，主题为城市主义，是一部掀起了现代运动的革命性对话的经典出版物。

成为广泛的新建筑焦点是件自然的事情。

现代建筑最早有影响的案例是1927年在斯图加特举办的魏森霍夫住宅展览会。它展示了33个居住单位，范围从独立式住宅到公寓街区，它们的设计者是密斯、勒·柯布西耶、格罗皮乌斯、奥德、彼得·贝伦斯、布鲁诺·陶特（Bruno Taut）及其他建筑师。

巨砾住宅区（PEDREGULHO ESTATE）
阿丰索·爱德华多·里迪设计，巴西里约热内卢，1952年。这个12英亩占地的居住邻里包括了小学、操场、健康中心、干洗店、购物中心，是一项独立的社会成果。细长弯曲的七层公寓楼与山丘场地的轮廓相呼应。

阿丰索·爱德华多·里迪： 1955年

我进入住宅设计领域，不仅仅因为设计住宅是个趋势，也是受到环境氛围的影响。这个领域因此也成为我的终身所爱。我的确认为它是建筑学中最重要的一个领域。它吸引着我这个建筑师去寻求解决住宅问题的最佳可能方式。到目前为止，我已经在这个领域工作了差不多十个年头。我认为社会对于建筑师的需求越来越多的表现为提高居住条件，而首先要解决的问题是如何降低造价。

何塞·米格尔·加利亚： 1955年

我相信全世界及我们国家（委内瑞拉）的人口爆炸将产生适当的住宅需求，人口的增长量比过去任何时候都要多，为剧增的人口服务，将激发建造方法上的一场变革，从而简化建造的过程。

何塞·米格尔·加利亚

埃利奥特·诺伊斯： 1957年

我认为每个时期都有社会变革，如果人们即刻认同了这一变革，它就会对建筑产生影响。从世界历史的近距离尺度上来看，我认为（20世纪）30年代，也就是大萧条之后的现实情况是缺乏资金对建筑的影响很大，建筑不得不追求经济效益的最大化。突出经济性成为设计必须遵循的一条原则。

这一点与我们在贫穷中寻求美学品质的事实形成比照；我们有必要追求经济效益，但是我们可以从中制造美学功效。这是件好事，我认为这么做还是相当有效的。现在，突然间经济一派繁荣景象，我想，这的确对设计产生了一种影响，但富贵奢华的设计依然处于一个比过去控制得严格得多的框架之下。我们并不曾走到另一个阶段。

这是一种平衡,是一种此起彼伏的变化节奏。对一个国家或一个时期而言,每一次经济状况改变会立刻影响到建筑的外观形式及其设计过程,这一点我深信不疑。当然,新的交通方式和郊区化也同样对建筑产生了影响。这是个持续变化的世界。我不认为有谁能够对它进行预言。我只想说,不可能社会发生了变迁,而建筑却不受到任何影响。

城市规划是现代建筑最显著的社会推动力。需要声明的是过去的城镇规划不再与新的时代精神相关,现代运动的建筑师宣扬一种追求集体福利的设计信条。他们更多地致力于通过建筑改善人们的生活。这一目标的具体表现就是那些产生于20世纪20到40年代之间的数量可观的理想城市规划方案。从弗兰克·劳埃德·赖特的半农业型广亩城市(Broadacre City),再到勒·柯布西耶的梦幻设计——当代城市(Ville Contemporaine)、光辉城市(Ville Radieuse)以及沃伊津规划(Plan Voisin)——还有他为佩萨克(Pessac)、阿尔及尔(Algiers)、安特卫普(Antwerp)和圣代(Saint-Die)等城市做的注定失败的方案。在接受美国建筑师学会荣誉奖章时,勒·柯布西耶说:"我的口袋里有一张小纸,上面写着我一生所有的失败。它们是我设计生涯的绝大部分内容。"

广亩城市模型

弗兰克·劳埃德·赖特设计,1935 年。这个未实现的设计是为乡村民主制度下一个自给自足的社会服务的,赖特在这个设计中融入了他的许多思想。

马塞尔·布劳耶: 1956 年

我认为最大的变革是社会变革,它可能强烈地影响到建筑。设计建筑时候,我们感觉我们设计的至少应该是街景,也可能会是整个街区。当然,街区和街道设计依靠的是另一类金融投资渠道、要面对的是另一类业主,与我们建筑师今天所面对的有所不同。

建筑学未来的最大可能出路在于城市规划。我不是说城市规划就是建筑学,而是说城市规划的建筑学解决方案。换句话说,就是大尺度的解决方案。这当然需要社会变革或者一些投资和产权方面的新方法。

马塞尔·布劳耶

联合国教科文组织总部大楼（UNESCO HEADQUARTERS）

马塞尔·布劳耶、皮埃尔·路易吉·奈尔维和伯纳德·泽尔菲斯（Bernard Zehrfuss）设计，巴黎，1958年。这座8层"Y"字形的建筑由国际化的建筑师和工程师团队设计，具有弯曲的立面和纤细的柱子，是为联合国教科文组织活动建造的一座颇有魅力的总部大楼。

史岱文森镇的彼得·库珀村（PETER COOPER VILLAGE, STUYVESANT TOWN）

欧文·查宁（Irwin Chanin）和吉尔摩·克拉克（Gilmore Clarke）设计，纽约，1946年。这座巨型的大都市生活公司综合体，由110座建筑、11251套公寓，以及运动场、景观构成，它的建筑缺乏显著的差异性，却是一个著名的城市住宅成功案例。

开端已经有了，像史岱文森镇（Stuyvesant Town）这个项目，我不认为它是个好项目，但是它最突出的特点是他将整个街区都纳入了设计范畴。我希望规划将会越来越好，建筑学也会越来越好。但是我发现这种依然停留在大尺度上的规划类型给了建筑学一个完整的新元素。例如，沙里宁的通用汽车项目就是一个很好的大尺度规划案例。原因是其实每个建筑都不再是单一的建筑，而是一个更大篇章中的组成部分。

我们不谈建筑，而是谈建筑之间的空间。我们就像谈论建筑的形式一样谈论广场和街道。空间，这种消极的形式，将成为建筑的形式，体块不是形式，把体块作为建筑表达形式的情况差不多将会终止。

威廉·杜多克：　　　　　　　　　　　　　　　　　　　1961 年

我认为我们必须采取一个广泛的视角来看待这个主题，我们不只是要把它应用到建筑中，还要把它作为一个整体应用在城镇和乡村中。因为社会需要城市规划不同方面的发展，不仅因为人口的激增，还因为交通特性的完全改变。

在 19 世纪中叶，火车和工业发展产生了百万人口的城市。那时集中是再正常不过的了。但是毫不夸张地说，所有火车之后的发明都不是指向集中，而是指向分散的。汽车、电报、电话、广播、电视令人们在无限距离上产生联系。汽车产生的快速交通已经使大城市变得无用，尽管大城市并不想要快速交通。它们很难为城市的目的服务。尽管人们住得很近，但他们很难彼此通达。城镇不再是满足人们初衷的答案。这一点得到了印证，因为人们逃离中心城区的情况越来越多。

唯一的解决方案是将人口理性地分散到中等或小规模城镇中去，那里有良好的相互交流、居民之间的健康接触和环绕四周的乡村地区。除此之外，建筑的未来不再是独立的建筑，而是作为一个整体的城镇和乡村。

我们在第二次世界大战之后的大尺度住宅上已经看到了这一点。无论是在住宅类型还是住宅群组问题上，人类住宅从未像我们所身处的时代这样被认真研究过。这当然是成绩。但是更有必要研究的是城市规划这门艺术。这需要有天赋的建筑师和规划师的完美联手，建筑师负责不同的建筑，作为志愿从属者，同时具有权威的自信。问题在于是否未来社会将达到这样一个文化的高度。虽然在像伦敦附近的卫星城一样完全新建的城镇里，我们目前已见证了上述发展方向。

某种程度上讲，巴洛克时代有更好的条件形成整体化城市建筑的艺术。我们乐于了解那个时期的一些非常好的案例。同时，为了将来而发展这些思想会花去我太长时间，毕竟我们不是预言家。因此我更喜观察我们自己所处时代的美妙生活。

罗汉普顿住宅区（ROEHAMPTON ESTATE）

伦敦郡议会，伦敦，1953 年。这个伦敦公共机构创造了一个杰出的战后低收入住宅新产品，由高高低低的混凝土板式建筑群混合坐落在一个山丘公园场地上。

拉尔夫·拉普森：　　　　　　　　　　　　　　　　　　1960 年

对我来说，建筑事关整体，事关整个环境。我们对所有的人都感兴趣，当然，首先我们要对整个环境感兴趣。我认为这并不意味着每个建筑师都能成为一个规划师，但是他必须有这方面的兴趣，并拥有对完整性、建筑整体和环境整体的渴望。

当今建筑出问题的地方在于——也许更合适的说法是今天文化出问题的地方在于，我们仓促地探索未知领域和获取科学知识的时候，文化被远远地甩在了后边。这当然是我们作为人类的麻烦所在。正如爱因斯坦所说："手段的完美和目标的混乱，"看来这就是我们社会的特点。我想这也是建筑学领域的真实情况。

专业技巧、科学进步和技术发展日新月异。它们赋予我们手段和能力去创造更优越的环境，但是，总体而言，我们并没有做到。我想我们能缩小技术和我们吸收技术能力之间的鸿沟。这就是身为建筑师的我们以及建筑艺术要做的事。我们必须永远不忘它是一门艺术。这是一种宽泛的表达，但是我想它意味着我们将和人性打交道。我们必须总是把人的需求放在心上。我们必须理解人与其相关的事物之间的关系以及人与结构、材料之间的关系。

马克·索热：   1961 年

建筑师必须具备比其专业需求更广阔的职业背景知识。建筑师扮演着非常重要的角色，尤其是在现代社会中。因为通常一个建筑师的观念导向将对解决具有真实生活意义的问题产生持久的影响力。影响的结果取决于其设计，它们在社会问题、或者甚至是政治问题，以及公共卫生问题和交通问题上具有巨大的实践意义。

我相信建筑师还必须是一个城市学家。因为过去我们可以想象伟大的建筑师构想了孤立状态的建筑，今天我们却不能再这么想了。建筑师必须超越美丽的体块概念，尽管它们确实有用，并且非常美丽。建筑师必须走得更远：他要为空间确定秩序。因此，他必须把自己的精力更多地投入到虚的空间上来。无论是室内还是室外。结果是当他全力处理这些空间的时候，他也同时在全力处理城镇或乡村的街区。这样一来他们就成了城市学家。

这是一个建筑师的定义。他首先得是一个有理念的人，他的个性是天生就善于改善处理人际关系，天生就追求美、舒适、自在以及整个人类生活的改善。

阿尔弗雷德·罗特

阿尔弗雷德·罗特：   1961 年

当然，技术革命瞬息万变。新事物层出不穷，而我们应该相信这些新事物将解决我们的问题。最大的问题不是技术层面的问题，而是人文层面、社会学层面和人类学层面的问题。它们是建构的基础。其余的部分，即所有技术和科学都必须为之服务。我们建筑师不得不盘点所有的事情，最重要的首先是为城市规划、区域规划和乡村规划服务，当然也包括设计住宅公寓、住宅组合，市民中心等。

多层住宅具有社会用途。例如，我发现在这片神奇的大地上为我自己建造一所单体住宅是不合时宜的。我从一开始就有这个想法。我不想让这座房子只属于我自己。我想让它具备某种社会功用。让我们来建造一些学生空间。众所周知，苏黎世这个地方需要学生空间。这是个非常大的问题。

就从那时起，我开始和我们学院的同事一起工作，致力于在技术学院里建一个新的规模巨大的学生之家，解决 1200 名学生的住宿问题。这里将建成一个学生中心，因为在城镇里我们还没有这种类型的建筑。学生宿舍问题直接触及了一个非常关键的问题，这一点你们是知道的。我将坚持这个样板性的设计方向。

后来，正如你们所知，我总是对学校建筑和教育问题非常感兴趣。例如，我在你们国家（美国）建造了我的第一所学校，在靠近圣路易斯的地方。我有个绝佳的机会与赫尔穆特·亨特里希（Helmut Hentrich）以及山崎实联合建一所学校。

我认为这个国家是历史上最早开创现代学校设计的国家。我从美国回来的时候已经是 1953 年，当时我在苏黎世举办了一个有关学校设计的大型展览。展览的参观者来自世界各地。他们从小村庄赶来参观学习。这确实是一个新趋势的开端，一个真正的有关学校建筑的良好发展趋势的开端。

在认识到我为这个国家的学校所做的一切之后，苏黎世市政府给我了一项任务，在这里建造我们的学校。他们给我充分的自由来设计学校。学校是一个巨大的中心，它是史无前例的。我们目前在建它的第一部分，一所小学。然后我们将建第二部分，一所中学。第三部分将是一个青年中心。其空间将提供给已成年的年轻人课余时间来使用。这是当前苏黎世所倡导的事情。

因此对我来说，建筑的恰当发展更多地取决于建立符合人们需求的项目。我们总是不得不重新考量人的需求问题。我们的研究依然没有结束。我们将永不停息地进行有关人类真实需求的研究。首要的问题是更好地了解人类需求，

苏 黎 世 研 究 所 馆 员 住 宅（FELLOWSHIP HOUSE, INSTITUTE OF ZURICH）

阿尔弗雷德·罗特设计，瑞士苏黎世，1961 年。这个学生宿舍，是罗特为研究所做的先进规划和设计的一部分，反映了他把教育看做人类和文化解放的坚定信念。

其次是形式的问题或者建造、材料和细节等问题。遗憾的是，今天许多建筑师却以一种抽象的方式寻找新的发展动向或形式主义原则。

沃尔夫斯堡教堂

阿尔瓦·阿尔托，德国沃尔夫斯堡，1959 年。这个教堂具有引人注目的钟塔，它控制着教区的中心，教区包括管理大楼，牧师住所，俱乐部用房，以及为年轻人服务的设施。

阿尔托：   1961 年

我们可以把一种次要功能看做建筑的主要背景。我们不妨这么来做。仅仅电气系统工作正常，这是不够的……（建筑）最重要的功能是让人类以某种更好的方式成长。

在几周之前，我在沃尔夫斯堡（Wolfsburg）建造了一个文化中心，它意味着各种功能，包括图书馆、音乐厅及其他类似的功能，它是城市的中心。城市管理者告诉我们要建立一种针对单调的工业化劳作的对抗力量。这一点离开建筑是办不到的。现代建筑的最大问题在于，我们建立了一种生活模式，这种模式使人们从早到晚只知道单调的劳作。

技术可以改变建造方式，使建造不再那么缓慢。但是我认为社会体系、人们受教育的方式以及工作的方式会更多地改变建造方式。我不是指政治社会发展，而是指发生在人身上的缓慢变化。今天我们每个人都被文明化了。和过去只有少数贵族相比，今天的社会确实发生了巨大的变化。如果让我说句结束语的话，我想说今天建筑师面临的重大问题之一就是如何去保全人类——如何去形成集体主义中的个人主义。

马塞洛·罗伯托：   1955 年

技术要素的重要性不再等同于时代精神。我认为今天比任何一个时代都重视精神。我属于那些信仰中世纪并对之有归属感的人。在中世纪，尖券和飞扶壁建筑可以向前追溯到炮塔及类似结构明显占优势的时期。哥特式拱券和飞扶壁被曾用来表达时代的精神，所以它们被创造了出来。

现如今也是同样道理。如果我们用某种类型的材料或技术来表达自己，我们就创造了它们。它们不可能通过其他方式来创造。技术革新或发明不会改变一个时代的建筑或城市发展的精神。相反地，我认为时代精神需要一种特殊类型的建筑或城市规划来表达自己，它呼唤着对某种技术或发明的探索和发展。

毫无疑问，我相信准确地说是大量的人口，以及猛增的出生率迫使我们使用比现在更为聪明的方法。目前整个世界可以来用一系列人们熟知的发明和方法并形成更为有趣的作品。但不幸的是，某些因素，如落后思想、对同一性的迷信以及类似的东西会使得上述发明和方法不能得到应用。我认为眼下正在发生的情况会越来越普遍，也就是说，螺旋上升的人口和商业增长的数量将迫使这些方法得以应用。

因此，对建筑师来说，当初觉得不好而让人脸红心跳的事可能会变得有益，因为它提供给我们一系列我们现在无法获得的机会。因为我们总是要面对反对创新和坚持墨守成规的保守态度。现在发生的这个繁盛过程将迫使方法发生改变。这一点对我们建筑师而言简直好极了，如果我们打算投身到这场运动的先锋行列中的话。

路德维希·密斯·凡·德·罗：   1955 年

我认为社会的发展、城市的扩张和人口的增长几乎改变了所有一切，但不总是使一切向好的方向发展。然而改变的确是发生了，这是毫无疑问的。不断向外扩张，就像一片森林一样，城市不复存在了。你们知道的，被规划的城市永远地消失了。我认为我们得思考一下我们不得不生活在丛林里的意义，也许通过思考我们会做得更好。

艺术

"我的美学信念受到立体主义、未来主义等自由艺术领域革命的引导。"

建筑属于美术的一支。巴西建筑师奥斯卡·尼迈耶将建筑定义为"一种可以征服偏见的美好事物"。我们必须承认在这部口述史提及的建筑师以及其他许多建筑师最终不是因为其技术精通或社会价值

观，而是因为其令人仰慕的美学而赢得声誉。现代建筑与现代艺术之间早就有重要联系。据说历史上任何时期的建筑都没有如今这样深受绘画之影响。新建筑的美学特质是我们采访的建筑师的常见话题。

圣母教堂（朗香教堂）
勒·柯布西耶设计，法国朗香，
1955 年。

荷兰角住宅（HOOK OF HOLLAND HOUSING）

奥德设计，尼德兰荷兰角，1927年。这座建筑挽救了荷兰在早期现代建筑运动中的地位。奥德把16层联排公寓在圆形建筑终端用通长的水平首层阳台和商店联为一体。

雅各布斯·约翰尼斯·彼得·奥德：　　　　　　1961年

在最初成长的阶段，我的美学信念受到立体主义、未来主义等自由艺术领域革命的引导。这些信念以一种特殊的方式与贝尔拉格、马蒂斯（Muthesius）的理念……所发起的实践性洞察艺术相叠合。

如此我就从这些先辈那里得到了美学原动力，一种把建筑视为建造艺术未来的整体想象。它通过自由艺术的实践被放大了。它被蒙德里安及其作品的思想鼓舞和点亮了。蒙德里安在绘画中所做的尝试，我也试图应用在建筑中。他试图制造简单的形式、比例和色彩这些最富有艺术价值的东西。我试图找出什么是一件作品或建筑中真正必要的元素。人们想要的不是他们喜欢拥有的，也不是他们想用来装饰或者展示的，而是他们在实际生活中所需要的。这有点类似于蒙德里安所做的。蒙德里安试图找到本性、本质事物，以及那些对他来说最基本的形式。我也尝试找到对我来说最基本的建筑形式。在这点上，建筑和艺术是共通的。

这一点也发生在技术领域。我们对技术以及像工具和电子仪器之类的机械事物十分仰慕。我乐意将它们转化到建筑中去，而且通过情感价值将它们附加上去。现代建筑中尤见这种情感价值。

我感兴趣的是立体主义建筑师并非展示自然的图景，而是揭示自然背后的东西。自然背后的东西与我所最追求的建筑背后的东西是一致的，也就是指事物的内在价值。对我来说，建筑的内在价值正是我感兴趣的第一位的。

当初，在蒙德里安时代，人们根本不喜欢明亮的颜色。因为在荷兰，天空里总是有云和水汽。我们总想要更柔和的颜色，我也不例外。但是事实证明只要我们有勇气和胆量，给事物赋予更明亮更多的颜色是完全可能的。后来很多人开始尝试这么做了。

马克斯·比尔： 1961 年

那个时候，弗兰克·劳埃德·赖特是不切实际的，对我们毫无助益。我们强烈反对所有新艺术运动并把他也归入这一类。后来我的想法改变了。当时我与俄罗斯运动（Russian movement）、构成主义者、路斯以及其后的奥德以及荷兰派走得很近。

当初，我对构成主义（constructivism）及其相关的事物总是怀着十分的敬意，但是我并不喜欢它们。我觉得需要走他们的路，但是我与包豪斯的人，克利（Klee）、康定斯基（Kandinsky）、施莱默（Schlemmer）、莫霍利（Moholy），甚至阿尔伯斯（Albers）交往过密，以至于我一开始只能接受他们的作品。但是后来，我既是他们的朋友也是蒙德里安和范顿格鲁（Vantongerloo）的朋友。至今我依然是范顿格鲁的好朋友。我们经常见面。作为一个年轻人，我成为了这一运动的合作者。

但是，艺术理论会影响建筑。我一点也不喜欢那些理论。我认为从美学上讲艺术是一种独立的事物。它具有其自身功能，每一幅明确的作品都可以影响到另一幅作品。我不喜欢混淆建筑与雕塑、绘画的界限，尽管三者已经混淆了多年。

建筑学不仅指好的建造和建筑艺术。建筑学也不只是建筑项目所要求的空间的逻辑组织。解决建筑项目需求的方案有很多，建筑师总是有各种各样的可能性。这意味着功能尽管可能是建筑的重要方面，却不是决定性的因素。

是什么引起建筑师对构成艺术和空间组织艺术的注意？我认为，是因为人类思维将美从理性中抽象出来，把声音从诗歌和音乐中抽象出来。建筑学承认空间比例美。建筑只有按照美丽和谐的空间比例被宏伟地建造出来并能巧妙地表现其特征和文化意义时才能成为艺术。

马克斯·比尔

勒·柯布西耶： 1961 年

我总是被富有创造性的建筑所吸引，不论是以何种形式，特别是人与环境相适应的那种，感觉到人与环境意气相投。我在绘画中发现了形成这种感觉的手段。这是一种奇妙的手段，但也有危险。

我的弱点是容易受视觉东西的诱惑。我的眼睛天生就是为了看可视的东西——素描、绘画、雕塑和建筑。它们是一个整体，就像交响乐一样。建筑需要某种明智的思想。绘画和雕塑也需要，但是他们具有更直接的外在可能性。有时候我的手比我的头脑先行一步，因为手的动作是习惯，有各种可能性。这是非常奇怪的。人类的手真是神奇。

我喜欢美丽的事物。我有很好的体量感和色彩感。我认为绘画、雕塑与建筑一样重要。如果人们觉得我的作品打扰了他们，他们可以待在家里。不看就可以不被打扰。但是如果在我 75 岁的时候，偶然地，有人对我说：

"让我瞧瞧你做的。"他们就来看好了。他们不应该嫉妒我，他们也不应该干涉我。

我非常忙，超级忙。近些年来的画作都是圣诞节、新年、五旬节、7月14日，以及周末完成的。每幅画都花了三天才画成。例如，我为八月份准备了三天时间作画，然后好几个月都抽不出时间来。我这里就有颜料盒，我一有时间就会铺开它们。

阿尔弗雷德·罗特：　　　　　　　　　　　　　　　　　　　　1961年

遇到蒙德里安是我人生的第二次重要转机。第一次是勒·柯布西耶，第二次是蒙德里安。

我与蒙德里安的相识方式十分离奇。我从巴黎到荷兰，受勒·柯布西耶之邀去做一个报告。这也是我给建筑学会的荷兰现代小组做的第一个报告。他们带着我在阿姆斯特丹参观了一些现代建筑。他们向我展示了奥德设计的现代建筑，他很早期的住宅。住宅的主人有一幅蒙德里安的画。这幅画已经有点污损了。有人将他们的脏手印留在上面。主人让我把画带到巴黎去请蒙德里安修复一下。他将画包在一张纸里。我把画带到巴黎，奇怪的是，我把它放在我的工作室里好些天，大概有几周时间，我甚至连看都没看它一眼。那时候我对蒙德里安并不怎么感兴趣。

后来，我不得不去拜访他，我被告知至少要写张明信片通知一下我的造访。他不喜欢不速之客。所以我就写了张明信片告诉他造访的日子。那天我去了他的办公室和工作室。我敲门后，是蒙德里安开的门，他是个非常害羞的人。他

圣母教堂

勒·柯布西耶设计，法国朗香，1955年。这个教堂具有雕塑感的外形和空间——弯曲的白色墙面，随机设置的奇形怪状的窗户，明显挑出的屋顶——创造了现代宗教建筑的一种激动人心的表达方式。

表示友好欢迎并让我进屋。我走进他的工作室，天哪！他的工作室完全被他的色彩元素所装点。这个工作室全都是红、蓝、黄，有一种美妙的韵律形式。这是个无限的、没有尺度的空间，简直就是音乐。哇！我完全被折服了。我是通过这个空间认识了蒙德里安，而不是通过他的画。但是后来，很自然地我开始非常喜欢他的画并热衷于他的画。

我在那儿的时候，勒·柯布西耶从来没有造访过那个地方。我绝对相信蒙德里安也从来没见过勒·柯布西耶。他特别不喜欢勒·柯布西耶的作品。蒙德里安属于直角风格的荷兰运动派（Dutch movement of the style of right angles）。勒·柯布西耶对他来说过于浪漫了。他不喜欢勒·柯布西耶的作品。两人之间没有任何联系。但是后来我经常拜访蒙德里安。我们成了真正的好朋友。我理解他的艺术，他开启了我艺术生涯的第二个阶段。

蒙德里安的思想之一是产生一种能被所有人看得懂的艺术，不论他是否受过教育。不论是日本人、美国人、南美人还是非洲人，他们理解这些强烈的色彩——蓝、红、黄——直线和直角。直角是人类的发明，是人类的象征。所以说他制造了一种与地域条件、区域气候相脱离的艺术形式。他把这种类型的艺术与查理·卓别林的电影相提并论，查理·卓别林的艺术是世人都能领会的。这也是蒙德里安想要做的。

我热衷于他的作品并经常拜访他。当我去拜访他的时候，勒·柯布西耶心里总是有些不大舒服。"你总是去拜访这个奇怪的画家，这个画家只知道红、蓝、黄、白。他只会运用直线和直角。那不是艺术。那只是把东西凑在一起的原始方式。"那个时候，勒·柯布西耶就是这么认为的，但是后来他彻底改变了。

我想说艺术有两个基本的方面。一个方面是关乎艺术作为个人作品的创作，架上绘画或者是雕塑作品。这些作品中的大部分都保存在博物馆、私宅或广场上。另一个方面是艺术如何整合到建筑中的问题。首先，要有整合的深层需求。这种深层需求超出了艺术家的期望。许多建筑师和艺术家今天都同意说，让我们尝试这种综合吧，然而这只是问题的一部分。我认为还有一个更深层次需求的问题。

我们这个时期是否在更深的层次上愿意接受这样的综合呢？从更深层次而言这是有必要的吗？我想说，是的，这是一种深层需求。首先，总的来说，我们今天这个时期，总的趋势是将生活的方方面面更好地整合起来，不管是科学还是技术，社会学还是艺术。

威廉·杜多克：   1961 年
我总是看到绘画和建筑之间的巨大不同。我和蒙德里安有私交。蒙德里安的画会带给你这样一种感受。你瞧这儿，我刚画的，一个小 P，代表皮特·蒙

65

德里安。这就是整幅画。这条线有特定的比例关系。这些在我们建筑学中是有价值的，但是在绘画中没有价值，因为它不够有趣。

巴洛克时期是艺术史上的伟大时期。但是这一时期一直被人轻视并诋毁。我认为，它是个有关空间的美丽游戏。巴洛克建筑和现代建筑之间存在着巨大的差异，因为在现代方式中，我们使用空间的收束和空间的围合，但只是以一种间接的方式去围合。你处理得越简单，空间的表达就越丰富。而在巴洛克建筑中，墙和各种各样的大厅吸引着你的注意力。

40 年前，有一个人，一个伟大的人，路斯——阿道夫·路斯认为装饰即罪恶。我完全不认同他的观点，因为我认为装饰是人类欲望的基本要素。我曾说过，装饰是生活中被浓缩了的愉悦。

威廉·杜多克

在建筑的早期，没有哪个建筑是不被装饰的。即使是在简单的住宅里也有原始的装饰。这一点完全证明了我们不能认为装饰就是罪恶。我也想装饰。但是我想以一种简单的方式。我想以一种经济的方式去装饰。我可以设想，比如，在一间很好的房间里建筑的吸引力放在一面特殊的墙上。只有那面墙是被装饰了的，其他的墙则简单处理，这样一来，你就可以经济而丰富地去表达。歌德说过："大师在有限之中展示自己。"这一点我认为也可以应用到艺术领域。

在雕塑或者绘画领域很难寻求一种合作思想。你不应该应用雕塑和绘画艺术，如果从一开始它们就在建筑中没有什么意义的话。如果你不去考虑那些实用艺术，那么你就创造了一个自我完成的建筑。当一件艺术品完成的时候，它就是不可替代的了。

例如，在乌得勒支（Utrecht）设计的剧院里有一个大厅。我的意思是，打一开始就在那面墙上的某个位置有个雕塑，巨幅的墙面前有一个金色的雕塑。我无法想象没有这个装饰的剧院大厅，建筑及其装饰必须是一个整体。

路易斯·康：　　　　　　　　　　　　　　　　　　　　　　　　　1961 年

个人风格必须有助于呈现生活方式中真实的一面。这种风格本身可以成为你表达事物的方式。但是如果它完全来自于生活背景，我认为依然是不够的。没有人可以接受它并使它得到发展。

换句话说，假如我制造了一种只有我自己能用的工具，那么它对这个世界来说并不那么重要。但是如果我制造了一把斧头，那么森林马上就会需要它。我自己的个人风格，可以说就是我制造斧头手柄的方式。我倾向于以这样一种方式来看待自然秩序，我制造一个好的规则，使得我的斧子在一定程度上比别的家伙的斧子好用。我的风格可能被认为是一种好的风格，但是风格所属的普遍生活方式必须是风格所形成的整体生活方式的一部分。

欧内斯托·罗杰斯：   1961 年

我想说美就是目的。美不是前提，而是结果。我谈的是我们当代做建筑的方法。也许从前并不是这样的，但是对我们来说，美就是最终结论。它从来不是先验的。因此，我说一个建筑师需要文化和想象，我不知道文化和想象会在哪里终止。我是指以何种形式终止。形式就是建筑师个性诸多组成部分的综合联系。

安东尼·雷蒙德：   1962 年

建筑师原则上就是艺术家。日本人热爱自然，真实的自然，不仅包括这个世界、动物、树木、风景等等，也包括整个世界和宇宙。他们对宇宙秩序感兴趣。他们相信艺术家是一个能让人们窥视到宇宙规则的人，我同意他们的观点。让人们窥视到宇宙规则是一个艺术家的唯一作用，他们让人意识到自身和秩序，以及与事物的超级秩序的关系。艺术家是深刻的哲学家，否则他就无话可说，没有什么好呈现。他作画或做事情的才能常常违背他而不是支持他。你可以以每周 20 美元的价格雇一个好的绘图员。但这一切都没有什么意义。真正有意义的是，艺术家对社会问题的深刻理解和对宇宙秩序的深刻理解，为什么有些事物是美的，有些则不美。

例如，从我的经验来说，我认为美是绝对的。现在当我对一个美国人这么说的时候，他会不同意。他会说，你怎么知道它是美的呢？你怎么发现的呢？你怎么知道我喜欢什么？只有我喜欢的才是美的。但是事情并非如此。美是绝对的。不管人类存不存在，美都存在。这一点对西方人来说很难理解。如果你在东方长时间居住，你会慢慢理解，但是对于西方人来说理解这一点是不可能的。

安东尼·雷蒙德

读者文摘大楼（READER'S DIGEST BUILDING）

安东尼·雷蒙德和拉多设计，东京，1951。被认为是雷蒙德日本建筑生涯的杰作，这座两层的办公建筑将现代美国材料与技术创新与传统的日本木结构组合在一起。

阿尔瓦·阿尔托

阿尔瓦·阿尔托：1961 年

从我母亲的家族来说，我来自于一个艺术家庭，但家人并非职业艺术家，而是造林学家，家庭里差不多出了 9 个造林学家。但是我不得不认为是芬兰森林赋予了我们艺术性和人文性的生活方式。

爱德华·德雷尔·斯通（EDWARD DURELL STONE）：1963 年

我坚信伟大的建筑师会带给每个人，街上的每个人，包括未受教育者和无知的人一种喜悦。他们会因建筑而感到兴奋。过去认为建筑只能被小众所欣赏的想法是错误的。我想任何人都会认为巴黎圣母院是件美丽的作品。任何人都会为（纽约）中央火车站的室内空间激动不已。我想伟大的建筑会给人这种感觉。

美国大使馆（UNITED STATES EMBASSY）

爱德华·德雷尔·斯通设计，印度新德里，1954 年。这个引人注目的现代长方体建筑，其出挑的屋顶位于纤细镀金的钢柱之上，石材把古典希腊神庙的简洁与穆斯林圣地繁复的格栅结合在一起。

阿丰索·爱德华多·里迪：   1956 年

今天我们常听说建筑是一个大雕塑。我可不认为是这样。我想建筑有其美学的一面，但这不是建筑最根本的东西。我认为与建筑有更密切联系的是空间概念而非雕塑的美学元素。

当今建筑没有为 20 年前的理论而存在的空间，即根据严格的理性和功能原则而存在的空间。你无论如何不能忘记建筑有其功用性的一面。它的存在是为了满足一个目的。现在只是满足这一目的已经不够了。功能和技术是必要的——室外和室内空间——是建筑师寻求的基本对象。我认为，这些空间显然应该通过建筑学的努力融合为一体。这种努力没有必要从初等几何学中获取形式。任何形式都可以规定空间。我不认为建筑非得被空间概念的自由所限制。正如我所理解的，自由的平面是现代建筑的基本元素，空间是基础性的问题，需要一些空间的建筑学原则来解决。体量将创造建筑的雕塑感。雕塑特质伴随着体量而出现，它包含和决定了建筑的空间。

马里奥·萨瓦尔多里：   1957 年

事实上，今天把建筑看做雕塑十分时髦。你不得不雕这雕那的。我不认同这个看法。我认为，我们所有的活动，其量并非只是数字相加，就像二加二等于四一样，四加四等于八一样，八加八等于十六，你不能如此加下去。你加上去的数字如此之大，以至于其质量与起初的那个二截然不同。这些说法在数学里是非正统的，所以别在我的数学家朋友面前引述我的这些话。

对我来说，你拿起一件雕塑时，它有着或多或少地基于人体尺度的某种尺寸，通常它们比较小，但是也可能与人等大。然后你把它们放大就得到了一个真实的建筑，一个大雕塑。你得到了完全不同的元素，这可不只是一个轻巧卖弄的想法，你还得克服重力。在雕塑中，形式、外观、意义都与重力无关。但是在结构建造物中，你必须克服风力和其他因素，其中最重要的是重力。所以在从小变到大的过程中，你必须放弃你是在雕塑的想法。你正在做一件非常有趣的事情，你正在与重力作战，重力就是躲在所有困难背后的东西。

当然，就像在斗牛时，仅仅杀死牛是不够的，你必须杀得优雅漂亮才行。克服重力也是一样，仅仅克服它是不够的，那是非常简单的事。你只要把它建得十分结实它就能站住。但是如果你能优雅地克服重力，那么你就会取得一个好的效果，一个美丽的效果，一个建筑学的效果。不仅如此，它将成为一个美丽的建筑。我不认为刻意寻求美有什么意义。在这点上，我完全地同意我的朋友路易吉·奈尔维的看法。

我可以讲给你一个关于他的小故事。你知道他和我到处旅游做巡回讲座。他讲课我翻译。一个月后，我简直分不清我是马里奥·萨瓦尔多里还是路易吉·奈尔维。我完全消失了。一天晚上，在一次常规的讲座中，他在屏幕上投影了他极富魅力的图林会展大厅。他盯着建筑看了半天，我说："咳，你想说什么？"除了一句"让我们继续，"他什么也没再说。我却忍不住了，转过身面对观众说，"奈尔维先生说他对此无话可说。我感觉有必要说这是设计和建造得最美丽的建筑之一。特别是这个我称之为扇子的理念，四面有分叉的扇子把各种拱券带入扶壁。这是建筑真实和建筑美感最卓越的实现方式之一。"所有的观众都鼓起掌来。

这样一来，奈尔维变得很恼怒，他用意大利语质问我。"你到底说了什么？"我告诉了他。他用意大利语咕哝道："真是可笑，不管怎么说这是你唯一能做的。"然后我就翻译了那句，观众又大笑起来，他问："你说了什么？"看来他确实一点都听不懂。我告诉他我刚翻译了他告诉我的。他这次真的发怒了，说："你瞧，马里奥，除了说这些，你还能干什么呢？"他觉得这是不可避免的，显然事实是这样的。

我认为你能找到答案是因为显然答案正向你走来，因为除此之外不可能有更好的方式了。到那时你就找到了优美的解决方案，结构上正确的方案，经济上的最佳方案，声学机械等所有方面的最佳方案。

会展大厅（EXHIBITION HALL）

皮埃尔·路易吉·奈尔维设计，意大利图林（Turin），1948 年。醒目的预制钢筋混凝土部件，其中一些为了采光装有玻璃，构成了著名的外壳，覆盖着巨大的展览区域。

麦克佐治亚纪念社区会议中心（MCGREGOR MEMORIAL COMMUNITY CONFERENCE CENTER），韦恩州立大学（WAYNE STATE UNIVERSITY）

山崎实设计，密歇根州底特律，1955 年。能反射光影的水池，雪花石膏的外墙，珠宝般的玻璃中心大厅，这个大学会议大厅是山崎实体现除了展示好的规划和细节建筑，还应该创造动人的体验这一理念的最佳案例。

山崎实：   1960 年

我想建筑不仅是一个外立面和物质层面的问题，也并非只是一种形式。它必须从人的需求中提取并生长出来。它不是雕塑家异想天开的叠加形式。建筑师意欲适应外立面而采取的时髦做法并不能令使用建筑的人融入建筑。从这点上讲，恐怕柯布更像一个雕塑师而非建筑师。尽管他确实水平很高并在现代建筑上有巨大影响，但事实上，建筑毕竟是具有技术背景的动态事物，我依然感觉他的方法是纯雕塑式的。

建筑艺术与其他的美术，比如绘画和雕塑长期以来就具有相关性。通过拒绝过去的装饰元素，现代建筑改变了这种关系，并倾向于一种革命性的纯粹。现代建筑师通过他们在色彩、装饰和艺术上的言论来表达这些变化。他们喜欢自然材料的真实色彩，同时也经常采用现代绘画中生动的原色。

维克托·格林：   1957 年

我认为几乎所有的颜色组合都有巨大的装饰价值并可被用于室内的各种组合。颜色就是一切。白色、黑色、灰色。我知道有些人说只要是灰色他就喜欢。我们不应该只局限于将黑白灰作为中性背景色。自然、树木、花卉、蓝天都是我们可以赋予建筑的符合要求的颜色。我认为如果假以高超的技巧和一定的鉴别力，色彩将在建筑中扮演重要的角色并非常可取。当然，色彩也取决于地区和环境类型。我们可以使用除了我们现在使用的黑、白、灰、米色、深棕之外的更多色彩。

诺伊斯住宅（NOYES HOUSE）

埃利奥特·诺伊斯设计，康涅狄格州新迦南（New Canaan），1954年。在他自己的住宅里，诺伊斯采用了地域自然材质并把面向中庭的两个单元放置在了同一个屋顶下。

我认为任何事情都是临时的，就像一个展览，我们应该再大胆一些。我们可以再大胆一些的理由是我们不是长期暴露在我们所观察的对象中，而只是获得了一个短时的印象。色彩在此会扮演一个至关重要的角色。奇怪的是，开始在设计中使用色彩的人似乎在后来的实践操作中对用色都失去了勇气。

埃利奥特·诺伊斯：   1957 年

我喜欢把色彩放进建筑里，但是每次我试图这么做的时候我又突然退缩了。我在给 IBM 设计实验室的时候，准备在拱肩上设置一个彩色的陶瓷釉面板。后来我觉得五年后我来这里看到那些色彩时会想，哦，老兄，这些颜色真让我恶心。所以我退回到保守思想，加了两块不同寻常的灰色遮板。

现在，在这座房子里以及其他我设计的建筑里，我大多倾向于让材料保持自己的本色，或者用着色的柏木，我不认为这样用材有什么过错，暴露或夸张材质纹理或者纯化材料的自然品质，或者通过马蒂斯的地毯或红色的考尔德（Calder）动态雕塑，或者小摆件和家具等都可以。我在这么做的时候比将色彩引入建筑来得更自信。马塞尔·布劳耶非常擅长此道。有趣的是我在自己的建筑中没有找到地方来做这些。我想这大概属于建筑艺术性的一部分。

我认为埃罗·沙里宁设计的通用汽车技术中心建筑中的色彩是极富魅力的。我看到过它们。在我看来，对于像埃罗这样的人来说这么做需要不可思议的勇气，同时也需要不可思议的说服力。我的经验是你开始在大公司里推销一个概念时，第一轮展示五种色彩的釉砖，40 个执行总裁及其妻子会发生质疑。"色彩是否该再亮点？能不能用柔和点的那种？我总是喜欢灰红。"你知道的，尽是些这样的事情。我相信埃罗一定也经历了方方面面的质疑。他需要勇气站在那里说："不，就用这个。我知道我是对的，你们必须同意。"不管怎么说他做到了而且结果很棒。

戈登·邦沙夫特：　　　　　　　　　　　　　　　　　　　　　　　1956 年

建筑用色是非常困难的，有时是非常危险的一件事。我坚信很久以前的一本书《形式和色彩》中的理论。这本书的理论指出如果建筑的表面非常光滑并且没有自身光影，从而给人一种色彩感的话，那么他就适合通过色彩来引起人们的视觉刺激。

例如，君士坦丁堡的圣索菲亚大教堂的室内，因为形式非常光滑可塑，色彩就成了强调的重点。相反的，文艺复兴建筑充满了壁柱、檐口及其他一些光影丰富的构件，它们本身就有色彩感，如果再加上绚丽的色彩就是在破坏这些元素的结构表达。

换句话说，在沙里宁的通用汽车技术中心建筑中，他的色彩只是用在极其简洁的区域、建筑的封闭尽端墙或者相似的元素上。在建筑的典型外表面上，玻璃和拱肩以及竖框产生了丰富的光影图案，你会发现他让这些地方保持无色或者是用了中性色。

恩里科·佩雷苏蒂：　　　　　　　　　　　　　　　　　　　　　　1955 年

我认为建筑色彩是一个非常重要的元素。我两天前才从墨西哥回来。我必须说我南下墨西哥的首要印象是，与北美的现实情况不同，那里色彩较少，他们在那里应用的色彩，使得建筑有纵深感而且确实与自然相联系，带给人们更多的愉悦。

埃德加多·孔蒂尼（EDGARDO CONTINI）：　　　　　　　　　　　1956 年

从历史上看，建筑总是由恰当的体块、构成和色彩组成的。因此当你将色彩从建筑中拿走的时候，它的一个重要的组成部分就缺失了。但是这并不意味着色彩可以随意地应用。黑白色调图片与色彩图片是有区别的。色彩必须是来自于材料的真实自然色和对材料的特殊选择。

恩里科·佩雷苏蒂

瓦尔特·格罗皮乌斯：　　　　　　　　　　　　　　　　　　　　　1964 年

自然给我们生就一双眼睛，然而我们必须学会看。什么是色彩？色彩的意义是什么？例如，我敢说，作为建筑师，我要建一座大厅。材料、空间以及类似的要素都必须是恰当的。但是这个空间的外观必须通过不同的事物来呈现。当你坐在这间房子里时，如果屋顶是表面粗糙的黑色，它就会对我们产生一种压迫感。如果屋顶是光滑的黑色，就会感觉它离我们很远。如果墙面是柠檬黄，它就会扑面而来，如果墙面是深蓝，它就会远我们而去。它所产生空间距离效果与实际距离有所不同。通过艺术家的把戏我能够改变这个空间的外观。我必须了解这些，因为它们基于一定的视觉事实、我们的心理以及生物事实等方面。

何塞·路易斯·塞特：   1960 年

我从我的画家朋友莱热（Léger）和米罗（Miró）那里掌握了一种色彩方法。我们经常就色彩和色彩应用长谈。我总体上喜欢使用明亮的颜色，在建筑的某一点上使用纯色以强调建筑的这一部分，当然，这不过是我个人的方法。但是，主体的色彩是一种更为中性的色调，比如白或者灰或者根据建筑的不同颜色而选择其他颜色。我的意思是，色彩来自于材料，材料特性和周围环境。不过我的确喜欢使用非常强烈的色调。

马里奥·钱皮（MARIO CIAMPI）：   1956 年

5 年前在南美的时候，我感觉有件重要的事情发生在我身上。我记得我到那里后停下来拜访建筑师奥斯卡·尼迈耶，因为我总是对他的作品敬佩不已。他的作品有一种与我们国家通常看到和喜欢的作品很不同的品质。

我记得在里约热内卢拜访了他，小谈了一会儿，他对我说："好吧，现在跟我来，我想让你认识一个在这个项目上与我一起共事的人。"我们一起拜访了知名的南美艺术家波尔蒂纳里（Portinari）。现在这个国家可能没几个人听说过他。那时候令我印象深刻是尼迈耶先生不只是通过他的建筑表达能力来设计一幢建筑。他打动我的地方是他的作品让我意识到将艺术纳入建筑有多重要。建筑不仅仅是一个满足人们材质需求的方案表达，而是你所仰慕的事物，你居住其中，它影响着你的生活方式。绘画、雕塑以及其他工艺作品在建筑装饰中的结合对人们来说是同样是重要的，甚至比一个好的方案或好的建筑物更重要。

费利克斯·坎德拉（FÉLIX CANDELA）：   1961 年

你知道，在建筑中的雕塑或绘画，如果只是为了用而用是相当困难的。建筑必须有一个整体感。我的意思是你必须是个建筑师同时也是个雕塑师，而绘画却很难被整合进一座建筑中。我认为雕塑比较容易与建筑协调。在历史上有几个时期，可能是不多的几个时期，雕塑被整合到建筑中。哥特时期就是这样一个重要时期，高迪的作品也是如此。

神奇圣女教堂（CHURCH OF THE MIRACULOUS VIRGIN）

费利克斯·坎德拉与恩里克·德·拉·莫拉设计（Enrique de la Mora），墨西哥城，1953 年。教堂纤细的外壳拱顶显著地反映了坎德拉应用钢筋混凝土的超凡技巧。

霍奇米尔科餐厅（XOCHIMILCO RESTAURAUT）

费利克斯·坎德拉和华金·奥多涅斯（Joaquín Ordonez）设计，墨西哥霍奇米尔科，1958年。坎德拉的餐厅，具有上升的钢筋混凝土双曲线和抛物线造型，像一朵巨大的睡莲盛开在霍奇米尔科漂浮的花园上。

赫尔穆特·亨特里希：　　　　　　　　　　1961年

我认为所有的一切都是艺术。即使最小的细节也都是艺术。你知道，一个完整的建筑由许多小的部分组成。它是由小部件组装而成。所以如果小部件不好，整体也一定不好。

保罗·鲁道夫：　　　　　　　　　　　　1960年

一幢建筑应该不论从什么距离上看都是有意义的，如果你从上面快速鸟瞰或者乘交通工具经过时，它应该有一个可读的概略特征。你可以匆匆瞥它一眼。如果你步行接近它，它就不得不具有额外的意义层次。你不由得会去看那些从前没有看的东西。如果你走进传统建筑，会发现其建筑的意义通过凹凸装饰线脚和柱子上的柱头等被保留了下来。

我们当然会为之产生共鸣，同时我们会感到这些是任何东西都无法取代的。这就是格栅令人满意的原因之一，某种程度上而言，因为它确实制造了光影游戏并且保持了一个人接近建筑时所感到的趣味。这与建筑是如何被阅读以及在什么样的距离上被阅读有关。我们非常了解如何建造在远距离上有意义的概略性建筑。但是当人们接近它们的时候它们常常是支离破碎的。

我想补充的是，我们在韦尔斯利大学（Wellesley University）[朱伊特艺术中心（Jewett Arts Center）] 的建筑上用的幕墙不仅具有采光作用还有控制强光作用，而且有助于它与早期建筑产生关联，因为早期建筑具有非常非常精细的凹凸装饰线脚，有时小到只有四分之一英寸。这种尺度缩小的感觉在早期建筑中被保留了下来，具有丰富的表现力。我们想在新建筑中以某种方式达到同样的效果。

菲尼克斯 – 莱茵罗大楼（PHOENIX RHEINROH BUILDING）

赫尔穆特·亨特里希和胡伯特·佩奇尼格（Hubert Petschnigg）设计，德国杜塞尔多夫，1957年。战后重建的一个实例，这个纤细的现代幕墙行政管理建筑充分利用了光线和毗邻城市公园的景观优势。

保罗·鲁道夫

有关这个建筑的另一个例子是柱群而非单个柱子的应用。从远距离看柱群就像是一根柱子。但是当你走进建筑时，就会看到是柱群。当然，这种手法直接来自哥特式建筑。当建筑学领域中发生了迄今看来仍然不失正确的巨大变革时，我们否定了很多东西。现在我们慢慢筛选并拾回那些我们曾经认为不正确的东西。

我认为建筑师对艺术作品的兴趣和其对建筑的兴趣是等量齐观的。但是我不认为有哪个建筑师已经在如何真正将艺术作品整合到建筑中的问题上找到了令人满意的方法。我确实相信画家和雕塑家与建筑师是处于不同的波段上。我不是说谁对谁错。我只是说画家和雕塑家所关注的对象与我们有极大的差别。画家和雕塑家把什么东西都搞得那么细小，而这些东西会丢失掉。这也许不是他们的错，尤其是对雕塑家而言，因为他们没有机会做足够大尺度的东西。我认为现在对建筑师而言重要的是找到为建筑重新引入绘画和雕塑的方法。这只是一种期望，没人知道具体该怎么做。

景观建筑艺术几乎完全丧失了。只有大型的商业公司才能支付得起一座喷泉，或者觉得他们可以支付得起一座喷泉。我不能说景观建筑艺术的对错，但它的确是时代精神的组成部分。从把城市作为一个整体并对其美化角度来看，市政府管理机构可能是强有力的。建筑师只是为之动动嘴皮了，但不是真正使它们得以实现的人。它们在某种意义上讲，只是表现人们欲望的工具。当然，值得一提的是意大利在战后首先做的一件事是开放喷泉，如果我们也有喷泉的话，开放它们可能是我们最不情愿做的事情。

一个小错误足以毁了为建筑配置巨大艺术品的所有未来。我们在西格拉姆大厦的建筑设计中做得不好。不过至少你确实在室内看到了巨大的毕加索挂毯，大得简直离谱。你看到了它，它是不错。当你进入下面的四季餐厅，你会看到一两件足够大的东西。

我进入了水和光。所有东西都在移动，都在制造焦点，都存在于时间中。我总是想在西格拉姆大厦里放置喷泉，而非雕塑。密斯和我在这一点上一直意见不一。我开始设计了一个系统，但是在得知要为之投入 100 万美元以及每年60 万美元的维护费时，这个系统就被取消了，因为密斯反对这么做。我始终坚持做喷泉，密斯自己一直想做雕塑，直到他发现他做不来。我从来不想要雕塑。我认为声响、浪花、灯光这些活的元素才是我所感兴趣的。我感觉它们就像列队游行一样，这是空间中一种令人动情的感觉，一种装饰空间以提高其品质的方法，这种方法是独一无二的。

这是我喜欢圣彼得教堂的原因之一。但是，当然不存在能充满整个广场的体量，就像这个壁炉不可能填满这间屋子一样。你知道，对我来说，如果既没有喷泉也没有壁炉，我会觉得缺了点什么。在圣彼得教堂广场的喷泉上，装点了许多东西，像雕塑作品啦，可爱的小玩意啦，或者一盏灯什么的。我讲的是某些东西以其能量和闪烁来填充空间。它存在于时间中。也许，对我来说，它取代了装饰，也取代了灯光。

瞧，这间房子里的灯光取代了大量糟糕的建筑。这就是为什么我在这座房子里使用这么多蜡烛，一种游移的光，闪烁着。这就是为什么我用它们来照耀亭子，照亮房间。火不仅仅是温暖的，它还涉及许多感受，包括火焰和闪烁。壁炉给你热量。水给你声响、闪烁以及光。这些建筑深层次问题以往是由装饰手工艺学来解决的，我们现在已经丧失了这种能力，或者说我们不想做这些。这完全是个时间问题。我确实感觉到必须把时间这第四个维度引入建筑。时间在变化。这是我的"墙纸"在这间玻璃房里的所做的事情之一，它随着白天的光线变化而变化。它的变化就像风和季节的变化一样。如此一来，我们不是增加了像洛可可那样的美丽装饰，当然我也喜欢洛可可，而是通过玻璃墙获得了季节的变化。

水体也是一样。它总是在变化。它是个持续不断的事物，就像在建筑中行进所产生的序列式变化一样。我认为由于缺乏工艺而导致我们手法上极为受限，我们不得不牺牲其他一些方法，它们可以在时间、光线和冷暖中完成空间的丰富性。

你知道的，在炎热的天气走进西格拉姆大厦会感觉很阴凉。当水幕开启至满高，水的冲刷给人一种凉爽的感觉。人们因为凉爽而被吸引到池边小憩。冬天我的房子也保持凉爽，你走到壁炉边取暖，然后走回来，重新回归凉爽，然后再走向壁炉取暖。它为建筑增添了各种各样的活动。

格罗皮乌斯：   1964 年

我有些失望，设计科学还没有得到充分发展。像阿尔伯斯这样的人为设计科学添加了新的元素。麻省理工学院的凯佩斯（Kepes）也作了一些贡献，但还是不够。为了找出更多的关于客体设计以及我们视觉设计的规律，我们可以每天学习一些新的东西。作为一个艺术家个体，对这些知晓越多，他就能越好地建立自己的观念。我认为这不仅仅是艺术类学生应该做的准备，而且我相信将它纳入到自幼儿园开始的学习教育体系中也是非常重要和必要的。

一个致力于创造的设计师或艺术家需要人们的反应。人们如果没有接受过艺术方面的教育就不会有所反应。在这个国家，这方面还差得很远。对大多数人来说，艺术依然被视为一种奢侈的标志，过去有了多余的闲钱才会去追求艺术。艺术不属于人们的本质生活，也不是一种必需品。而在所有的伟大文化中，艺术一定是作为全民发展的基础。要做到这一点，只有通过教育。

我们显然是落后了。在欧洲的一些国家里，政府会自觉地在公共建筑中安排确定比例的艺术作品。我们还做不到这一点。这一点很好，因为这样的话艺术就不再取决于某个思想过于脆弱之人的决策影响，而是成为一种制度，每个人都有权利在公共建筑中为艺术投资。我觉得有这样的制度是件好事。但我不愿意把艺术品叫做装饰品，因为它们应该是建筑整体的一部分。

我给你举个例子。我应邀设计联邦办公大楼，现在叫做肯尼迪大楼，它位于波士顿，正在建。我计划一开始就与艺术家一起工作，这样建筑师和艺术家可以一起构想。我询问政府是否可以给这些与我一起工作的艺术家提供一些费用。他们说，不行，我们不能这么做。我们只有把投标报价提高，有了部分资金盈余，才能提供购置一些艺术作品的费用。它们只能成为一种装饰品被附加而不能作为整体设计概念的一部分。

山崎实

山崎实：   1960 年

我感兴趣的另一件事是建筑应该有所装饰。然而装饰不能是人工制造的，也不应该是手工雕刻的。它不能是手工艺品，因为很显然这么做不解决任何问题。我们不能在今天的建筑里使用手工艺装饰品。如果我们这么做了，只能说明我们有些感情用事，它无从证明什么。但是如果我们确实能通过机器生产出可爱的装饰品，机器制造的装饰品，我们就能够作出一些证明，因为这样的话建筑学的另一个元素就成为了技术建筑的一部分。而这个元素确实是技术建筑的重要组成部分。

所以，我认为像那种贴敷于建筑外立面上的装饰是不好的。装饰必须来自需求。如此思考的结果是，遮阳板可以增加建筑立面的丰富性，它同时满足了我们的一种需求。它是建筑不可或缺的组成部分。它也是我们建筑的遗产和来

自密斯、赖特、柯布这样的大师建筑教育的一部分，我们赋予建筑的元素必须是建筑不可分割的整体的一部分。换句话说，我们不能效法巴洛克，我希望我们不要这么做。

格林：　　　　　　　　　　　　　　　　　　　　　　　　　1957 年

说到装饰，就像是在问是否这个世界应该更可爱些？如果出于自然我是完全赞同浪漫的。我们把虚假和做作的浪漫称为骚情或调情，我认为其与恰当的、真实的浪漫爱情比起来会显得索然寡味。人之所以对装饰有所追求，是因为他觉得，我们不得不通过上帝把那些在非常虚假的表达里消失了的东西找回来。我认为通常情况下，建筑师会对自己说，好吧，我得等着建筑材料硬化，我觉得这段时间里我们可以做些装饰。让我们把实用与美结合起来。如果它符合建筑的要求，并创造了建筑的精神丰富性，那么它就是适宜的。但是为装饰提供的场所十分难寻，这也是我们时代的特点。

埃罗·沙里宁：　　　　　　　　　　　　　　　　　　　　　1956 年

我相信建筑学中的任何问题都是一个特殊的问题。它的特殊性在于要解决客户的功能需求，以及环境的需求，同时也要捕捉那些特殊功能的精神特质。因此，我发现建筑学越来越难以概括归纳。我觉得……也许是建筑师和建筑设计公司所做的归纳太多了。因此，当我使用色彩时，也许……会采用一种与建筑相关的较强烈的色彩表达，强过我此刻可以想到的任何人。不过，也许限制色彩应用也会出现建筑学的问题。在某些地方我肯定不用色彩，因为这么做不会有问题。

诺斯兰购物中心（NORTHLAND SHOPPING CENTER）

维克托·格林设计，密歇根州底特律，1954 年。融合了现代城镇规划的诸多思想，包括购物广场与停车场，传统乡村市场，格林创造了这个前卫的有影响力的购物中心。

建筑师文化，或者建筑师职业文化是新旧参半的。一些思想是传统的，当我们思考为我们确定规则的艺术时，我们必须非常谨慎。

比如，我喜欢考尔德在设计通用汽车技术中心的另一件雕塑作品时所采用的方式。那里有足够多的硬件，但是他却设计了一个水芭蕾，活动的喷嘴产生了趣味。它就像水中交响乐一样。我认为这是个了不起的设计。

我想到了另一个好的例子，是哈里·伯涛雅（Harry Bertoia）三年前设计的餐厅围屏。这是个制造通透围屏的类建筑学问题。这很难，因为雕塑师并不直接面对现实世界。同时，要说服客户把钱花在这些东西上也不是件容易的事。幸运的是，我的妻子，艾琳对整个艺术界的了解比我所期望的要多得多。根据她的很多建议，我为几个项目找到了合适的艺术家，并同他们一起工作。

我们正致力于争取一些权利。斯图亚特·戴维斯（Stuart Davis）为德雷克大学（Drake University）的餐厅制作壁画，是考尔斯基金会（Cowles Foundation）为其提供的资金，我觉得这真是一件杰作。我想它是斯图亚特·戴维斯最好的作品之一。这幅壁画有 32 英尺长。

在麻省理工学院的小教堂里，有伯托埃做的围屏，更加重要的是塔尖或铁制品还没有被放置在那里。围屏将有 32 英尺高，置于由罗斯扎克（Roszak）设计的教堂顶部。老实说，我一开始对这个项目有过怀疑，这到底是个建筑呢还是个雕塑呢？我苦思冥想，做了一些模型，许多是在办公室里制作的，渐渐地我们找到了一种形式。在想法没有成熟之前，我们不想去找雕塑家。但是后来有人意识到一件确切无疑的事，那就是雕塑家更加敏感，而且比建筑师有更多的想法。因此我们就把整件事情交给罗斯扎克去做。他经历了同样的寻觅过程，最后做了一个让我觉得极为出色的钟塔。

你知道，曾经有一度，我们甚至不谈肌理，更不谈装饰。后来我们又开始谈肌理。至于肌理，我是说一面墙的肌理，比如一面玻璃墙的肌理由玻璃和竖框组成，或者是由窗户组织的墙面肌理，以及在侧立面之间的墙。你在开始谈论肌理的那一刻，已经踏上了通往装饰之路。也就是说，你想要装饰，但是你还不知道该怎样得到它。你不能挖起一些古老的毛茛叶放在上面。很抱歉，我想，装饰在我们这个时代里，将来自于对结构的强调。我的意思是说要从结构开始，然后在结构之外去玩味它。有了因结构而产生这种肌理的意愿，我们就有了我们的装饰。

在伦敦大使馆，我们尝试了大量装饰和格板方法并试图为这些做法找到理由。最终我们采用了非常简洁的格板，以及非常简洁的围栏和檐口线。但这是在否决了上百种形式之后才确定下来的。但是我没说我们不会做得更进一步，是的，我们已经走在装饰的路上了。

麻省理工学院小教堂礼拜堂
（CHAPEL，MASSACHUSETTS
INSTITUTE OF TECHNOLOGY）
埃罗·沙里宁设计，剑桥，1953 年。这个红砖的圆柱体时不时被拱券和环绕的水墙打断，产生了非同寻常的、移动的、无宗派的宗教氛围。

　　我们的一个朋友带了一位心理分析师到通用汽车公司去，在那儿他指出，"建筑真的是唯一与我们时代的社会之间没有斗争的艺术。"在别的时代，鲁本斯（Rubenses）以及其他文艺复兴时期的画家，他们与社会之间也没有斗争。但是今天的画家却不是这样。他们的表现好就好在与社会之间存在斗争，而且这种斗争是良性的。建筑与社会之间本质上是没有斗争的，我想这个观点是对的。

伟大的作品

"我认为每当我们思考建筑的时候，都会受到三股巨大力量的影响。他们分别是赖特、柯布和密斯，以及三者一生的作品。"

流水别墅（FALLING WATER）
弗兰克·劳埃德·赖特设计，宾夕法尼亚州熊跑溪，1935 年。

建筑学是建筑的艺术。影响现代建筑学的因素有许多方面，建筑杰作及其创造者是两个重要方面。当我们让建筑师说出三个现代建筑杰作时，弗兰克·劳埃德·赖特、勒·柯布西耶和路德维希·密斯·凡·德·罗的作品必在其列。有时候是因其与众不同，选择它们通常都会有不同的原因。有趣的是他们三位都没有进过建筑学院。更加奇怪的巧合是他们三人出生的时候名字都与后来的职业用名不同。赖特原来叫弗兰克·林肯·赖特（Frank Lincoln Wright）。勒·柯布西耶过去叫夏尔－爱德华·让纳雷（Charles-Édouard Jeanneret），路德维希·密斯·凡·德·罗是在原名路德维希·密斯后面加上了她母亲的名字。

　　我们也请赖特、勒·柯布西耶和密斯指出影响他们最深的建筑师。当我强迫赖特至少说出一个他崇拜的当代建筑师时，他有点不情愿地选择了一位西班牙工程师，爱德华·托罗佳（Eduardo Torroja）。阿尔瓦·阿尔托告诉我说有一次他妻子和赖特在纽约广场旅馆（PLAZA HOTEL）的橡树屋共进午餐。赖特说："阿尔瓦和我生活在远隔千里的地方，但是我们成了朋友。"他们确实是朋友。

　　至于勒·柯布西耶，我还没有机会问他对其他建筑师及其作品的看法。

　　密斯承认欠弗兰克·劳埃德·赖特的情。这是一种精神层面上的无法偿还的情。他常常表达他对勒·柯布西耶及其作品的敬意，但是他走自己的路。

居住大楼（UNITÉ D' HABITATION）

勒·柯布西耶设计，法国马赛，1947 年。
这个建筑综合体是一个由 1600 户组成的
自足的社区，拥有提供遮阳功能的公寓、
中心购物街、屋顶幼儿园、游泳池、日
光浴室及跑道。这个巨型混凝土板楼架
在从地面升起的巨柱上。

菲利普·约翰逊：
1955 年

三个伟大作品以及为什么选择它们？我宁愿说三个我熟悉的而不是我不熟悉的。我想说我会选择自己熟知的，并在深入设计中给予过我特殊灵感的建筑。我选择勒·柯布西耶的马赛公寓、赖特的西塔里埃森和密斯·凡·德·罗的湖滨大道 860 号塔楼。

首先是马赛公寓。为什么呢？因为它承载了现代风格各种可能的美学实验。建筑的现代风格即我们所强调的失去重量感、轻盈以及框架结构的内在特性。勒·柯布西耶在体现这些特点上超过了所有的人，他通过伟大的表现手法将建筑竖立起来，用的几乎是表现主义者的方式。但是空间是规则的。它们保持着基本的韵律，嘣—嚓—嚓这样的基本节奏在任何建筑中都有需要，它们使这个巨大的建筑变得轻盈，这是现代建筑的本质。

在基础之上他做了一个网状结构。他将玻璃向后退让，而非制造永恒的平板表皮效果，也就是所有纽约现代建筑出于经济的原因试图保持外墙纤薄才会表现出来的效果。他使外墙退后，有时候达到 20 英尺之深，保持整幢建筑的空洞蜂窝状效果。

第三点，也是最重要的一点是，他在屋面材料上制造的雕塑效果达到了一种你可以认为整个屋顶就是一个大雕塑的程度。对我来说，建筑和雕塑之间没有矛盾。建筑师完全有权利根据需要采用雕塑的形式，就像勒·柯布西耶设计的烟囱，那是一种与整个作品联手对抗天空的表达。许多现代人都忽略了天空。没有什么能比天空更好地制造阴影，制造欢愉和对比了。

西塔里埃森当然是截然不同的。弗兰克·劳埃德·赖特属于他那个时代。因此，我想，住宅的本质是人性要素，是穿越建筑的过程。我曾经数过需要转多少个弯才能抵达这幢建筑并进入他所说的凹圆顶棚下，那个神圣之中的神圣之地，那个你最终可以虔诚地坐下来的地方。弯子的数量多达 45 个。在你走过空间的时候赖特正在和你玩游戏。他让你在离入口二三百英尺的地方就停下你的车，事实上，任何好的建筑师都应该这么做。当然那里不怎么下雨是可以这么做的一个原因。然后，你开始下楼梯，上楼梯，向左，向右，向下穿过很长很长的廊子，然后向右，从著名的船首下走出去。然后你再向下走几步台阶，就可以看到一幅壮丽的景象，那是在你二三百英尺的步行过程中被遮蔽了的景象，就像他要你看到的那样，这时候亚利桑那平原在你的面前延伸开去。

然后，你转身进入一个小的帐篷房间中，赖特对光线的理解强于世界上任何其他人。他让光透过帐篷向下流淌过滤到这个私密的空间。在他打开封盖之前，你就沐浴在这片帆布光之中。当他打开封盖，就可以向上来到一个神秘的花园。你可能会说，我不能相信，上面还有什么新的惊喜，不可能再有更多层次的空间了。然而这里确实还有。你会进入这个私密的庭院，有绿草，有瀑布，我注意到他刚刚改变了他的设计。他目前在座椅周围设置了一系列圆形的回路。

当你最终到达凹圆顶棚，就在你刚刚习惯弗兰克·劳埃德·赖特的 6 英尺高的吊顶时，你看到是 14 英尺高的吊顶和通高的壁炉。没有窗户，一切都那么突兀，也没有帆布。你完全置身于这种体验之中。当你到达那里的时候，意识到你被关照着，被宠惯着，被缠绕着，犹如被交响乐或者歌剧所爱抚，直到你陷入危机。那也许与勒·柯布西耶的建筑所带来的感受有所不同，但两者对后世的建筑师来说都是可圈可点的作品。

第三个作品也相当独到，即湖滨大道 860 号。在前两位还不知道建筑为何物的时候，密斯这位大师级的建筑师已经在设计作品了，你们可能认为这样说有点夸张。密斯的确知道关于建筑的所有一切。他在纸上画出一根线条之前就知道那根线看起来会是什么样的。他也知道什么是可能的……那些是你不得不承认的，也是设计的时候不得不放入建筑中的东西。后来他意识到比那些更多的东西。他意识到我们处在什么样的文明之中。我们不能重复马赛公寓。谁能创造行进在西塔里埃森中那些难以置信的东西？每个人都能，大多数人的确建造了公寓住宅。而他为框架建筑的表皮创造出来的形式是首屈一指的，是的，这的确是解决自沙利文以来的经济问题以及建筑问题的第一步，沙利文是采用垂直方式来组织多层建筑的第一人。

西塔里埃森（TALIESIN WEST）

弗兰克·劳埃德·赖特设计，亚利桑那州斯科茨代尔（Scottsdale），1938 年。赖特设计的塔里埃森成员冬季总部采用了实体混凝土和沙漠石材基础，上部采用木框架和帐篷式帆布，空间和光线得到了极好的处理。

湖滨大道 860-880 号公寓（860-880 LAKE SHORE DRIVE APARTMENTS）路德维希·密斯·凡·德·罗，芝加哥，1951 年。密斯在美国的第一个杰作，这两幢玻璃塔楼公寓具有黑色的钢框，它们直角相交，美化了城市和密歇根湖的壮丽景色。

令人感到惊喜的是，人们意识到多层建筑是建筑学的一个相当新的问题。沙利文首先抓住了这个问题。理查森（Richardson）只是建造 5-6 层高的夸大的单层建筑。仓库，马歇尔·菲尔德（Marshall Field）仓库，是个单层建筑，但是温赖特（Wainwright）大楼是一座摩天大楼。温赖特大楼的主题为基础，垂直柱廊——差不多是壁柱——以及沉重的檐口，它们被不断复制，因为这是为一座多层建筑附加表皮的逻辑方法；如果建筑竖立起来，强调的是垂直线条感。

密斯当然不知道这一点。他从来没有看到过任何沙利文的作品。这种巧合纯粹出于偶然，但又并非偶然，因为今天密斯用技术要解决的问题与沙利文当年用技术要解决的问题是一样的。那是一种很难截然分开的基本形式。我们当中的许多人都已尝试过了。我想说，现在来看，我不必通过暴露竖框来制造 860 号建筑精彩的印象，但是，你越是试图建造一个低廉造价的建筑，以适应今天的经济和社会体制要求，你越是试图使它富有表现力，而你的方案也就越接近 860 号建筑。

就像密斯纽约的最新建筑西格拉姆大厦一样，悬挑的竖框，尽管来自不同的材质，但却是为着同样的目的。它产生了一个与玻璃面相分离的平面，增加了建筑的趣味性，而不仅仅是一个平淡无味的玻璃建筑。你真正看到的是竖框的表面，否则你的视线便直接进入建筑了。这些竖框，当然是建筑功能和必要部分的一种延伸。你不得不采取抗风支撑，因此你用竖框就是顺理成章的。同时你也不得不采用拱肩墙，这样才有了对竖框和拱肩墙这两个元素的夸张，或者拉出，或者推进。事实上，这个建筑就是个格子图案。卡森、皮埃尔和斯科特大楼（Carson，Pirie & Scott building）是一个强调水平方向的格子图案，而温赖特大楼则是个强调垂直方向的格子图案，密斯的建筑强调垂直感。

玻璃盒子的麻烦在于它们不得不采用一种叠加的模式。伟大建筑师的职责就是从建筑的优美、恰当和内在性出发，简洁而有逻辑地，或者近乎有逻辑地叠加。它有点偏离建筑艺术的绝对必要性。它也许……也许会是历史上的极其重要的建筑，你知道的，比其他两个建筑更为重要，因为它是用线构成的。

你可能在密斯的建筑中发现类似诺维茨基（Nowicki）用过的帕拉第奥风格，帕拉第奥并没有成为米开朗琪罗，尽管他们差不多都是同一时期的，帕拉第奥更年轻些，但是帕拉第奥对他所处的巴洛克晚期的问题如此本土化的处理，使得他的名字成了那三百年建筑学的同义词。

现在，问题在于是否西塔里埃森会成为年轻一代的灯塔，这是绝对的，因为它已经是了，而密斯对于高层建筑的基本解决方案也被广泛应用。有趣的是它将如何分化，但是密斯的解决方案是分化的基础，我知道我们这个时代的许多建筑师，不用再去想如何建造多层建筑的问题，我的意思是他们会垂直重叠设置楼层，而不用金字塔式构图，楼层叠落的建筑成为今日建筑学的核心，就像教堂曾经是中世纪的核心一样。如果没有湖滨大道860号的成功你就不可能开始设计，对我来说它是现代建筑的基础。

卡洛斯·比利亚努埃瓦：　　　　　　　　　　　　　1955 年

我认为现代建筑的三个最伟大的作品：一是勒·柯布西耶的萨伏伊别墅，因为它具有建筑回归体积的意义；二是密斯·凡·德·罗的巴塞罗那馆，因为它是纪念性和通用性空间的创新；三是赖特的西塔里埃森，因为它再度强调了个性和私密空间。

卡洛斯·比利亚努埃瓦

萨伏伊别墅（VILLA SAVOYE）

勒·柯布西耶与皮埃尔·让纳雷设计，法国塞纳河畔的普瓦西（Poissy-sur-Seine），1929 年。一个住宅杰作，白色混凝土盒子架空在 12 根修长的立柱上，运用了许多勒·柯布西耶早期的建筑原则和元素，如开放的平面和带平台的平屋顶。

世界博览会德国馆（GERMAN PAVILLION, INTERNATIONAL EXPOSITION）

路德维希·密斯·凡·德·罗设计，西班牙巴塞罗那，1929 年。为庆典目的设计的建筑，这个馆是一个会展建筑，是由水平面和垂直面组成，极富表现力地展现了密斯开放、流动空间的概念。

贝聿铭： 　　　　　　　　　　　　　　　　　　1955 年

　　赖特在我们这个领域的贡献是巨大的。最具代表性的建筑，嗯，可以说，是西塔里埃森。让我们把它当做一个建筑来使用。我认为它是极其重要的建筑，因为这个建筑比他的其他作品展示了更多的效用，至少对我来说是这样的，它展示出了光和空间的相互关系。同时也比他的其他作品展示出更多的终极感，一种来自天然材料的丰富性。我认为它是非常重要的建筑作品。

　　当然，你不能忽略马赛公寓，它比勒·柯布西耶的任何其他作品都更丰富地表达了建筑、雕塑和绘画的完美整体性或者综合性。我认为它也是一件非常重要的建筑作品。当然这个作品也是勒·柯布西耶的最佳代表。

　　第三个呢，也许是湖滨大道 860 号，它之所以重要是因为它可能是最恰当的表达，用建筑学的行话说，它是美国式建筑。我们这个机器化的社会，我们的生产方式，我们建造的方式在这个单一建筑中都有着完美的表现，姑且不论它的其他技术缺陷。作为一种表达，我认为，这个建筑具有巨大的意义，在很长一段时间里，我不会期待这种形式会有什么大的变化，它可能形成一种经典的传统，或者是对经典传统的回归。

　　我认为密斯作品的重要性在于它试图抓住事物的本质。当然，你知道，超越本质是非常难的。毫无疑问，在使用材料、比例和尺度等的过程中有大量不同的方法。但是，我认为，作为一种表皮的表达，在采用这种表达的建筑类型中，湖滨大道 860 号可能算是非常非常优秀的作品了。

恩里科·佩雷苏蒂： 　　　　　　　　　　　　　　1956 年

　　单论一件作品是相当困难的，因为你很难把作品与设计者分开。因此我仰慕设计者甚于仰慕作品本身。我可以理解这个人所犯的错误。脱离一个人的整体成就去看某一作品是不对的，因为在他的作品中，即使是错误本身也会呈现出变化。

我认为现代建筑中最重要的表现之一是我曾多次参观过的，勒·柯布西耶的实验建筑马赛公寓。他把这个建筑叫做居住单位。对我来说，这个建筑面临了许多困难，我在此先不提。在我看来，这个建筑是现代建筑学所做的最重要的实验之一。通过特殊的乡土性，勒·柯布西耶试图用最好的建筑学方法来解决这些问题。我认为这种建筑学方法来自于各种不同的观点，从技术可能性至精神表达。

流水别墅（FALLING WATER）
弗兰克·劳埃德·赖特设计，宾夕法尼亚州熊跑溪，1935 年。赖特 69 岁的时候，通过流水别墅吸引了全世界人的目光。它是现代建筑中最广为人知的住宅。巨大的钢筋混凝土板悬挑于湍急溪流边的巉岩之上。

可以算作现在建筑中最重要表现的第二个建筑，我认为，是弗兰克·劳埃德·赖特在匹兹堡附近设计的流水别墅。我穿越稀疏的树林来到那里，继续试图在这些林立的树木间找到那所房子。突然地，我隐约看到迷雾中房子的水平线条。另一方面，我也再次看到了流水别墅的垂直表达。我认为，这就是弗兰克·劳埃德·赖特艺术感最重要和最佳的表现。他很好地理解和表达了周边环境、场地和房子周边的特质。我认为弗兰克·劳埃德·赖特是所有现代建筑师中最具有自然感受力的人。在这点上，我非常仰慕他。但是我得说实话，我不认同他的住宅形式和装饰形式。

第三个建筑是最近的一个作品，密斯·凡·德·罗在芝加哥附近为范斯沃斯（Farnsworth）女士建造的住宅。我认为这是密斯·凡·德·罗最先进的表达，他，当然了，是个诗人，我想说他是我们时代建筑界的抽象诗人。因此我对他非常崇敬。

但是，我又不得不说，生活及其多样化，不管是幸运还是不幸，都需要比诗意更多的东西。一个人需要把一张报纸放在地板上，而不去想这张报纸

范斯沃斯住宅（FARNSWORTH HOUSE）

路德维希·密斯·凡·德·罗设计，伊利诺伊州普莱诺（Plano），1950年。服务核心及小房间被优雅地包裹着，它们分割了这个由单一空间构成的玻璃房，住宅还拥有一个抬高了的雪花石膏地板和平屋顶，优美地悬空于8根白色的光滑钢柱之上。

会破坏房间里的一切。这就是生活，我们需要建筑为生活服务，而不是为诗歌服务。

当你试图从某一个角度，而非所有角度来解决生活问题时，你会受到限制。在勒·柯布西耶、弗兰克·劳埃德·赖特和密斯·凡·德·罗的建筑中都能找到局限性。他们当然会受限，因为这种局限性来自建筑师开始建造之初。它们

图根哈特住宅（TUGENDHAT HOUSE）

路德维希·密斯·凡·德·罗设计，捷克共和国，布尔诺（Brno），1930年。这座住宅建在一个斜坡上，从素淡的一层沿街立面来看，几乎想象不到其背立面的模样，在背面，从玻璃围护的二层可以俯视一座花园和壮丽的城市景观。自由流动的室内空间使该住宅成为现代建筑最具影响力的典范。

可能是不同类型的局限性，都对建筑学有影响。例如，勒·柯布西耶的马赛公寓的主要局限在于经济性。最好的家庭住宅是贴近地面的住宅，人们可以真正地生活于其中，这是我的信仰，我想也是勒·柯布西耶的信仰。他们拥有他们自己的花园，他们自己的树，他们种植自己的蔬菜，他们能贴近大地。这也许会成为人类的生活方式。

小菲利普·韦尔： 1956 年

我感觉建筑学分两大主流。我现在是针对设计特点而言的。一大主流是古典派，另一主流是浪漫派。古典派暗含着一种结构秩序，重复的特质，从某种秩序中产生的某种庄严。另一派更加自然化，在某种程度上讲更为放松，更为感性，常常在与所处地方保持密切关系方面强于古典派，就其地理环境而言，在许多方面建筑与地方是可以相互影响的。

我想到了两个对建筑设计有重要影响的案例。一个是密斯·凡·德·罗的图根哈特住宅，如果你想列举他的另一个作品的话，那可能就是巴塞罗那馆。这两个建筑对年轻的建筑师来说影响巨大。我认为两者的目的都在于引进一种建筑构成和建筑设计的新秩序。

罗比住宅（ROBIE HOUSE）

弗兰克·劳埃德·赖特设计，芝加哥，1906 年。这个水平展开的罗马砖住宅，采用了长长的甲板状的阳台，是赖特早期最有影响的作品之一。

也许我们可以说浪漫派的主要倡导者是弗兰克·劳埃德·赖特，尽管他自己可能会否认这一点。如果我们要列举一件他的作品的话，那就是罗比住宅，它也对后代建筑师产生了影响。

国家养老金协会大楼（NATIONAL PENSIONS INSTITUTE）

阿尔瓦·阿尔托,赫尔辛基,芬兰,1950年。阿尔托通过他美丽的砖结构建筑，把显露在自然环境里的有吸引力的人类品性带入了纯粹的国际式。

吉欧·蓬蒂：　　　　　　　　　　　　　　　　1961 年

弗兰克·劳埃德·赖特是个天才。他注定是个天才，尤其是如果一个人像提香（Titian）那样，活了 90 多岁。我认为，尼迈耶也属于天才一类，但是他还没机会展示他的终极才能，尽管他已经有过许多伟大的作品。尼迈耶的作品中总是有一些纤细的东西。

阿尔弗雷德·罗特（ALFRED ROTH）：　　　　　　　　1961 年

我非常喜欢阿尔瓦·阿尔托的作品。他的赫尔辛基社会保险公司的国家养老金协会大楼，属于他的新近作品之一，是个非常精彩的建筑作品，它如此富有思想，真正的思想，不是那种虚假的创意。他是个天才，阿尔托是伟大的艺术家、杰出的天才，极有教养，极富人情味。我们是非常要好的朋友。他平易近人，是非常棒的合作伙伴，完全脱离于公共事务的羁绊。

我很景仰弗兰克·劳埃德·赖特。尽管我并没有直接受到他的影响。我非常喜欢他的住宅。我脑海当中是著名的"蜀葵居"（Hollyhock House），它位于帕洛·阿尔托（Palo Alto），这是个很精彩的住宅。我也喜欢他位于拉辛

巴恩斯代尔 "蜀葵居"

弗兰克·劳埃德·赖特设计，洛杉矶，1917年。这个重要的早期混凝土蜀葵居主题和形式来自玛雅神庙，但是室内却无疑是新赖特乡土主义风格的。

（Racine）的约翰逊制蜡工厂。流水别墅对我来说有点过于夸张了，我喜欢更为严谨的住宅。

说实话，我对理查德·诺伊特拉的作品也很景仰。今天，诺伊特拉已经对自己的原则坚信不疑。他没有改变，而是发展了自己，不过他没有改变他对建筑和自身设计思想的基本态度。我尤其喜欢他的特里梅因住宅，我看到过它，那是一件非常精彩的建筑作品。正如你们所知，他的有些住宅有点过于时尚，但是你知道的。我喜欢坚持原则的人。我们今天不得不这么做。

理查德·诺伊特拉：　　　　　　　　　　　　　　　　1955 年

最早影响我的是奥托·瓦格纳，他和路易斯·沙利文是同时代人。我对那个时代的沙利文一无所知。但是我重读了瓦格纳的一些著作。顺便说一下，我说是重读，其实我之前从没有读过他的书，我现在开始读他，只是因为他的孙女和孙女婿从维也纳开始写信给我。他们突然听说了我，觉得我就是那个继承他的事业的人，他们寄给我有趣的家庭论文，以及他 1890 年写的一些东西的重印本，我被他思想的现代性所震惊。我一点也不怀疑，就文学而言，他在那个时代所写的著作以及他为维也纳城市委员会写的提案比那个时代的其他任何作品都更切合实际。

他建造了维也纳城市铁路系统，包括所有火车站以及所有的地铁站，当时有一条带状的线路，人们花上 5 分钱就可以旅游一整天，不用出站就可以环游城市。我曾经这么干过。这是建筑界的一项伟大工程，我一开始只是从下面看这些车站，然后我又从上面看它们。这种建筑教育绝对是低廉的，同时也是非常具有教育意义的。这个人对我产生了巨大的影响，他让我决定成为一名建筑师。他是个非常具有革命性的人。他一开始只是一个复古建筑师，或者说是那个时代风行的折中主义风格（style of eclecticism）建筑师，但是他渐渐成为了一个致力于发展创新并且彻底与所有风格化教规决裂之人。

"每一种新的风格都脱胎于先前的一种风格，因此新的材料，新的人类任务和视野会创造一种机遇，使人们重构现存的形式……伟大的社会变革总是会孕育新的风格。"

奥托·瓦格纳

特 里 梅 因 住 宅（TREMAINE HOUSE）
理查德·诺伊特拉设计，加利福尼亚州洛杉矶，1929 年。这个早期的现代住宅是预制轻钢框架、钢筋混凝土墙以及大玻璃窗在住宅应用方面的一个突破。

我有机会看到这一点以及围绕这一点在报纸上所开展的论战。他经常受到人们的攻击，人们甚至拿他开玩笑，然而他是个在经济上很独立的人，所以他坚持发展自己。幸运的是，在他获得领导地位之前，他保持着维也纳艺术学院的教职，所以他不会那么轻易就被人打乱阵脚。他在一代学生中以及全世界都产生了巨大的影响。他曾经在这个国家非常知名，但是现在已经被遗忘了。好了，瓦格纳就谈到这里。

另一位在我的建筑师生涯中扮演重要角色的人是阿道夫·路斯，他是瓦格纳的伟大崇拜者，但是他却以一种十分不同的方式影响了我。他在平面绘制方面从来不是一位伟大的建筑师，事实上，他引以为豪的并非画平面图，他认为把作品表现在纸上，使用 4H 铅笔，就像瓦格纳那样，完全改变了建筑师工作的本质。

事实上，他慢慢让我形成一种观念——尽管他从来没有这样表达过——建筑学不是纸上谈兵，它与人类生活密切相关，使用比例尺是危险的。使用铅笔是危险的。使用纸也是危险的。这些东西当然便于操作，它们也有助于设计团队的共同认知，也许，也是必要的。他甚至对这种必要性也怀疑过。总之变成一个纸上建筑师是危险的。

路斯对我的最大影响是他把我带到了这个国家，芝加哥世界博览会期间他在美国，他虚度两年时光却没有丝毫业绩，也没有任何成功的迹象。他的美国故事不是一个成功的故事，相反，是一个热情澎湃但并不幸福的爱情故事。他热爱这个国家，但是显然他十分不适应这个国家。尽管他甚至连维系生存的绘图员工作都找不到，但他从来没有委屈自己去找一份二等旅馆夜班洗盘子的营生。他做了各种尝试。他在报纸上做广告说他是纹章专家，因为曼哈顿有一些人需要制作印有抬头的信笺。他和我谈了许多关于美国的事和他对美国的印象。他可能是影响我来到美国的最重要的人了，尽管到美国已经是很久以后的事了，但他口中的美国的确一直深深吸引着我。他非常喜欢我，把我视为他的得意门生。他还送给我礼物，很抱歉我没带来他送给我的那本印刷精美的书，他去世前一周还曾写给我一张明信片，但那时他的精神已经紊乱了，他就这样走了，我想，是死在一家福利机构里。

教育和卫生部大楼（MINISTRY OF EDUCATION AND HEALTH）

卢西奥·科斯塔、奥斯卡·尼迈耶、阿丰索·爱德华多·里迪、卡洛斯·莱奥（Carlos Leão）、乔治·莫雷拉（Jorge Moreira）和尔玛尼·瓦斯康塞洛斯（Ermani Vasconcelos）设计；顾问是勒·柯布西耶。巴西里约热内卢，1943 年。这是一幢带有报告厅和展览大厅的 16 层板式办公楼，连续遮阳窗构成的外墙使之成为南美洲最著名的现代建筑之一。

托马斯·萨纳夫里亚（TOMAS SANABRIA）： 1955 年
我想说我印象深刻的作品之一是卢西奥·科斯塔与奥斯卡·尼迈耶设计，勒·柯布西耶做顾问的里约热内卢教育和卫生部大楼。令我印象最深刻的是这个专业设计团队是怎样以一种优秀的、直接的、诚实的方式解决问题的。

我想提的是，我最近看到的另一个建筑是丹下健三设计的东京市政厅，其中最打动人的是良好的空间概念，以及它们如何与室外环境相联系，如何与日本城市充满活力的氛围相联系。

胡安·奥戈尔曼：　　　　　　　　　　　　　　　　　　　1955 年

在现代建筑中我想到的是高迪，巴塞罗那的加泰罗尼亚建筑师，我们时代最伟大的建筑师，尽管他的建筑事实上更多地表现出雕塑师和画家的天赋，而非建筑师的天赋。但是我仍然认为他是伟大的，是一个伟大的建筑师。我想说，高迪最根本的伟大在于他所创造的巴塞罗那圣家庭大教堂那一系列不可思议的事实，包括实现了西班牙哥特式与巴洛克的结合，它是非常个人化的，一种唯独高迪才拥有的个性化表达方式。在高迪之后，另一个伟大的建筑师就是美国的赖特。

作为三个最伟大的建筑之一，高迪设计的巴塞罗那圣家族大教堂尽管尚未完成，但是人们完全可以想象它建成后会是什么样子。另一个伟大建筑，我想说是赖特为考夫曼家族（Kaufmanns）在熊跑溪设计建造的流水别墅，第三个建筑与高迪和赖特的建筑不同，是墨西哥大学城体育馆。我认为这三个作品可能是最重要的，我把大学城体育馆包括在内是想把墨西哥的东西纳入进来。

我认为勒·柯布西耶的一些作品是现代建筑中的伟大作品。他未建成的作品比建成的作品更伟大。他就像毕加索一样，充满想象力，不拘泥于任何教条。他做他喜欢的建筑，如马赛公寓、朗香教堂。那个教堂采用了更为自由的手法，也是我喜欢的手法，他使形式具有最大的自由度，而不考虑形式是否基于专业逻辑。他那么做只是因为他觉得那样很美。

奥林匹克体育馆（OLYMPIC STADIUM）
奥古斯托·佩雷斯·帕拉舍斯（Augusto Perez Palacios）、劳尔·萨利纳斯·莫罗（Raúl Salinas Moro）以及乔治·布拉沃·希门尼斯（Jorge Bravo Jimenez）设计，墨西哥城，1951 年。弯曲的混凝土维护墙深入地下，收束于火山岩立面，这个现代体育馆让人想起阿兹台克建筑的壮丽辉煌。

欧内斯托·罗杰斯：　　　　　　　　　　　　　　　　　　1955 年

对我来说，现代建筑的四位巨匠分别是勒·柯布西耶、赖特、格罗皮乌斯和密斯·凡·德·罗。重要性紧随其后的是阿尔瓦·阿尔托，我认为，他是大师一代与我们这一代之间的过渡。

然而你的问题是哪个建筑是最伟大的。最令我印象深刻的是勒·柯布西耶设计的拉图雷特修道院（La Tourette Monastery），我认为它是富有想象力的当代案例。修道院的主题并不重要，因为今天修道院对于人类而言已经无关紧要。

但它对少数住在里面的人来说是非常重要的。当你走进这座建筑，这个杰出的作品会让你感到进入了一个古老的纪念物。你会感到很自在。你会觉得建筑是你的一部分，而你也是建筑的一部分，你不像个僧人，而是更像一个人。当你观察建筑的诸多细部以及整个建筑的时候，你发现没有任何部分是以前曾经有过的。没有任何部分是模仿而来的。也没有任何部分是复制他人的。虽然没有任何部分是与早期建筑形式相关联的，但这个建筑在本质上与好的历史建筑是一脉相承的。我想我可以做如下总结，它是一个将人类带入未来的连续体，是真正的建筑游戏，我想，它应该是建筑的未来。也许它并非未来本身，而是未来世界里对美好建筑的一种期望。

佩雷苏蒂：   1961 年

我最敬佩的是勒·柯布西耶，我景仰几乎所有他的作品，但是我也看到他的局限性所在。我对密斯·凡·德·罗也很崇敬，他的有些作品我仰慕不已，但是我在他的作品中看到比勒·柯布西耶更多的局限性。弗兰克·劳埃德·赖特我也非常钦佩，但是我也看到了流水别墅的另一面，它是个精彩的作品，但是有些细节我一点儿也不喜欢。

鲁道夫·施泰格尔：   1961 年

我只对少数作品有很好的了解。其中之一就是朗香教堂，它给我留下非常深刻的印象，更多的是雕塑而非建筑的印象。可以说，它就是个雕塑，我很想买一个朗香教堂的小型石膏模型，把它当做一个雕塑。

然后就是赖特的建筑，我也十分欣赏。我儿子曾经去过那里并带回了许多资料，我认为赖特是他所身处时代的最伟大的建筑师之一，他是一个真正的设计工程师和建筑师。

还有英国的建筑，我只是从出版物上了解到，战后城市新的住宅项目也相当有趣。

布鲁斯·戈夫：   1955 年

三个伟大的现代建筑作品，在我看来，说到现代，我想你的意思是指新近的建筑,因为所有完成的建筑都是现代的。如果我们说的是1900年至今的建筑,在最近的 50 年里，我可能不得不提三个建筑。其中的两个从来没有建起来过，第三个也是尚未完成。

我要提到的第一个建筑是高迪设计的巴塞罗那的圣家庭大教堂。它有一个伟大的理念，也许是我们这个时代最惊心动魄的建筑理念，尽管建筑尚未完成，高迪预言它将花费 300 年时间来建造。他说这是最后一个哥特式天主教堂。他还有其他一些说法也是极有预见性的，只是我们今天还没能理解。我认为它伟

苏维埃宫模型（PALACE OF THE SOVIETS, MODEL）

勒·柯布西耶设计，1931 年。这个现代构成主义设计，其报告厅屋顶自独立的抛物线拱上悬挑而出，被驳斥为苏维埃转向基于阶级模式的无产阶级建筑学。

大，是因为它像所有伟大的建筑一样，是对其目的、其材料和其存在理由的表达，它超越了所有这些而形成一种精神品质，遗憾的是这也正是几乎所有当代作品中所缺失的东西。

第二个建筑是我期望能够建起来的，如果它被建起来，那么它将是我们这个时代最伟大的成就。那就是勒·柯布西耶的苏维埃宫。这是一个华丽的设计方案。它好得过了头，以至于无法被建筑的未来使用者所理解。它意味着政府在为大众服务的建筑方面所做的创新。当然，从结构上来说，它是大胆而有趣的。我不知道还有哪个建筑能有如此强大的力量，几乎是昆虫般的力量。同时它超越了所有建筑，成为政府建筑的一个非常诗意的表达。

亨廷顿·哈特福德乡间俱乐部项目（HUNTINGTON HARTFORD COUNTRY CLUB PROJECT）

弗兰克·劳埃德·赖特设计，加利福尼亚好莱坞山，1947 年。在这个没有实现的加利福尼亚乡村俱乐部方案中，赖特采用了几根茶碟状的平台悬挑，上面容纳了具有不同标高的餐厅、花园和游泳池，它们位于上升的梯形基础之上。

至于第三个案例，自然而然，我们不得不提一下弗兰克·劳埃德·赖特。在他的作品中，我最钦佩的可能是好莱坞俱乐部的设计。那个设计对我而言已经超越了方法。它的非凡之处在于，一个建筑师能有如此丰富的经验，而他又是那么年轻，那么大胆，在他生命的那个时期是那么富有想象力，以至于设计出这样一个如此激动人心而面向未来的建筑作品。我认为它面向未来是因为他仿佛要从地面上起飞。它是对我们可以期待的不远未来的预言，到那时建筑师将更多地摆脱大地的束缚。

阿恩·雅各布森（ARNE JACOBSEN）： 1957 年

我认为菲利普·约翰逊的住宅差不多算是最重要的作品之一。这一作品对建筑学来说意味深远。但是勒·柯布西耶的朗香教堂，不管怎么说，也给我留下了深刻的印象。在某种程度上讲，它是三大学科——绘画艺术、雕塑艺术和建筑学的亲密组合——它因此而达到了一个建筑学上前所未有的新高度。

阿恩·雅各布森

威廉·杜多克： 1961 年

1953 年我曾是弗兰克·劳埃德·赖特的座上客。他对我产生了影响——不仅仅是他楼层平面的自由方式，还包括很多细节。我们都对他做事情的自由方式印象深刻，包括他诗意的解决方式。例如中途花园就给我留下很深的印象。我认为它美妙极了。我喜欢这个作品甚于他的后期作品。

中途花园（MIDWAY GARDEN）

弗兰克·劳埃德·赖特设计，芝加哥，1913 年。这个具有超凡愉悦感的宫殿由砖与装饰性混凝土构成，围合成一个完整的城市街区，在禁展后被毁。

维克托·格林： 1957 年

我认为洛克菲勒中心是建筑界的重要实验，不仅因为其建筑的细节，而且因为它是首个大型建筑综合体，它在建筑与建筑之间、建筑与建筑的空隙之间以及建筑与其所创造整体之间建立了关系。这可能是唯一的地处纽约大都市区的一座真实城市景观小岛。

许多人都不认为它是建筑，但我认为是。田纳西河流域管理局（TVA）的大坝表明建筑不仅仅是楼房，建筑可以是任何一个人工创举，它是通过戏剧性、整体性和美观而创造出来的。

第三个建筑是我花了一个星期时间去体验过的建筑，弗兰克·劳埃德·赖特的流水别墅。我之前看到过它的图片，我不敢相信它的存在因为它看起来有点像是旷世杰作。但是在里面住了三四天之后，我被它深深地迷住了。我立刻有一种回家的感觉。我为它的宜居性、创造新景致的天分、室内外印象，及其愉悦场所、大胆结构和显著功用所倾倒。

爱德华多·卡塔拉诺：　　　　　　　　　　　　　　　　　　　　1956 年
我不知道你是否会从广泛的意义上来处理建筑或者是使用建筑这个词汇。在美国这里你可以找到一个案例，田纳西河流域管理局具有伟大的社会隐喻和巨大的尺度。我认为这一点值得关注。作为规划问题我认为它让人觉得不可思议。这是美国近 50 年来做得最好的事情之一。

蓬蒂：　　　　　　　　　　　　　　　　　　　　　　　　　　　1961 年
在过去的案例中，我深受帕拉第奥建筑的影响，说到当今的建筑，我脑海中立刻浮现出的是朗香教堂，因为他是一个卓越的人——勒·柯布西耶的卓越代表作。我说他是这样一个人，而我的表达是没有偏见的。他是一个伟大的人，他的思想影响着我和每一个人。我经常喜欢关注一个人的存在而非其建筑学准则。

尼迈耶的作品有助于我理解许多事情。我对弗兰克·劳埃德·赖特的建筑不感兴趣，但我依然认为他是个伟大的天才。我感兴趣的是他作为一个人，而不仅仅是他在建筑学领域的表现。

谈到密斯·凡·德·罗，我最喜欢他的巴塞罗那馆，建造这个建筑的时候，密斯更像一个美学家。勒·柯布西耶是一个先驱者，格罗皮乌斯是一位教师，阿尔瓦·阿尔托则是一位艺术家。

卡尔·科克：　　　　　　　　　　　　　　　　　　　　　　　　1957 年
我认为我们处在现代建筑的开端与繁盛期之间。现在所出现的是一个必然性的阶段，但是从真正的建筑角度来讲，却不是一个特别令人满意的阶段。

密斯·凡·德·罗的巴塞罗那馆比任何其他事情都能说明问题，因此我选择它。弗兰克·劳埃德·赖特这位当今建筑界最具影响力的人物之一，在他的作品中，我也将选择一个建筑，也许是威斯康星州的塔里埃森，或者他的早期作品之一，它们比他近期的作品更加明确。如果把弗兰克·劳埃德·赖特视作浪漫，那么密斯则是出自混沌的简洁。

建筑中的人性，我想可能是三个建筑中最重要的，我竭力想找到一个具体的建筑。我一直想着斯德哥尔摩的市政厅。那是个各种事物的大杂烩，那也可能是我常常回归它的一个原因。

斯堪的纳维亚的传统及发展，对我来说，当然有非常重要的影响。我认

塔里埃森Ⅲ（TALIESIN Ⅲ）

弗兰克·劳埃德·赖特设计，威斯康星州斯普林格林（Spring Green），1925–1959年。赖特著名的家，由传统的石灰石和木材建造，带有抹灰外立面，被命名为塔里埃森，威尔士语的意思是闪亮的坡顶。住宅合宜地依附于小山的一侧，威斯康星河左岸那片高起的先祖的土地上。

为他们是真正实践民主概念的民族，他们的建筑也一样。我15年前第一次去那里，自那以后又去过三四次。不管怎么说，他们的建筑，就像一个群组，比我们的建筑更经得住风吹日晒。这是唯一一个建筑经过多年却很少受到损坏的地方。在这里建筑是人们生活的重要组成部分。我没有特别指出任何一个建筑，甚至任何一个人，或者任何具体的事物，但是斯德哥尔摩这座城市是我要指出的。这是一座有生气的当代城市，它不依赖于许多年以前的建筑。我们总是谈到圣马可广场，但是就今天而言，它是死的。它在许多年前就完成了，人们还在使用它，它很好，但是它没有表达出今天我们正在做的。斯德哥尔摩非常有效地述说着民主是如何运作的，那里的人是智慧的，文明的，他们确实知道他们想要什么。世界上能称得上如此，或者说有这种感觉的地方真是寥寥无几。

大学城瑞士学生宿舍（SWISS PAVILION, UNIVERSITY CITY）

勒·柯布西耶，巴黎，1932年。这个悬挑的学生宿舍从雕塑感的混凝土柱上升起，可以容纳50名学生，是勒·柯布西耶第一个公共建筑。

戈登·邦沙夫特：　　　　　　　　　　　　　　1956年

我认为，在我见过和研究过的建筑中，密斯·凡·德·罗的玻璃塔楼——芝加哥湖滨的公寓，湖滨大道860号——是美国最好的建筑。

那个建筑向我展示了混凝土，它对混凝土的影响和展示是非常重要的。它的产生有一个激动人心的背景，它本身也是个激动人心的建筑。我把勒·柯布西耶的马赛公寓列为第二。

第三个建筑大约建于30年前，是迄今为止仍然美丽的少数几个建筑之一，勒·柯布西耶在巴黎为瑞士政府设计的国际大学学生宿舍馆。我想那是基础混凝土结构加上轻钢叠落结构的宏伟表达。它可能是对现代世界建筑具有最大影响的建筑之一，是对密斯·凡·德·罗建筑成果的补充。

丹下健三：　　　　　　　　　　　　　　　　　　　　　　1961 年

丹下健三

我最欣赏勒·柯布西耶的作品。我也非常喜欢密斯的作品，但是他将自己的作品发挥至极限了，我想没有人能进一步突破它。因此，我欣赏密斯，因为他已经达到了一个方向上的终极目标。我不知道在这一点之后还可以向哪个方向发展，也许不可能再有什么发展了。在这种情境中，勒·柯布西耶仍然继续自由地向前走，保留着各种可能性。作为建筑学的教师，我很欣赏格罗皮乌斯，他们都是我们的伟大导师，我非常尊敬他们。但是，作为朋友来说，我最欣赏沙里宁。

埃利奥特·诺伊斯：　　　　　　　　　　　　　　　　　　1957 年

老实说，在现代建筑中，只有两个建筑立刻触动了我，它们真的让我吃惊。一个是萨伏伊别墅，勒·柯布西耶的作品，我除了通过图纸和图片知道它的原始状态之外，我三四年前还去看了它的现状。另一个是赖特的西塔里埃森，我也只是看到过它非常光鲜尚未建成时的模样。然而大约是 1941 年，他带着我们环绕建筑转了一圈。它令我惊愕。现在，我认为，这两个案例便是现代建筑中我所要推荐的。我认为有很多非常棒的建筑，但是这两个案例对我来说有特殊的意义。它们太与众不同了。我想它们是除了帕提农神庙以外最能令我震撼的建筑。这三个建筑，真的很难相提并论，但是在任何情况下，我都会对这三个建筑有真切的感受。

萨伏伊别墅，我曾对它十分向往，因为我曾被它的各方面深深打动，当时只是通过学校里的出版物了解它的。当我到那里之后，我步行穿越这个疯狂的、废弃的建筑，绕着它走，看到干草粘在二层的门廊里，走进起居室、厨房等等，看到这里在 1930 年的模样以及它是如何开始建造的。在这里他设计了这个建筑，自那以后我们都在运用这种设计方法。带烟道的烟囱升起来。一个细节接着一个细节，比我之前意识到的多得多，它们依然都在那里，处于一种废弃的状态。这个家伙不可思议的创造力，在那一刻，在这个单体建筑中已经超越了信仰。真是一种梦幻般的静寂。这真是个非凡的建筑。它静立在草坪上，一个废墟，拥有着最伟大的权威性，差不多就像帕提农神庙一样，是另一个废墟。它们有着一种类似的权威性。

一个偶然的机会我碰到了萨伏伊女士。我尽力用法语和她交谈，并倾听了她对这个地方过去情况的描述。哪里曾是罂粟花，哪里曾是果园。你可以看出她似乎开始重新经历这些事情。她冷不防地告诉我她丈夫和儿子是怎么对它不感兴趣。她还告诉我在战争期间德国人如何粗暴地对待它，但它依然挺立。可怕的经历依然历历在目。

塔里埃森是相同的东西，的确如此。首先，我对其空间序列彻底地着迷，对陌生的材料，帆布，荒唐的形态着迷，对平面，木头，石头，光线进入的方式以及整个不可思议的空间流着迷，从开放到封闭，从大到小，从巨大的壁炉到微小的角落，从狭窄的通道窥视巨大的圆石和荒芜的混凝土颜色，这绝对是一件杰作。我想这是最打动我的一件作品。

赖特的这个建筑显示了其作品存在的某些东西，这些东西在考夫曼家族的流水别墅中也有所体现。在学校里，我们被告诫说并非所有的加利福尼亚玛雅人都采用这种装饰材料。在此这个家伙做了一件全新的尝试，一件突然间对我们颇有意味的事。即使我们暂时有了一种对柯布的忠诚，突然间赖特开始通过某些东西重新成为关注的焦点。我猜想应该是这些宏伟的白色嵌板、圆石和悬臂。它是清晰的，易于理解的，也是更为现代的。塔里埃森是我心目中最好的建筑。

密斯·凡·德·罗的任何作品都没有让我感受到过建筑学的成功，我真的没有获得过。我看到过湖滨大道公寓和混凝土建筑海角公寓（the Promontory）。我见过的密斯作品不多。我见过伊利诺伊伊理工学院（IIT College），西格拉姆大厦也许是杰出的，但是我不得不拭目以待后人对它的评说。

赫尔穆特·亨特里希：   1961 年

我喜欢埃罗·沙里宁的作品。底特律通用公司的技术中心是个杰出的作品。我认为密斯·凡·德·罗的纽约西格拉姆大厦也是杰出的，但是我也非常喜欢利弗大楼（Lever Building），它坐落在美国。我非常喜欢勒·柯布西耶的朗香教堂，这是个非常重要的建筑。然后，当然了，我也喜欢阿恩·雅各布森，他的家具，他的细节，以及他的建筑。我喜欢赖特，他在第一次世界大战前所有的作品，芝加哥附近的大住宅。我不喜欢他的纽约古根海姆博物馆。它根本就不适合夹在那些高层建筑之间。如果它建在公园里会很棒。

联排住宅（ROW HOUSES）

阿恩·雅各布森设计，丹麦苏赫姆，1950 年。这座联排住宅富有质感的自然材质和富有想象力的屋顶设置，是雅各布森背离其线条流畅的国际式风格的生动代表。

拉尔夫·拉普森： 1959 年

我们明尼苏达州立大学建筑系经常被人说成是一所密斯式的学校。我想部分原因是它相对简单。学生经常寻找过去的方法应用到他们自己的设计方案中。这比赖特高超的大师手法要简单得多。我不是说他的原则而是他的本土性。可能勒·柯布西耶也是如此，尽管程度不会如此之深。

在我自己的作品中，我认为在早期，我受到赖特的影响。我想最先是赖特和沙利文，然后我发现了柯布和他的著作，特别是他的较大尺度规划思想对我影响很大。再后来就是密斯和他的更加强化秩序的原则。

另外还有一个，我想，当然就是格罗皮乌斯。我想他的教育方式对我产生了最为强烈的影响。我认为他使建筑学教育得到了提升、塑造和发展，他在这方面的贡献超过任何其他人。顺带说一下，我非常景仰作为建筑师的密斯，但是我不认为他是个好的教育家。另一个让我佩服的是马塞尔·布劳耶，无论是其为人还是其设计。我肯定这一点已经大量地体现在我的设计作品中了。

我觉得很难说出三个建筑。当然，我不能不提赖特在住宅领域的作品。他的作品中营造了有趣的、激动人心的空间，哦，你可以说出上百个。毫无疑问两个塔里埃森建筑群是他对空间掌控，以及他制造惊喜、组合、变化和塑造空间的伟大展示。

此外还有密斯的巴塞罗那馆。我记得它是一个空间的伟大连接，对材料、细节有着完美的应用。我自己的个人发展在某种程度上受到密斯晚期作品芝加哥公寓的深刻影响。这些建筑高度抽象的品质在我看来是极富情感和振奋人心的。不管怎么说，我不能接受这样的事实，说它们对于需求来说不是必要而完美的答案。

第三个建筑必然是勒·柯布西耶的作品。也许在这里我不选择柯布自己的作品，而是选择里约热内卢的教育部大楼，他当时是设计顾问，建筑体现了他的原则，他的雕塑特性，他对形式、室内和室外空间的把握。

阿丰索·爱德华多·里迪： 1955 年

我认为有三位建筑师对我的作品有实质性的影响。他们分别是勒·柯布西耶、密斯·凡·德·罗和格罗皮乌斯，每一位影响了一个方面。

例如，我认为格罗皮乌斯对我作品的影响在于他唤醒了我对社会问题的意识，而这正是那个时代所忽略的。它主要引发了住宅问题，当时巴西情况很混乱，直到我开始从事设计工作时为止。我了解这项工作的背景，因为住宅问题当时已经有所减少，人们不再一味地建造廉价住宅，而没有考虑住宅只是一个因素，只是社区为满足人的需求而提供的各种服务设施中的一项。格罗皮乌斯在这个主题上给了我大量信息。

我很钦佩密斯的作品。我既景仰密斯又景仰勒·柯布西耶，这看似有点矛盾，因为他们代表着两种不同的方法。我不认为两者之间有任何不相容的地方，尽管他们有着完全不同的个性。密斯的作品通过其纯粹、精确、空间概念令我佩服不已。

我认为勒·柯布西耶具有超凡的创造力。我认为他是一个真正的天才，有一颗富有创造力的心灵。我记得我曾听到过他说："我是一个创造机器。"这绝对是事实。我想这个定义对勒·柯布西耶来说再合适不过了。他事实上是在不断地创新和发明，他是一个具有超凡创造力的精灵，他确实拥有卓越的艺术感受。

我认为现代建筑中最重要的还有一点，不是其体量，而是其外在美的展示，一种几乎成为教条的解决方式：勒·柯布西耶的作品。它们具有形式的纯粹性，非凡的结构和认识的纯粹性。其他给我带来巨大影响的作品还有西格拉姆大厦，因为其手法的纯粹，精妙的细节、材料的选择以及卓越的完美性。这些就是我能够引述的案例。

保罗·施韦克（PAUL SCHWEIKHER）：　　　　　　　　　　1960 年

我认为西格拉姆大厦是件伟大的作品。瞧瞧勒·柯布西耶的昌迪加尔或马赛公寓吧——这些都是伟大的建筑。

我赞同有些人的说法，建筑必须属于它自己的时代。我相信对艺术家或建筑师来说，要通过作品表达与其一起生活的人或者他所身处的时代是很难的。我认为要设计属于本时代的建筑就意味着要用属于本时代的方法和材料。

山崎实：　　　　　　　　　　　　　　　　　　　　　　1960 年

我不认为现代建筑已经发展到了可以挑选出建筑杰作的程度，像沙特尔大教堂（Chartres）、总督府（the Doges Palace）或者日本的桂离宫（Katsura Palace），或者其他任何独立的实例。我想这样的杰作是会出现的。我认为可能我自己对最重要的作品的分类便是这样的。比如说，赖特的住宅，对我来说是现代建筑的伟大作品。我喜欢密斯的三个建筑：湖滨大道 860 号、克朗楼和西格拉姆大厦。西格拉姆大厦是他全盛时期的杰作。它们占据了真正精彩作品的主要部分。

尽管我很敬佩勒·柯布西耶，我没有看过他的所有作品。我只是看到过昌迪加尔的一个建筑，我不能说我被昌迪加尔折服了。我觉得柯布虽然是个超凡的艺术家，作为一个雕塑家他的确有巨大的创造力，但作为建筑师却并非如此。在某种程度上说，他与赖特、密斯这样的建筑师是不同的，他不是一个建筑师。

保罗·鲁道夫：　　　　　　　　　　　　　　　　　　　1960 年

我觉得勒·柯布西耶的萨伏伊别墅以一种令人钦佩的方式展示了展开式空间的连续感。同时它雄辩地表明了勒·柯布西耶对人与自然关系的感知，这一点被证明是有预见力的。

秘书处和议会大楼（SECRETARIAT AND ASSEMBLY BUILDING）

勒·柯布西耶、皮埃尔·让纳雷（Pierre Jeanneret）、马克斯韦尔·弗赖（Maxwell Fry）和简·德鲁（Jane Drew）设计，印度昌迪加尔，1952~1957年。巨大的秘书处大楼，具有雕塑感的外形和可控光照的天窗，是勒·柯布西耶为旁遮普新都所做规划的主体建筑。

我认为密斯·凡·德·罗的芝加哥湖滨大道860号公寓第一次使垂直钢框架的使用达到了伟大艺术的高度。因为钢笼是非常美国化的做法，这个建筑在美国只能这么做。它真的意义非凡。顺带要提及的是，钢框架并非实际呈现出来的那样，呈现出来的只是结构的象征。结构的象征自古就已被采用，我不明白为什么突然之间用它就不对头了。

我认为赖特的西塔里埃森的确是意义非凡的作品，不仅因为他所营造的空间序列以及建筑与基地的关系，还因为对材料的整体应用，石砌工艺的朴拙，桁架和横梁的轻盈，透过帆布照进来的光线以及对自然光线的控制。这种对光线的控制是为了逃避整个的国际式风格。赖特天生就知道该这么做。但是国际式风格说："让我们拥有光和空气。"与此同时产生了炫目的强光。事实上，勒·柯布西耶花了20年时间建造内部没有强光的建筑。他现在知道要如何优雅地去实现。其实，我想，那是整个战后建筑发展整体推动力的一个重要组成部分。

马丁·维加斯（Martin Vegas）和何塞·米格尔·加利亚： 1955年

我们认为三个最重要的作品分别是密斯·凡·德·罗的巴塞罗那馆，勒·柯布西耶在巴黎大学城的瑞士学生宿舍和弗兰克·劳埃德·赖特的芝加哥罗比住宅。

加利亚（GALIA）： 1955年

罗比住宅建于1906年。我认为它包含了所有特别的元素，特别的理念和材料的正确应用，并且这些直到今天依然是有效的。你今天可以去参观罗比住宅，它一直是一座一流的建筑，而所有其他国家的全部建筑师都在做维多利亚风格的建筑。

我还想提一下，尽管它们不是建筑作品，但它们仍然是建筑师的作品，因此值得一提。巴塞罗那椅*和埃姆斯椅**。它们是建筑师的作品，我相信它们十分重要。

马里奥·钱皮： 1956 年

我总是想看伟大的作品，不是那些建造完成的现实作品，而是创作伟大作品的那股力量，也就是说，那些建筑师——那些创造了我们今天所拥有的伟大作品的杰出人士。建筑领域中促使今日人类进步的不是建筑本身，而是一股力量，一种想象力，一种指导作品完成的哲学。这种思想导致我认为像密斯·凡·德·罗、弗兰克·劳埃德·赖特以及勒·柯布西耶，这三位依然健在的伟人，为现代建筑作出了超越他人的贡献。

以密斯·凡·德·罗为例来说，很难说他在捷克斯洛伐克的图根哈特住宅是不是比他的世博会巴塞罗那馆更好看。在我看来，两个案例中的理念常常是一致的，是同一方向上的思考。削弱结构的表现，以某种光线为特色，玻璃的大跨度应用，连同立方体形式、透明形式的应用以及色彩和优良材质的使用，使整个居住环境变得富有吸引力，令人振奋，美观大方，生机勃勃。

谈到弗兰克·劳埃德·赖特，我们以他的熊跑溪流水别墅为例，这个建筑拥有悬挑于瀑布之上的巨大悬臂，或者我们也可以举例他的约翰逊制蜡公司总部实验室这个多层建筑，或者他的东京帝国饭店（Imperial Hotel in Tokyo）。对我来说，很难说其中哪个建筑更好，因为每个案例都有其不同的具体功能。尽管如此，你还是能够在每一个建筑中发现他个性化的思考、想象和创造力，它们是连续的，不间断的，差不多是以同样的方式表达出来的。

说到勒·柯布西耶，瞧瞧他在法国普瓦西的萨伏伊别墅，他在巴黎大学城的瑞士学生宿舍，或者他的马赛公寓。同样的，你在这些作品中也可以找到一种品质，一种特点以及一种独一无二的，同时也是极端开明的个人表达。当你阅读他的著作并分析他的思想时，你会认识到建筑背后有一种伟大的力量，那是一种巨大的刺激。在这股力量下，他不得不努力奉献并尽可能去实现，尽可能作出自己的个性表达，这也是每个建筑师的机遇和责任。

马克·索热： 1960 年

在众多作品中给我留下深刻印象的是勒·柯布西耶的马赛公寓项目，这是建筑中的一个关键时刻。此外还有对我影响更大的作品。我发现阿尔托的作品

"一个伟大的时代已经开始了。这里有一种新的精神。工业化如惊涛骇浪一般势不可挡，奔向它注定的终点，我们被赋予了适应这个新时代的新工具，被赋予了这种新精神。"

勒·柯布西耶

马克·索热

---

* 巴塞罗那椅是密斯在 1929 年巴塞罗那世界博览会上，为了欢迎西班牙国王和王后而设计，同著名的德国馆相协调。这件体量超大的椅子也明确显示出高贵而庄重的身份。——译者注

** 埃姆斯夫妇（Charles and Ray Eames）是 20 世纪最有影响力的设计师，他们协力将家具设计带入一股新风潮，兼顾功能性的造型美感，简约且富有现代感。——译者注

贝克住宅（BAKER HOUSE）

麻省理工学院，阿尔瓦·阿尔托和佩里
（Perry）、肖（Shaw）、赫本（Hapburn）
和迪安（Dean）设计，剑桥，1949 年。
素砖砌就的宿舍采用了弧线型，使学生
房间构成的首层平面产生了丰富变化，
并且增加了面向查尔斯河的房间数量。

极其有趣，也非常有价值。我喜欢阿尔托主要是因为他的建筑理念。还有他完成项目的方式。他使用的材料全都如此完美地与其建筑周边的氛围相适应。美国麻省理工学院的校园建筑是非常有价值的，因为那里的状况与他自己的祖国十分类似。尽管如此，我个人认为这个建筑针对它的使用者学生来说还是做得不够好。我认为一个建筑在教育过程中扮演着重要角色。我想，他在那个地区所取得的成功和在自己的祖国一样多。

我认为密斯·凡·德·罗是当代建筑界中影响力最大的人物之一。他的理论与勒·柯布西耶非常相似，他与勒·柯布西耶一样，都是当代建筑界的伟大领头人之一。先不谈他的那些众所周知的优点，也就是他的建筑具有的那种完美的明确性，单是其体量表达的方式，就为教学和许多建筑师提供了一种坚实的基础，它使人免于过快地卷入某种现代性的自命不凡中。现在，我们正在逃离这个现代性的自命不凡的危险地带。过去的几年里，我恐怕得感谢我们在材料选择和项目方面被赋予的意想不到的自由，我们迅速地处理建筑的形式，这些形式很快地会导向青年风格*，这是现代建筑中的一种新的风格（neo-style），一种装饰性的派蒂斯风格（an ornamental, pâtisserie style）**。感谢他的严谨，密斯·凡·德·罗是避免建筑滑向错误方向的基石之一。

弗兰克·劳埃德·赖特因为其空间组织理念，对我来说，也成为建筑界一位极为有益且有趣的人物。他总是说建筑应该是有机的。在这点上勒·柯布西耶从来没有胜过他。虽然勒·柯布西耶也推崇有机建筑，但是却可能基于不同的哲学基础。赖特在某些方面对我的帮助极大。他是建筑界的榜样。他对室内空间的组织，他对室内外之间联系的处理是极其有趣的。他使用材料的方式，他创造的自由感，他在平面中和项目应用中所秉持的极端苛刻与严谨的态度。

---

* 德语 Jugendstil，以 1896 年首次出版的杂志《青春》（Jugend）而得名，相当于新艺术（Art Nouveau）风格。盛行于 19 世纪后 20 年及 20 世纪前 10 年的西欧地区。——译者注
** 法语 patisserie，意思是法式蛋糕。——译者注

他的作品中所表现出来的自由感向所有当代建筑师显示了他们该如何把自己从建筑的旧"空间"范式中解放出来。他打破了盒子并让我们看到如何使空间同时成为内部与外部。在这些方面，赖特的作品是十分有帮助的。此外，我们一定不能忽视他作品的力量。

埃罗·沙里宁： 1956 年

我更想谈谈影响力而非建筑本身。我认为当我们思考建筑的时候，我们会时刻感受到三种巨大力量的影响。赖特及其一生的作品，柯布及其一生的作品，再就是密斯及其作品。我认为我们需要将他们的具体作品或具体建筑拿出来作为一个符号。我在和学生的交谈中多次问他们，他们是如何看待这些建筑的影响的，我记得我得到的最好答案是赖特催生了一切，柯布赋予其形式，而密斯则对其加以控制。

现在关于这个问题的答案变得更加深入，更加丰富。但是我觉得，比方说，赖特的建筑，让我就谈谈他们三位。赖特催生了一切。赖特赋予了我们空间使用的最大激情，他向我们展示了建筑的可塑形式，建筑与自然的关系，建筑与材料的关系，在某种程度上与结构的关系，他向我们展示了建筑的戏剧性，我认为这一点非常重要。我认为现在我们处于建筑的一个发展时期，你们都知道的，有些人试图在自己的作品中直接接受他的影响。我从来不会那么做并且我认为那么做是错误的。我认为他对你们或者任何其他人的影响应该更多，不是通过形式本身而是通过哲学和原则，也许还有形式背后的热情。我认为50年后将会出现那样的局面，我们将感觉他在那时比当下对我们的影响更大。我们现在离他太近了。这就是我看待赖特的方式，我认为他是最伟大的健在的建筑师。

对了，我还得补充一小点，赖特的许多形式的确开辟了一个非常与众不同的新纪元。年轻的建筑师和学生没有意识到这一点就完全滑了进去，这是错误的。但是，伙计，可别低估了赖特。

现在说说柯布给它们赋予了形式。你们知道的，他是现代建筑形式的圣经，因为他的书就像莱昂纳多·达·芬奇（Leonardo da Vinci）的素描一样，格罗皮乌斯就直接将他称为我们这个时代的莱昂纳多·达·芬奇。他的非凡创造力在于，他几乎可以采用任何主题，几乎不需要显示自身，他通过戏剧化的方式做建筑，强调作为一个整体的建筑，通过这种方式，他差不多找到了功能方面的形式。但是别以为他只是在功能方面找到了形式，因为本质上来说，形式就在他心中，像马赛公寓这个建筑就对我产生了非常非常强烈的影响。大约在近20年或30年的时间里我们制造的砖越来越薄，而这，或多或少地，是建立在柯布的基础上的。之后，他紧接着采用了一种粗笨、坚固而厚重的建筑，好像完全是对前一种倾向的颠覆，他是最不可捉摸的。好吧，他就是建筑界的莱昂纳多或者毕加索，反正是位极有创造力的人物。

对我个人来说，我从他那里学到了最有趣的一课是每个问题都有它自己的答案，建筑并非只能找到一种模子或一种形式，建筑应该是一整套思考方式。他带来的可塑形式同几何形式或者结晶形式有关，这些形式是我们还没有开始探索的领域。也许我可以说，我感觉有些人过于直接地借鉴他，并且做得有点不那么真诚。换句话说，可塑的形式并非……你们知道，雕塑是好的，但是别忘记了结构。这就是密斯，第三股极大的影响力，进来了。

我得在柯布这儿多停留一会，柯布的许多建筑来自绘画，来自立体派的绘画世界，他的作品不强调建筑的结构品质，当人们模仿他时，往往忘记了这一点。但是密斯在晚年来到这里，在战乱年代吸收了美国风格，然后就进入了建筑设计的繁荣期，建造了大量建筑，我的意思是他的作品遍地开花，所有的作品都非常非常结实、简朴，在结构上几乎成了一种宗教信仰。我看它差不多是哥特式的延续——维奥莱－勒－迪克（Viollet-le-Duc）、贝尔拉格、沙利文、密斯。其原则，或者说信念是，结构乃影响建筑最重要的东西。建筑的功能可以改变，但是结构始终不变。

我现在要再次提到密斯，我在许多方面受到他的影响。许多人说通用汽车公司总部大楼是我受到他影响最明显的一个案例。我会说麻省理工学院的报告厅是我受密斯影响最显著的作品，不仅仅是他的形式，也包括他的原则。不论你使用混凝土还是钢，也不论你使用方盒子还是穹顶，那些都是细节，但是让结构成为建筑的主导元素，让功能空间与结构匹配并被结构所控制的原则，在一定程度上，是一条密斯原则。

我真的不敢以这种方式去思考，因为这样一来，每个人都会认为所有的事情大多是相同的了。我不敢这样去想，而柯布敢。柯布通过他一生的作品给我们展示了许多人们可以去实验的方向和事情。之后，赖特也是如此，但他还没有真正与建筑融为一体。我想这是我今天所说的最有智慧一句话。我认为赖特的贡献还没有融合到现代建筑之中。

"在初期阶段是值得去表明将13世纪的建筑形式与其结构分开是不可能的；这种建筑的任何部分都是结构之必然结果，如同在植物界与动物界中，没有一种作用形式不是生物体的必然产物：在众多的属、类和变种之中，植物学家和动物学家关于功能是不会犯错的。"

欧仁－艾玛纽埃尔·维奥莱－勒－迪克（Eugène-Emanuel Viollet-le-Duc）

弗兰克·劳埃德·赖特

"建筑物的空间价值被维护、放大、扩张、呈现，形成了一个全新的建筑。"

弗兰克·劳埃德·赖特就是这样一位令人惊骇的公众人物，他的外貌和举止已无须介绍。他那易上照的外貌是个人的自负与戏剧感相结合的作品。当我问及他的衣着时，他回答说："仔细瞧这些末端，约翰，头、手、脚，它们是最重要的部分。"他设计自己的形象时运用了与设计建筑同样的一种与众不同的想象力。

没有哪位建筑师，当然也没有哪位现代建筑师，拥有赖特式风格。他同他的学生一起在广袤的庄园中设计并建造了两处卓越的居所。它们当然是建筑学校——或者说如威斯康星州坚决反对而宣称的那样，是一种建筑商业活动——但是赖特居住在那里，好似一位君主。他具备了放荡不羁式艺术家的许多叛逆性，但是他从来没有像他们那样去生活。

尽管由他的天赋而来的这些行为和人们对其天赋毫无掩饰的称赞，赖特对自己的认识还是异常清晰的。幽默家被定义为洞察世事并对离经叛道的行为进行嘲笑之人，赖特便具备了令人愉悦和健康向上的美国式幽默。例如，他告诉我："曾经有一天我去了新迦南（New Canaan）。我在那里为一个名叫"任性的"（Wayward）

的人建造一栋住宅。作为一个客户，这真是一个好名字。"其实不然，那个人的名字实际上叫雷沃德（Rayward）。

赖特就是这样一个人，他遇到任何人都会有故事发生。大多数故事他早就说过或写过。通常，在这么多不同的版本中，我们很难挑出哪个是真实的。我曾经问他经常说起的翼展（Wingspread），也就是赫伯特·F·约翰逊住宅（Herbert F.Johnson house）的故事。在乔迁聚会中开始下雨，屋顶明显开始漏水。愤怒的约翰逊打电话质问赖特，当他和客人坐在餐桌边时水落到了他的身上，他该怎么办。赖特回答说："挪动你的椅子。"赖特后来对我说："这不是真的，但这成了一个好故事，我们就信以为真吧。"

我在很多地方访问过赖特，但是这批录音材料是在塔里埃森的一个多星期里完成的。无论远观还是近处，那人就像是生活在传说里。他告诉我："他们认为我是一个傲慢、自大、善妒的人，但是除此之外，我只有一个愿望：希望能看到属于美国自己的建筑。"

赖特自己的言论之后是建筑师安东尼、雷蒙德的一手谈话资料，他曾在日本帝国饭店项目与赖特共过事。

弗兰克·劳埃德·赖特：嗯，正好可以从那张小小的圆形照片开始。

约翰·彼得：那是您母亲吗？

弗兰克·劳埃德·赖特：是的，她是我的幼儿园老师。当我 6 岁时，她就让我坐在幼儿园的桌子旁，她想让自己的儿子成为建筑师。我也不知缘由所在。然而她是个老师，在我出生的房间里面环绕着 9 个用简单的枫木框起来的，6 个——不，9 个——由蒂莫西·科尔斯（Timothy Coles）雕刻的英国教堂。那就是我在摇篮里所看到的。然后，她下定决心要使我成为一名建筑师，并且所有的一切都将以之为中心，她还决定不让我知道建筑以外的其他任何事物。除了建筑，我什么也不了解。

因此福禄培尔（Froebel）*的启蒙训练，当然，也是科学的、德国式的、彻底的弗里德里希·福禄培尔（Friedrich Froebel）思想应该成为当今几乎所有教育的基础。

弗里德里希·福禄培尔不是科学家，他是造诣高深的人道主义者。他应该被请回来并使他的训练体系进入到全国的学校中去。这对艺术和宗教而言将是一个良好的开端。弗里德里希·福禄培尔认为，孩子不应该根据自然来描摹，就是说，不应该只看到事物的表面和无价值的琐事。应该教他看到所有事物背后基本的形式，那真正是外表之下的本质所在。因此，这是正方形，这是三角形，这是圆形。然后你赋予它们第三个维度，你得到了立方体、四面体和球体。现在，从那些形式中发展出从属的形式。他们将很小的钩子放到这些形体里面。你将它们悬挂起来，再旋转，就会获得从属的形体。然后他给了你这个编织而成的地图，你将在模板中去编织颜色。你得到了色彩。你获得了编织的体验。你在这个基础上得到了一个形体。一旦你将其纳入你的身体之中，就永远不会离开你了。你永远不可能从我手里把那些对枫木形状的感觉弄走。你永远不可能将那些色彩的影响从我头脑中清除。这整个小盒子有 36 个方块，一面是鲜艳的红色，另一面是白色。你把它们倒在桌子上，并且用它们组合出一些图形。

我的母亲是一位教师。她在普拉特维尔学院（Platteville Academy）任教时遇到了我父亲，我父亲是一位巡回牧师（circuit rider），教授音乐并进行传道。我父亲出生于一个牧师家庭。我祖父是这里的一位牧师，同时也是威尔士的帽商和牧师。哦，是的，威尔士人的血统是十分浓厚的。我母亲的家人也是教师和牧师。一直回溯到英国宗教改革时期（English Reformation），我的家庭全部是牧师，唯有我打破了这条传承之链，没有成为牧师。事实就是如此。

罗密欧与朱丽叶风车塔

弗兰克·劳埃德·赖特设计，威斯康星州斯普林格林（Spring Green），1896 年。风车的菱形和八边形拥抱在一起，促使赖特以莎士比亚笔下的情侣来命名。

---

* 福禄培尔（1782—1852 年），德国著名教育家，幼儿园创始人。

我母亲是西奥多·帕克（Theodore Parker）的信徒。她的见解超前。在她家里，窗帘样式纯粹并且笔直地挂在两边，而不是用蝴蝶结向后扎起来。她已经上光了枫木地板。并且在这些枫木地板上，她的一个朋友，戴维斯夫人，帮她从印度弄到了彩色地毯，地毯上编织着彩饰品。图案没有采用那时通常的构架，而全部是细长而优美的程式化枫树条纹。

当她想要花的时候，她采摘时会留下长长的花梗，通常会选择玻璃瓶，这样可以展现花梗并使其在水中自然而然地分离开来——我就是在这样的环境里长大的。

我的父亲，自然是音乐家和牧师，我的婴儿时期便浸润在音乐和宗教的环境中。我听着父亲在钢琴上弹奏贝多芬的奏鸣曲而入睡。因此我很自然地在我的身体中拥有所有那些素养。

约翰·彼得：*我研究过您的劳埃德－琼斯风车塔（Lloyd-Jones windmill），也就是"罗密欧与朱丽叶"，假如倒塌了，那些每天早晨都在观望的怀疑者会如何看待。*

弗兰克·劳埃德·赖特：它依然在那里，已经 45 个年头了。怀疑者早就烟消云散了。最后一位在 15 年前消失了。

约翰·彼得：*您年轻时对这片土地的了解有多深？*

弗兰克·劳埃德·赖特：嗯，这一切都属于我叔叔。你看到的所有东西都是的。当我 11 岁的时候，母亲就送我来这里和叔叔詹姆斯一起工作。当我们从波士顿这个我父亲拥有一个牧师团的地方回来时，她看到我变得有点像电影《方特勒罗伊小爵爷》（*Little Lord Fauntleroy*）里的人物，常常用手指将我的长发卷起来。她看到自己的儿子变得更加优雅了。因此她把我送到叔叔那里，并且从 11 岁一直到 17 岁我都没有穿过鞋子，也没有戴过帽子。这是非常遥远的西部，是一片富饶的处女地，正在被开垦。我祖父来到这里时，印第安人已经在了。祖父将烟草放在门廊的台阶上给他们，他们带来了鹿肉，放在台阶上，然后带走了烟草。丹尼尔·韦伯斯特（Daniel Webster）是西部地区一位了不起的投机者，他拥有了这片土地，我现在拥有的是其中的一部分。当然，对他来说这片土地都是野蛮而粗犷的。那时苏族印第安人（Sioux Indians）就在这里。

我们正在桥头堡的下面修建餐厅，在那里你可以拾到印第安人的弓箭。你可以到处走走，将它们挖出来。那是印第安浅滩，印第安人常常在此处过河。

我走遍了这片土地的角角落落，每天下午都会开车转悠。这是在你一生中见到的最美丽的地方。世界上大部分美丽的地方我都见过了，没有能与这里相媲美的。

不过我现在还能回想起来的，就是我过去常常光着脚丫用脚趾去抚触整个山谷。我整个的青春都编进了这个地方。当然，现在雇工也拥有一些农场，而这些农场原来是属于我叔叔的，我没能要回来。

约翰·彼得：*您现在有多少土地？*

弗兰克·劳埃德·赖特：4200英亩。在河边绵延5英里。

约翰·彼得：*当您到了上学的年龄，您去了工程技术学校。*

弗兰克·劳埃德·赖特：我们很穷，支付不起建筑学校的学费，不敢奢望，因此我在工程技术学校很不耐烦地混了将近四年。毕业前3个月，我认为工程技术毕竟只是基本的且不成熟的建筑学。我便只身一人去了芝加哥，瞒着所有人，包括我母亲。我在街头流浪了一些日子，后来找到了一个地方，西尔斯比（Silsbee）在那里，我待了一年，向他学习住宅建筑。他是当时芝加哥权威的住宅建筑师。

在西尔斯比那里结束后的第二年，沙利文正在找人来担任礼堂建筑室内的绘图工作。他需要一名助手，那里的一位伙计向他推荐了我，所以他让比尔·科夫斯（Bill Corfs）来叫我去见他，我去了。接下来他让我画一些图纸，于是我勤奋地画——我画了很多。我把他的一些装饰变成了哥特式的，画好后图纸放在一边，直到他来到那些图纸面前，他看后问道："这些是什么，赖特？"我说："嗯，我认为我们可以将其变成哥特式的，可以看到这是多么容易。"我冒犯了他，但是他慧眼识才，我是一位优秀的绘图员，感觉敏锐。他说："赖特，你可以担任这个工作。你的感觉很棒，你想要多少薪水？"嗯，我过去的薪水是每星期18美元。因此我回答说25美元，他笑了说："嗯，只要我们合作顺利，我们成交"。我本来可以要求50美元，也会得到的。

约翰·彼得：*那时您同丹克马·阿德勒（Dankmar Adler）交谈过吗？*

弗兰克·劳埃德·赖特：不，我是被沙利文雇用的。

约翰·彼得：*在那里，他们两位是什么关系？*

弗兰克·劳埃德·赖特：阿德勒是重量级人物，他是一位工程型大建筑师，建筑理念超前，当时确实是美国建筑师协会的（AIA）台柱子，是一位超前的思想家和践行者。他完成了中央音乐厅（the Central Music Hall），还完成了位于湖滨的博览会建筑，那时他还为客户做过许多阁楼建筑。他将沙利文吸收进来，当成来自鲍扎一位年轻而没有经验的成员，曾有过一些设计办公建筑的经验。阿德勒信赖沙利文的才华，将他吸收进来作为合伙人。

阿德勒信赖沙利文的才华就像大部分人信赖上帝一样。沙利文得到了任何想要的东西。沙利文确实对建筑的实践方面所知甚少。他向他所能找到的最好的导师丹克马·阿德勒学习。当然啦，这两个人搭档就好像是拇指和小指或者是拇指和食指——阿德勒为拇指，沙利文为食指。这两个人之间的关系就是如此。

约翰·彼得：*沙利文给过您什么建议吗？*

弗兰克·劳埃德·赖特：沙利文是身体力行，他没有给过我任何建议。他只是让我和他一起工作，和他一起相处。

约翰·彼得：*他自己的著作《入门闲谈》（the Kindergarten Chats），您觉得怎样？*

弗兰克·劳埃德·赖特：嗯，我对那些从来都没有太大的兴趣。有一次，他跟我讲述了一件他的事情，他称之为"灵感"，这是他所写的一件早期发生的事情。我认为是枉费心机，压根就没想到他写得那么好。当然，他能做并且做成了，但是他的著述从来没有给我留下深刻的印象，我从他那里学到的不是这方面的东西。

这是诗歌。我们已经没有诗人了。给我举出一个建筑领域的诗人，那个人在哪里？给我举出一个任何领域的诗人——文学界——那个人在哪里？

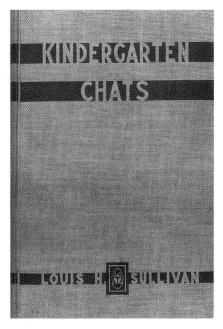

《入门闲谈》

路易斯·沙利文著，圣甲虫兄弟会出版社（Scarab Fraternity Press），堪萨斯州劳伦斯，1934 年。沙利文是摩天楼的开拓者，也是弗兰克·劳埃德·赖特敬爱的大师（Lieber Meister）。他在 1918 年撰写了这些基础性的文章，想要"将思想从农奴的传统中解放出来"。后来以书籍的形式出版，对现代建筑作出了不可磨灭的贡献。

1957 年

我来了，沙利文接受了我，他对我是如此的好。当他辱骂办公室所有其他成员的时候，对我却很和蔼，他们往往将矛头指向我，我必须为自己的处境而战。

沙利文告诉我，我去那里后的第一个星期他成了孤家寡人。乔治·埃尔姆斯利（George Elmslie）是一位小伙子，跟我一样是牧师的儿子。那个办公室里包括西尔斯比在内有五个人是牧师的儿子。所以当沙利文对我说："赖特，在这里找一个人做你的下属，因为如果在你身上发生什么事情，我不得不让你离开之后，我将无人可用。"所以我让乔治过来，我在的那段时间乔治待在我的办公室作为替补人员。乔治是我的替补者，而我是沙利文的替补者。我离开之后，他理所当然地任用了乔治。后来在他的衰落时期，他已不再适合续掌大权，乔治取代了他。

我有 30 名下属。我负责工作室中的规划和设计，保罗·米勒（Paul Mueller）负责工程领域。他是阿德勒的人，而我是沙利文的人。

你看，在那个办公室，在那些日子里，我在制图室的一端，保罗·米勒在另一端。阿德勒在外面办公室的隔壁，沙利文的房间在我的隔壁，我房间的门向他的房间开敞着，我坐着画画，经常可以看到他。

约翰·彼得：*就您自己来说，您从来有过那种建筑与工程师之间的关系。*

弗兰克·劳埃德·赖特：不，我已经培养出了对工程的敏锐感觉。我还是认为工程只不过是建筑不发达的、初级的方面。我认为它们是实际的方面，除此之外我使用工程师的方式就同工程师使用计算尺。我利用他来计算，但是我绝对不会利用工程师来设计。方案都是我自己的。当我们合作时，我或多或少从工程方面得到了一些协助。

约翰·彼得：*当您在沙利文工作室的时候，您是怎样开始从事更多住宅项目的？*

弗兰克·劳埃德·赖特：那是因为我与西尔斯比共事了一年，他是这个地区最好的住宅设计师。沙利文从来没有建造过住宅，也不想干这个。阿德勒没有将他们当成客户，是因为他们阻碍机械化，这使得他设计一幢 25000 美元的住宅与设计一栋 25 万美元的办公建筑所付出的辛劳不相上下。

约翰·彼得：*这可能在现今依然如故。*

弗兰克·劳埃德·赖特：哦，是的，的确如此。我们所做的所有住宅，都会在经济方面有所损失，除非它的造价达到 25 万美元或者 10 万美元以上。

我全部及时完工。所有的住宅项目都是他们的客户委托给阿德勒和沙利文的，他们必须接下来，他们将其移交给我，让我晚上去家里做。我将付出额外的辛劳来做方案，并带到工作室里来实施。

约翰·彼得：*然而这些住宅都是以……的名义建造。*

弗兰克·劳埃德·赖特：阿德勒和沙利文。阿德勒在那之前已经完成了一些，沙利文完成正面。他们都极富想象力，早期鲍扎式的沙利文。

约翰·彼得：*您当时所做的方案是不是很像那个时期流行的方案？*

弗兰克·劳埃德·赖特：是的，但是我的方案开始变化了。我从西尔斯比那里获得了对住宅的感觉，比当时通行的要更有流动性，也更优秀。当然啦，我利用过那些方案。

约翰·彼得：*您谈到了流动性，但是您没有谈到开放式平面？*

弗兰克·劳埃德·赖特：在那个时期还没有诞生。它诞生于 1893 年左右，是在温斯洛住宅（Winslow House）和威廉斯住宅（Williams House）建成之后。我大概是在 1895 年或 1896 年开始使用自由平面，之前的几年我一直对那个时期的通行方案进行改良。

温斯洛住宅中所运用的遮蔽（shelter）理念，我已经延续至今。建筑的重中之重就是一种遮蔽感。温斯洛住宅拥有那种感觉。温斯洛住宅的檐壁上仍然保留了一点沙利文式的装饰。但是在那个时期这种装饰也逐渐消亡。但是，大

温斯洛住宅

弗兰克·劳埃德·赖特设计，伊利诺伊州里弗福雷斯特，1893 年。温斯洛住宅是他离开阿德勒和沙利文之后的首个独立的委任项目，拥有许多不变的赖特式特征，比如宽大的伸展出来的檐口。

约直到……孔利住宅（Coonley House）是一个实例，因为这一时期的许多设计都是个性化的——我们称之为"分区式"（zoned）住宅，在那里餐厅是一个单元，客厅是一个单元，卧室也是单元群，它们围绕景观优雅地连接在一起，因地制宜。

罗比住宅大约建于 1909 年。从 1903—1909 年发展了开放式平面和"分区式平面"。

约翰·彼得：*"分区式平面"——是两个不同的事物吗？*

弗兰克·劳埃德·赖特：它们是从同一根茎干上分出来的。它们之间相互联系。在此之前，住宅都是伪殖民式的（pseudo-Colonial）。建筑在那时是伪殖民式的或伪英国式的，这就是殖民地风格。

约翰·彼得：*是日本的影响创造了开放式平面吗？*

弗兰克·劳埃德·赖特：没有任何日本的影响。但我确实见到了日本的版画，由葛饰北斋（Hokusai）和歌川广重（Hiroshige）创作的日本版画。我见到前者的作品是在世博会那一年。我从一个在中央音乐厅经营艺术品商店名叫西罗科（Sirocco）的人那里买了这些版画中一部分。我将其带回家，它们让我非常激动和着迷，这不是因为画中的建筑，而是因为它们所代表的艺术状态，确证了我在做的所有事情。我的思想和感情被确证得如此彻底，以至当我获得一个机会，虽然费用不多、辛苦异常，我还是下定决心于 1906 年去了日本。在拉金大楼（Larkin Building）和马丁住宅（Martin House）建成之后——马丁夫人使我疲惫不堪，我不得不自杀或者去某个地方。因此我去了日本，在那里我想研究版画，我去收集版画。

日本在那个时期出现了非常伟大的艺术家。现在我们把它叫做桃山时代（Momoyama Period），是早期阶段。浮世绘（Ukiyo-e）是桃山后期。那时这些伟大的人物倾其所能向世界奉献。他们绘画的简化方式影响了后来的版画家。那是纯粹日本学派的开端。它源于中国艺术。中国的原理当然保持在其中。日本文化产生于中国艺术就如同植物或者花朵产生于腐叶土壤。因此，它基本上是中国的。由于这个原因，中国一直看不起日本人，因为他们在模仿。

我后来成了日本版画的主要拉皮条者（procurer），那时我正在日本建造帝国饭店（Imperial Hotel）。我为首都的财政部出纳局长（treasurer of the

孔利住宅

弗兰克·劳埃德·赖特设计，伊利诺伊州里弗赛德，1908 年。这个住宅开始采用了赖特颇具影响力的带状平面，被认为是他草原风的杰作。

拉金公司大楼

弗兰克·劳埃德·赖特设计，纽约州布法罗，1903 年。毁于 1950 年，这栋邮政公司办公大楼的中央为开放式的工作空间，开拓性地使用了早期的"空调"，还使用了平板玻璃和金属陈设。

弗兰克·劳埃德·赖特
在威斯康星州斯普林格林
塔里埃森，1955 年。

Metropolitan）霍华德·曼斯菲尔德（Howard Mansfield）、为芝加哥艺术学院，尤其是为斯波尔丁（Spauldings）弄版画。我在日本时斯波尔丁给了我 20 多万美元去给他们买版画。我所收集的版画目前在（波士顿）美术博物馆（Fine Arts Museum）。这些作品大部分是我自己创作的，只有少数是从其他地方弄来的。

约翰·彼得：*这在那个时候是一件新鲜事？*

弗兰克·劳埃德·赖特：不，实际上这件事已经终结了。法国和德国其实已经司空见惯了。在这儿也不是新的，因为以前就有收藏家。有芝加哥的库肯（Cookin），埃文斯顿的莫斯（Moss），伊文斯顿的钱德勒（Chandler）。哦，他们这样的人有很多。

约翰·彼得：*尽管那样您对他们的建筑还是没有兴趣吗？*

弗兰克·劳埃德·赖特：是的。我对他们的建筑一点兴趣都没有。他们的建筑从来不会并且永远不会引起我的兴趣，因为我拥有他们所有的一切东西。他们当时所拥有以及现在所拥有的都证实了我在做的事情。然而我在版画中发现的是福音的消失。这儿的福音在那边的墙上，我与之相依相伴。

我是葛饰北斋、歌川广重和浮世绘画派的信徒，至于日本的建筑，我从来没有从中得到任何东西。确实如此。现在他们是否相信这一点，我并不关心。但我的建筑受到过日本的影响是毋庸置疑的。

在那个时候他们派遣了一个委员会在世界各地寻找一名建筑师成为御用建造者（Emperor's Kenchikaho），他们来到德国。当时他们在德国听说过我。现在，如果他们去美国，他们永远不会听说到我。因此当他们到达美国，就直接到橡树园（Oak Park）来找我，看到了周围那些已经建好了的建筑，他们说："嗯，这不是日本式的，但是建在日本也会非常好。"所以他们就雇用我建造一座日本饭店。

约翰·彼得：*也许那是因为在某种意义上存在着一种关系。*

弗兰克·劳埃德·赖特：那种关系是返回自然，我也将返回自然，日本经过在我出生之前的几个世纪的文明返回了自然，就像玛雅人返回自然一样。那是我生命中另一个巨大的影响，玛雅建筑，秘鲁人的、印加人的和托尔铁克人的。当我年少时，我满心所想的就是去那儿，帮助挖掘那个伟大的文明。

我通过我们的驻日大使得到了这本由冈仓觉三（Okakura Kakuzo）所写的小书，我读过了。那是老子著作的译本。我明确地读到：建筑的本质不是存在于墙体和屋顶，而是能居住的空间。这条宣言比耶稣早五百年。在这里，我一直试图将其建造起来，我认为自己是个先知。

> "埏埴以为器，当其无，有器之用。凿户牖以为室，当其无，有室之用。故有之以为利，无之以为用。" *
>
> 　　　　　　　　老子

---

* 引自《道德经》，此段大意为："一堆黏土孤立看来，毫无价值，但烧制成器皿，就能呈现它的价值。摆在一边的门和窗，不将它们用于房屋建造，也是废物一堆。因此，客观物质总有其利用价值，就是看起来毫无用处的事物，也可以化无用为有用。"

联合教堂（UNITY TEMPLE）

弗兰克·劳埃德·赖特设计，伊利诺伊州橡树园，1906年。美国第一个重要的纯混凝土建筑，赖特打破了教会建筑的传统。这个建筑分为相连的宗教和社会两部分。

约翰·彼得：*现在人们引用这条宣言来论述现代建筑。*

弗兰克·劳埃德·赖特：嗯，那是它的源头。直到我做了之后它才存在。我一直是它的倡导者。当他们说出那种言词时，那不是他们自己的。

建筑物的空间价值被维护、放大、扩张、呈现，形成了一个全新的建筑，联合教堂首次将其表达了出来。那是我对现代建筑的贡献。对我来说，那就是现代建筑。你看，这就是联合教堂的方案。现在颇具特色了。这些其实应该是墙，但是没有做成墙。现在拐角处是一部楼梯，这成了特色，独具的特色。那就是联合教堂的方案。现在建筑的上部都是开放的。这些的确是相对空间而言的特色，好像使其上部全部开放并展开。那儿的内部空间成了建筑的本质。那要高于我从老子那里所学到的。

我所学到的总是能得到证实。比如日本版画，也能证实。我不知道老子。但是当我读到他时，我就像折桅的帆船。我心想，上帝啊，我不是先知。那是在耶稣之前五百年。接下来我开始思索，嗯，试着去重新建造，毕竟老子没有建造过。我正在建造它。我说过真理是永恒的。它不属于老子。他感知到真理是某种东西。我不仅仅是感知到真理，而且建造真理，这是他没有做到的。所以我并没有将其归功于老子，我求索的是永恒的真理。这都是自然学习（nature study）。

约翰·彼得：*塔里埃森的观念是从什么时候发展起来的？*

弗兰克·劳埃德·赖特：那是与赖特夫人一起发展出来的，当时我们没有钱。当然啦，我没有工作，也不期望得到工作，因为我正在用最底层人的眼光来看社会。因此我们想如果我们能够建造建筑，我们就能够培养建筑师。它就是这样开始的。1932年我们发布了少量通告，来自全国范围内的26名小伙子到来了。

奥尔登·道（Alden Dow）是首批到达的人士之一，现在另外还有几十人正在进行建筑实践并且干得很棒。因此那就是我们所说的"团体（the Fellowship）"的开端。现在已经有25年历史了，我们应该要举办一个25周年庆典。

希尔赛德家庭学校（HILLSIDE HOME SCHOOL）

弗兰克·劳埃德·赖特设计，威斯康星州斯普林格林，1902 年。赖特背离了传统的教育建筑样式，为他的姑母珍妮和内尔·劳埃德·琼斯设计了这个开拓式的男女合校并且提供膳宿的学校。

约翰·彼得：*这里的建筑中有多少是那个时候建造的？*

弗兰克·劳埃德·赖特：没有。1911 年我建造了第一所房子。你现在坐在里面的那所房子是第三个。有两个被火灾破坏了，那是一场可怕的灾难。第二场大火，没有人丧命，但经济上损失了 9 万美元——噢，不止那些——我从日本带来的艺术作品，价值 19 万美元。

那块山地是我姑母们的。我们去干活做准备，那是团体的第一个任务，去为那些建筑做准备。它们其实已经被摧毁了，水流了进来。破坏分子在墙上乱涂乱画，那只是些断壁残垣了。我们必须恢复所有的东西，包括烧毁的部分在内。我们实际上必须从零开始创建整个基地，除了那边后面的工作室和马厩之外一无所有，那就是所剩的全副家当。那时我们拥有农场，这是一个沉重的负担。

1955 年

约翰·彼得：*您建立了这个基地——一个机构。*

弗兰克·劳埃德·赖特：不，这不是一个机构，只是一个生意。法官在裁决中提到我的"设计生意（design business）"。这是多么优秀的法官。我是以学校为幌子在做设计生意。这就是法律。如今的法律当然已经被律师隐瞒、弯曲、拆零并重新组装，直至到处阴云密布。法律既不懂公正，也没有仁慈。那就是法律。

1957 年

约翰·彼得：*您的才华遭到忽视。为什么呢？*

弗兰克·劳埃德·赖特：嗯，我与一个还没有与我结婚的女人住在这座山上，我不能娶她，因为我妻子不和我离婚，那被认为是不道德的。我很固执，我不会向他们屈服。我说过我有生活的权利。你在《我的自传》里读到过，那里描述了所有的事情。

我很显然与他们所奉行的道德信条背道而驰。从伦理角度来看，这是另外一回事。它们是无力与伦理判断抗争的。我认为在我们国家任何问题都不可能基于伦理意义去作决定。它必然会被道德所污染，道德毕竟只是习俗。道德是习俗，而伦理是原则——根基。

122

约翰·彼得：*这所房子有多少是在最初方案中的?*

弗兰克·劳埃德·赖特：这个塔是在最初方案中的。那个增建物是后来加上去的。除了那个之外,所有这一切都已经消失两次了。那就是唯一剩下来的。

约翰·彼得：*约翰逊制腊公司塔楼（Johnson Wax tower）如何? 那不是按照最初的方案实施的? 那儿一直有一个高层的概念吗?*

弗兰克·劳埃德·赖特：不,没有。最初的设想中没有塔楼,但是他们现在说它看起来与整体的关系非常自然,就好像它一开始就在我的脑子里。也许事情考虑成熟之后再动手会比一开始就动手更能保证增建部分的质量。

同样的人,同样的想法,同样的环境,但是经验使之丰富起来。主体基础不是围绕中心的脊柱以及向外伸展的悬臂梁。那是与哩高摩天楼（Mile High）相同的原理,普赖斯塔楼（Price Tower）也是如此。这两者都是 20 世纪的建筑。当我们拥有混凝土的杆件、筋骨和血肉（the rod and the tendon and the flesh of concrete）可以由内而外建造时, 你不可能要求 20 世纪的建筑采用这种陈旧的钢柱梁结构。那个时候 20 世纪才刚开始。

约翰·彼得：*像奈尔维这样的工程师您认为怎样?*

弗兰克·劳埃德·赖特：嗯,奈尔维是 20 世纪的。梅拉德,瑞士的桥梁工程师,也是 20 世纪的。我想还有其他的建筑师,然而我们不熟悉他们的作品。

约翰·彼得：*高迪（Gaudi）怎样?*

弗兰克·劳埃德·赖特：你是指他用水泥建造的那个泥饼吗? 斯威尼写了一篇论述高迪的专文,有一天他会后悔的。我与詹姆斯·约翰逊·斯威尼（James Johnson Sweeney）在古根海姆博物馆项目中打过交道。他是馆长。他反对古根海姆先生所主张的任何事情,也背弃了古根海姆先生所遗留的所有东西。我认为这种情况是极端不道德的。

普赖斯塔楼（H.C.PRICE TOWER）

弗兰克·劳埃德·赖特设计,俄克拉何马州巴特尔斯维尔（Bartlesville）,1952年。这栋壮观的 19 层办公和居住塔楼有一个"主根"基础,是赖特建造的唯一一栋摩天楼。

约翰逊制腊公司大楼（JOHNSON WAX COMPANY BUILDINGS）

弗兰克·劳埃德·赖特设计,威斯康星州拉辛,1936 年,1946 年。这个著名的管理大楼和研究塔楼采用了砖和玻璃的流线型墙体,前后建造时间相隔 10 年,其设计理念至今仍具创意。

约翰逊制腊公司管理大楼

弗兰克·劳埃德·赖特设计，威斯康星州拉辛，1936年。在修长的"百合花叶片"柱子的设计中，赖特展现了他的技术才华。采用这样的柱子，他创造出一个伟大且充满阳光的办公空间。

约翰·彼得：*尽管如此，您在约翰逊制腊公司还是创造了那种柱子，就像……*

弗兰克·劳埃德·赖特：那是与威斯康星州的建筑委托进行全面抗争，我们取得了最终的胜利。从此以后，他们再也不想来了。

它非常新颖。钢筋混凝土柱子将混凝土承压能力从3500磅提升到12000磅。还有他们只允许我们将柱子建成7英尺高。我们把它建到23英尺还没有坍塌。

纽约的法规就是愚蠢。纽约的法规使得建在那里的古根海姆博物馆比用我们的方法去建造至少多花了100万美元。纽约人从来没有尝试过陈旧的钢柱和板梁以外的任何东西。纽约市的法规是十年前制定的，既不晓正义也不明仁慈。最终我们不得不重新设计建筑物的整体构造。我们建造约翰逊大楼采用的是冷拔的钢网，菱形的钢网。因为你不仅仅在两个方向得到了加强，在深度方面也得到了强化。他们从未听说过它，因此他们不允许我们使用。

约翰·彼得：*威斯康星的建筑只有20年的寿命。*

弗兰克·劳埃德·赖特：15年。接下来我们把它用在普赖斯塔楼上。以后我们将其运用到我们所有的作品之中，但他们那儿从来没有使用过。所以这成了我们首先要应对的事。我们不得不抛弃所有的计算，并且要使用扁钢，所以我们不得不重新绘制所有的结构图纸。为什么呢？因为他们对最新的结构进展没有任何经验，也就是从第三维度上进行加强。他们仍然是两维。那么，我们所做的一切只是为了取悦他们，你是知道的。

古根海姆上升到街道上面的第三层高度，对整个纽约来说都是一个挑战。因为这是第一次在纽约建造一个现代的20世纪建筑。纽约所有的建筑物都是19世纪的，散发着陈旧的工程师做的桥梁结构的味道。它们都是方正的框架，由外向内建造，博物馆却是由内向外完全由混凝土建造的。所有别的建筑都面朝着某些东西。这个博物馆是自成一体的，当你去看这个建筑时就会感觉到。它看起来很坚硬，其他建筑看起来都像纸板和饼干盒。

约翰·彼得：*当您说有机的，是什么意思？我在《入门闲聊》这本书中读到过一个解释。他使用了有机这个词吗？*

弗兰克·劳埃德·赖特：哦，是的，他说过，我也常常这么说。但不是同样的意思。当他说到有机，他意味着当他作装饰和设计时或多或少依据的是植物的生长，你知道的。但它从来没有进入他的建造思想之中，因为他不是一个建造者。

就我而言它是一个整体，这是至关重要的。它是事物的本质，不管是什么事物。这是你建造的方式。你使用的材料以及你使用它们的方式，诸如此类。这些材料都像这位敬爱的大师。

约翰·彼得：*当他说："形式追随功能，"……*

弗兰克·劳埃德·赖特：嗯，他从来没有遵循过。因为他的寿命不够长。他本来可以活得更长些。他对我在做的事情极为欣赏，他对我说："弗兰克"——这是在他去世前几个星期——去世前几个月——"弗兰克"，他说，"你所做的我永远做不了。但如果不是为我做，你永远也干不成你已经做完的那些事情。"

对我来说，有机意味着形式和功能是一体的，这会将有机提升至精神的境界。而其他的可能挂在肉铺里。当我说到功能，我实际上指的是本质——事物整体性质的精华。这意味着某些事物是根据原则从内部长出来的。

事实上，当我使用自然这个词汇，我注意到我不会像我与之交谈的其他大多数人那样去使用它。因为对我来说，自然正是我们所说的上帝的形式。你可能会说，我们看到的上帝永远都是这种形式，这的确很诗意。自然是你唯一见过的上帝化身。

在一次访谈中，我对卡尔·桑德伯格（Carl Sandburg）说："卡尔，那玩意儿怎么样？你怎么称呼它。""好吧，弗兰克，"他说，"我叫它诗歌。"那就是我所指的自然。

我一直在奋斗，我目前仍然在奋斗，身为一个离异的男人脱离了他所属的自然。他已经随波逐流了。我从不想让他从他整体的世界中分离出来。

约翰·彼得：*在您的住宅中，您总是以自然材料、壁炉等为特色。*

弗兰克·劳埃德·赖特：我喜爱火，我喜欢看到那个元素，我乐意感觉到我正在使用它，在接近它，或者是控制它。我能够将它当做建筑整体的一个特色——水如此，喷泉亦是如此。你打开窗户，这儿是建筑的阴影，阴影是伟大而奢华的元素。遮蔽是必要的，阴影却是奢华的。

约翰·彼得：*您觉得新的材料如何？*

弗兰克·劳埃德·赖特：我不反对任何材料，不管是现代的或是古代的。建筑的本质就是材料。实在没有理由解释材料为什么不能变成塑性的。钢铁是可塑的，玻璃是可塑的。所有现代材料的本质都是可塑的。我没有发现任何理由说明为什么铝总有一天不能像钢同样卓越、同样有用，也许是因为它质量轻。铝拥有钢不具备的属性，然而也缺乏钢所拥有的属性。所有这些材料都有各自的前景，但是它让建筑师在使用它们时有了更加深刻的洞察力。

"现在我可以着手在我心中酝酿已久的实践探索之旅了，即让建筑的建造基于清晰的实用需求——所有实用的实际需求应当是至高无上的，并且应作为计划和设计的基础；没有其他的建筑格言或传统或迷信或习惯来挡道……这意味着我要去验证的一条准则，是我通过对生命体长久的思索而逐渐形成的，那就是形式追随功能，那将意味着如果能坚持这条准则，在实践中建筑可能又变成了一种充满生气的艺术。"

路易斯·沙利文

帝国饭店

弗兰克·劳埃德·赖特设计,东京,1915年。赖特最著名的境外建筑,将先进的工程技术和装饰丰富的建筑形式结合在一起。

对于钢铁和混凝土等材料来说也是如此。现在你可以得到一个塑性结构——这个结构可以抵御地震——这就是钢铁在张力的情况下的应用。这些杆件你可以拉伸。你首次得到了一栋可以拉伸的建筑。地震对一栋你可以拉伸的建筑是无能为力的,它只能使之晃动。这和罗布林运用在桥梁上的原理是相同的,只是采用了不同的方式。

这是自然的原则。该原理对树木也同样适用。树木立于自己的根基之上,并伸展出枝丫。在那里你得到的是悬臂梁。我过去常常经过这里,看到那些旋风的路径。这里经常会有气旋。某些种类的树根尽管弯曲,但依然可以站立。某些树会生长出来,尽管枝干弯曲,但依然挺立着。其他的树根会从地面铺展开,就像你的手。我琢磨这是什么,结果发现这是主干。因此我便开始思考,我从中总结出地基的主干系统。

现在几乎所有这些事物,比如帝国饭店的稳定性震惊了全世界,因为原理非常简单,也就是建筑能够拉伸。你在这里看到的所有我做过的东西都能明显地看到悬臂系统。

哩高摩天楼项目

弗兰克·劳埃德·赖特设计,芝加哥,1956年。这张图展示出赖特主根式以及将哩高摩天楼的尺度同最大的埃及金字塔、埃菲尔塔和帝国大厦进行对比。

对面:哩高摩天楼项目

弗兰克·劳埃德·赖特设计,芝加哥,1956年。赖特的高层建筑方案,1929年鲍厄里塔(Bowery tower)上的圣马克斯(St.Marks)塔楼,1952年俄克拉何马州巴特尔斯维尔的普赖斯塔楼,在这个壮丽的528层高的摩天楼中达到了极致。

它们都是 20 世纪的建筑，不同于 19 世纪的，那是由以前的桥梁工程师建造的梁柱结构，由外向内铆固在一起。在那里你看到的是 19 世纪阿德勒和沙利文的作品，间或也有我早期的作品。埃菲尔铁塔之类。然而现在 20 世纪的结构登场了，可以实现哩高摩天楼。采用这种结构哩高摩天楼是可能的。

1955 年

美国式自动机械（Usonian Automatic）是轻便和力量的结晶，是一个 3 英寸的钢部件在结头处用钢来加强。这是钢和各种绝缘混凝土或者说是混凝土绝缘体的完美结合。绝缘是我们在建筑中必须处理的另外一个因素。

约翰·彼得：*空调是否影响了您的思考？*

弗兰克·劳埃德·赖特：我认为空调就像玻璃或其他的新事物一样，被人们滥用和误解了。我认为空调对人的伤害比其他任何东西都要多，并且还会持续如此。人类已经到达了这个临界点，就是将自己和气候隔绝开来。在此基础上人类能生存多久迟早会看到的。

约翰·彼得：*另一方面来说，是您推荐了辐射式或者说是韩国式供暖。*

弗兰克·劳埃德·赖特：这是一种自然的供暖，采用的是重力热源，或者是自然热源。热量从地面升上来。热上升，水下降。热是重量的消失，水是重量的积累。这两者是对立的，当你坐在加热的表面上时，你觉得暖和，你的腿也是暖和的。不管天气有多冷你都可以开窗户，并且感觉舒适。那就是自然的，那就是有机热量。罗马人曾经有过，这是罗马热炕的改良版。

我不久之前建了一栋住宅，一个专家走了进来。他们总是向客户滔滔不绝地炫耀。他对客户说由于热量传到下面去了他会损失很多热量，并且让客户将绝缘层放在破碎的石头底下，阻止热量往下传导。他是一位专家。现在专家就是停止思考之人。他什么都知道，你不可能向他讲述任何事情，因此他就迷失了。但这的确就是专家对地板供暖的观点。建造帝国饭店时，我解雇了 7 位专家让我倍感愉悦。他们中的一些人是全国最杰出的。

最初使用的是一位美国人或是一位西方人。东方人已经在用了。那个男爵款待我的时候，屋子里使用的是老式的韩国热炕。受够了那种气候之后我感觉很舒服，致使我下定了决心。回去之后，我降低了帝国大厦盥洗室的顶棚。那时候卡特勒—哈默（Cutler—Hammer）装置刚刚出现，那儿你可以暴露一个电力装置。我们把它装在两者之间的空当里。盥洗室暖和了，浴缸都设在地板上，也是暖和的。人们进来时，没有散热器，也没有人工设备，但是他们都觉得很舒适，地面瓷砖是暖和的，赤脚是舒适的，浴缸也是暖和的。你会进入一个温暖的浴缸，坐在温暖的冲水式坐便器上，使用温暖的洗脸池。那只是开端。

我已经被科学出卖了，所有的事物都是科学的。好比一个工具箱，装满了

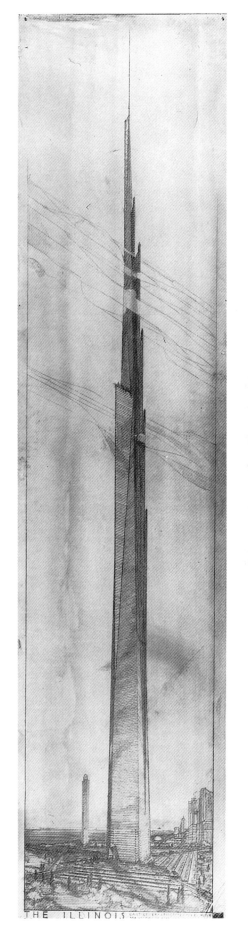

THE ILLINOIS

工具但从来没有学过如何去使用。那才是症结所在。假使有一个人来到你家里，你想让他干点事情。他拥有所有合适的工具。接下来他却把事情给弄砸了，因为他不知道如何使用。

如果我们已经学会了如何使用我们所得到的材料，那么我们对新材料也会胜任的。但是当新材料进来后你不能够从此一直使用新材料，疏远旧的。

1957 年

约翰·彼得：*因此您的建筑和科学理念之间并没有冲突？*

弗兰克·劳埃德·赖特：正好相反，我的建筑理念只是为了人类利益而利用科学的一种方法。科学不能造福人类，的确是这样，直到创造性的艺术去提升它们并揭示如何根据人的特性和利益去利用科学。

科学家们走了进来，贫乏的人属动物（genus Homo）让他们倍感困惑和迷茫，他不知道跋涉的终点在何处，也没有找到鼓舞人心的好方法，这种方式还能够祈福。似乎结果证明这只是一个诅咒。

约翰·彼得：*我对您设计的预制住宅很感兴趣。*

弗兰克·劳埃德·赖特：那是在同一根茎干上的，所有这些别的事物均是由此生发出来的。实际上秉承同一目的，那就是为我们美国三分之一的中上层阶级的人士创造一个更好的环境——它还不是为了低端人群。我最终会为他们设计房屋，然而你提到的这种住宅是为三分之一的中上层阶级而设计的。

约翰·彼得：*那真的是弗兰克·劳埃德·赖特的建筑吗？*

弗兰克·劳埃德·赖特：大体来说，是的。当今这个国家几乎所有其他在建的房子也是的。我怀疑你是否能够将他们在那些建筑中所运用的现今已经普及的原则与我正在做的区分开来。

约翰·彼得：*您指的是开放式平面、辐射供暖和内外结合的设计（inside-outside plan）？*

马歇尔·厄尔德曼公司住宅
（MARSHALL ERDMAN COMPANY HOUSE）

弗兰克·劳埃德·赖特设计，威斯康星州麦迪逊（Madison），1956 年。这座范·特墨林（Van Tamelen）住宅是赖特廉价预制住宅成果中的一个典范。

弗兰克·劳埃德·赖特：是的，还有他们所使用的风格，他们所采用的细部，他们所推崇的外观。所以这些是同宗同源的，只有这样才会得到教士的护佑，别的都是非法的。一切就是那样。

约翰·彼得：*但是，有了教士的护佑，这个人是不是获得了与赖特相同的东西……？*

弗兰克·劳埃德·赖特：不是的，他没有得到那种品质——他得到了许多物质方面的优点和利益。但是如果他希望得到的是品质，希望得到的是一所他自己的能当做艺术品的高贵家宅，那是我们所能给他的，那是另外一回事。用这种方法是不可能做到的。

毫无疑问，一件艺术作品意味着个体的特征发挥到极致以求尽善尽美。这只是一种初胚，或者说由我们作出了特殊创造的话这仅仅只是骨架（skeleton）。我所提出并奉献给国家的住宅建筑的根本优点已经在这个骨架里了。

约翰·彼得：*例如，您不用平常的大厅，改用廊道？*

弗兰克·劳埃德·赖特：在我建造所有住宅中几乎都有。那是一堵用于储藏的墙体和一小段迷人的散步廊，向起居室和卧室开放。我在里面放了雕像、书籍和其他的物品，因此这条廊道充满魅力。

我建造这些房子的理念不是要创造一个容器，而是让几乎每一样东西汇集起来，具有流动性，而且是一个完满的整体。那全部融化在空间的营造之中。空间在我设计的一所房子中被当做建筑的存在。事情就是如此，去扩充、去延伸以及去维护空间。所以你在这个房子里的任何地方都会觉得开阔。你永远不会被阻断。这些都进入到建筑的比例以及你对细节的处理等任何与之有关的事物之中。彼此之间相互彰显、相互促进。

约翰·彼得：*您曾经提到过那种新型的桥梁，您是否认为在巴格达，你会得到一次机会……*

弗兰克·劳埃德·赖特：哦，他们正在巴格达建造这座桥。我向他们提议，他们似乎很喜欢。这种构想妙极了，让人难以置信，但我相信是真实的，至少在我看来是真实的。

约翰·彼得：*这座桥本身成了一个整体，我能理解。它是在岛的外面吗？*

弗兰克·劳埃德·赖特：是的，哦，不是的，是结合在一起的。它和城市整合在一起，与整体相连。我试着将诗意赋予它，因为我们打算返回文明的源头。所以我们纪念伊甸园、亚当和夏娃、哈伦·拉希德（Harun al-Rashid）以及所有《天方夜谭》（*Arabian Nights*）中的故事。它们都被编织进这件事情中来了。

我的想法是我们可以将金字形神塔（ziggurat）引进来，作出一个巨大的环形的新东西，不是太高，可以吸纳交通。然后在那上面建造大学里的各种建筑。

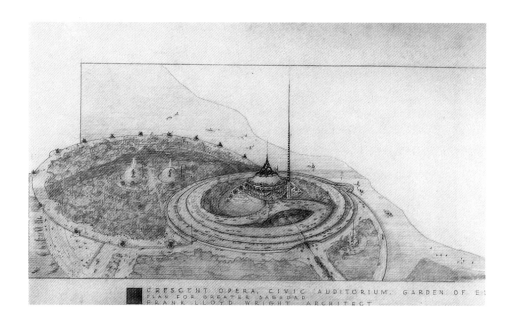

CRESCENT OPERA, CIVIC AUDITORIUM, GARDEN OF E:
PLAN FOR GREATER BASHDAD
FRANK LLOYD WRIGHT ARCHITECT

巴格达方案（PLAN FOR BAGHDAD）

弗兰克·劳埃德·赖特设计，伊拉克，1957年。这张大巴格达未曾实现的鸟瞰透视渲染方案图显示出上部右边是剧院和花园，中央的左边是大学。

桥梁、文化建筑、艺术学院、伊甸园和汽车都通过这个金字形神塔吸纳进来。在任何地方你都看不到汽车，它们湮没在其中，你可以进进出出。这个金字形神塔周围只有三圈，并不是很高。你可以开车上去，将货物存放在入口处，然后开到下面去停车。

交通问题我们必须认真去解决。我认为我们不应当去建造任何像巴格达那么重要的东西，因为它不是从那个方面所必需的东西着手。我认为现在花数百万美元使一个巨大的错误永远持续下去是愚蠢的，或者说还不是错误，只是财政赤字而已。你知道的，现今任何一个建筑计划都是从明智地处理汽车问题开始的。在所有这些计划中，我都是从处理汽车问题开始的。

约翰·彼得：*实际上，您有时听到的是弗兰克·劳埃德·赖特没有考虑过人们新的生活方式。*

弗兰克·劳埃德·赖特：我从来没有听到过那样的说法。那完全是空穴来风。那一点正是做任何事情的核心依据。

我设计过一个新的城市，必然要建造起来的。这是不可避免的。汽车和其他各式各样改进过的器具，比如电视、电话、照明，使得当今的城市不再适合居住。不论你付出多大的努力，你都不可能阻挡。当然这是目前经由房地产经纪人而产生的非法利润。他要在这种方式被丢弃之前，尽可能榨干最后一滴油水。

那就是现在的情况，也是我在撰写这本《当民主建立的时候》（*When Democracy Builds*）的小书时所见到的。那就是广亩城市，你可以看见模型就在那边。我记得它第一次展出是1932年在纽约的洛克菲洛中心，或者是在1933年。我们把这个模型送到这个国家不同的地方。它去过华盛顿，去过匹兹堡，我忘了其他还有什么地方。但是他们把它当成是共产主义的。他们深深地曲解了它，于是我们将它拿回来，放在那里，等待着。如果这个国家的农学能够与国家的工业化和谐地结合起来，那么我们就会拥有我所谓的广亩城市。

亨利·福特曾经有过带状发展的想法，在那里有一条单独的交通流线，你将自己安置在其右边或是左边。农田分布在这条主干道两侧的后部。那根本不是一个城市规划。

约翰·彼得：*绿色地带和那些发展有关系吗？*

弗兰克·劳埃德·赖特：不，我认为没有关系。它们只是郊区。现在你不可能使郊区变得让人称心。那只是权宜之计，只是一种逃避，还没有达成目标。他们还没完全想通。我所见到的关于这个主题的唯一想法就是我自己的。

约翰·彼得：*您可能是世界上人们求教建筑方面的建议最多的人。*

弗兰克·劳埃德·赖特：你知道现在需要哪方面的建议吗？真是让人备受鼓舞。我想说，这是整个建筑舞台上唯一令人鼓舞的音符，否则只能是令人泄气。它来自于高中的青少年。没有一个星期是一封信都没有的，一般是两封，上个星期有三封，来自于学生——孩子们，你知道的——在读高中。"亲爱的赖特先生：我们已经选择您来指导我们的论文，能请您给我们寄一些有用的材料吗？"那表明现在他们结婚、成家、建造房屋，再过 15 年，美国的建筑将要形成。我只是对目前沉浸在时尚之中的人士持悲观态度，仅此而已。

约翰·彼得：*换句话说，您对未来并不悲观。*

弗兰克·劳埃德·赖特：是的，哦，当然没有。如果我对未来悲观的话，我会自杀。我将没有任何东西值得我活下去。当你对未来、对你所爱的事物感到悲观，你为什么还要做呢。我担心的不是将来，而是现在。

约翰·彼得：*人们把乐观和年轻联系起来。*

弗兰克·劳埃德·赖特：年轻只是一种境遇。对此你什么也做不了。在我周围有很多年轻人。然而青春是一种品质，有时候年轻人拥有青春。他们也常常容易失去青春。但是如果你拥有青春这一品质，那么它永远不会离开你，它是你不朽的内涵。现在，试着得到青春，试着保持青春。我估计一旦你得到了它，你将永远不会失去。

朝那边看看你身后。你见过那些东西吧？那是来自世界各地的礼物。约翰，那才是我极为重视的。这块奖牌是但丁（Dante）垂涎不已却由于政治诡计从来没有得到的——美第奇奖牌（the de' Medici medal）。你看见上面法国的鸢尾花形纹章了吗？他们从意大利带来的。所以那是一个非常崇高的荣誉。那是这个国家唯一的一块，1941 年来自英国。那是世上永恒的荣誉。那使得我成了皇室的终身荣誉成员。那是纯金的，掂掂看，可不是合金的。

约翰·彼得：*但这是英国皇家建筑师协会（the Royal Institute of British Architects）。*

弗兰克·劳埃德·赖特：然而这是我在伦敦的时候由皇室授予我的荣耀，

我成了皇室终身荣誉成员。我从没奉承过他们。那是使得奖牌值得拥有的原因之一。当你走进工作室，你会看见所有的表彰，那样的表彰有 32 份。

向外看看，有没有看到任何不协调的东西？这是山顶。我们叫它塔里埃森，因为它是山上的眉毛，明白吗？我们并没有把它建在山上，山顶还在那。那就是塔里埃森的含义——"灿烂的眉毛"——位于威尔士。

约翰·彼得：*您去过威尔士吗？*

弗兰克·劳埃德·赖特：是的，我和夫人去年 9 月份去过，看到那边门上挂着的红头巾了吗？那是威尔士大学送来的谢礼。我的老祖父一定乐坏了。

约翰·彼得：*您能感受到自己身上的威尔士人的血统吗？*

弗兰克·劳埃德·赖特：哦，非常深切地感受到了。西方人是物质主义者，而东方人则是精神主义者。东西方之间的关系正是那种关系。西方人表现在他们艺术之中的是毒素，这对东方人是绝对不利的。

那就是现在伊拉克的悲剧。他们那里德国、英国、法国的建筑师都有，还有我这个来自美国的建筑师，我是唯一一位确实对东方艺术有感受之人。

约翰·彼得：*您怎么会对东方艺术有感受啊？您是美国人。*

弗兰克·劳埃德·赖特：我是威尔士人，威尔士人对东方精神有强烈的感受。威尔士人是一个精神性的民族。他们是亚瑟王（King Arthur）的后人。"圆桌"是他们的法定制度之一。他们是最原始的不列颠人（Briton）。当你提到大不列颠，你不得不提及威尔士人。曾有一群威尔士人在法国的海岸上搁浅，法国人都称他们为不列颠人。那些就是威尔士人。他们是一个诗意的民族，音乐的民族。诗人说"塔里埃森"这个名字来自亚瑟王圆桌会议中的一位英国诗人。他歌颂的是艺术的辉煌，而且是唯一的一次。

约翰·彼得：*当您在中国哲学家的著述中找到确证之后，您感觉跟日本人一样吗？*

弗兰克·劳埃德·赖特：中国的哲学家和古代威尔士的文集《马比诺吉昂》（*Mabinogion*），同样都是多愁善感的。这是威尔士对从亚瑟王圆桌时代流传下来的天才的定义。我在《马比诺吉昂》中读到过。威尔士的智慧就是在这些短的三句格言中流传下来的——一、二、三。

天才用眼睛去观看自然。

天才用心去感受自然。

天才有勇气去追随自然。

如果你可以，就胜过那些。

约翰·彼得：*他们拥有的三个象征和"真理对抗着世界"是怎么回事？*

弗兰克·劳埃德·赖特：嗯，那是同一回事，都是同样的多愁善感，"真理对抗着世界"是指对自然的这种感受，与现存所有其他的力量是对立的。象征太阳上升时的反向射线——总是以三为单位出现。

约翰·彼得：*如果您要从您自己的作品中挑出一些您认为已经是或将会是最有影响力的，会是哪些？*

弗兰克·劳埃德·赖特：我对这种事情毫无兴趣。我没有最喜爱的孩子，我没有最喜爱的建筑，我也没有最杰出的作品。你必须把我所有作品看做一个整体，要么都是杰作，要么都不是。其中没有单个的杰作，不可以将它们分开看待。就是这样。

安东尼·雷蒙德论弗兰克·劳埃德·赖特

1962 年

那是 1916 年的某一天，我在弗兰克的工作室，一位日本绅士携夫人到来了，他们身着漂亮的日本服饰，光鲜照人。男士是帝国饭店的总经理，前任总经理。名叫林爱作（Aisaku Hayashi），有着很高的文化素养并且确实了解东西方艺术，他邀请弗兰克去日本。那是 1916 年或 1915 年，弗兰克带着已经在这里追随他的儿子戴维到日本去揽下那份任务。

我已经开设了自己的工作室，然而什么活计也没有。战争刚刚结束完全是一片萧条，连个设计店面的活都接不到，什么活都没有！有一天，弗兰克来到我的工作室，说："安东尼，我口袋里有 4 万美元，我们去东京把那个饭店建

帝国饭店

弗兰克·劳埃德·赖特设计，东京，1915 年。带有雕刻的火山岩石墙丰富了这个著名的日本饭店生动的现代形式。

133

起来吧！"你可以想象一下我有多么兴奋！我们立刻抛开了一切。我先到威斯康星州与他会合，然后便跨越大陆。在那个时候，到西雅图去要一周时间。我们登上了一艘日本轮船，于1919年12月31日到达了横滨这个地方。

这真是最令人惊异的事情。你瞧，就像有一种命运卷入了我所有的生活。首先，在日俄战争期间我对日本产生了兴趣。其次我对弗兰克·劳埃德·赖特的兴趣，促使我来到美国。然后我来到威斯康星州弗兰克·劳埃德·赖特的身边，见到了所有这些日本的东西，精美的版画以及各种各样的雕塑和艺术品。它们并非高端艺术品，除了版画非常好以外其余的都是装饰性多于真美。

总之，我们来到了这里。日本是一个与众不同的国家。你对这个国家是一无所知的。你可能还会发现日本的部分地区隐藏在山中或海边，或是在一些非常偏僻的地方。在横滨和东京之间只有渔村，沿海岸分布的美丽渔村。当然啦，那里没有铺砌的道路，也没有直路，只有迂回曲折的道路。人人都穿着日本服装，没有外国服装这样的东西。我们来到东京，这是一个非常美丽的东方城市，到处是奇妙的房屋、花园和庙宇—— 一个真正漂亮的东方城市。我认为东京那时已经有200万或是300万居民，然而它其实只是村庄的集合。旧的帝国酒店是一个宾馆的一小部分。嗯，我们就在那里。我们马上开工。首先是基础。一位德国建设者，名叫穆勒，来自芝加哥。那个季节雨水非常多，降雨量极大。这个德国人穆勒，在日本学到的第一个词汇就是水，你看，那该死的水。但他不得不打基础。

众所周知，弗兰克总是渴望一些新的东西。他买来了螺丝钻，可以用来使电线杆下沉。它们在那个时候刚被发明出来。有人卖了大约一打给他。他把它们带到日本，心想，我要钻孔，然后往里面填充混凝土，然后就有了桩。他带来了这些东西，可怜的穆勒不得不使用它们。穆勒用它们挖了一个洞。当他刚挖好，洞里就灌满了水。他往里面浇筑混凝土，当然这些混凝土无法成型。那就是我说它的确是个漂浮基础的原因。那个漂浮基础事件仅仅是一个纯粹的新闻表达。它不存在，完全是胡说八道，事实并非如此。赖特是一个非常有想象力的人，确实做了许多不可思议的事情。

接下来弗兰克病了，不得不回国，然后再回来。对他的工作来说，这里的美国人变得非常非常关键。他们只能看见一些东西，比如纽约华尔道夫酒店（Waldorf-Astoria），他们对冈仓男爵和帝国饭店公司存有疑虑。你知道的，弗兰克当然会提出一样事情，然后再推倒，就像他经常做的那样。他有勇气完全不理会任何商业利益。冈仓人变得越来越不信任了。他们不知道身在何处。这东西的耗费比最初预计的高了两三倍，而且需要更长的工期。

这非常有趣，弗兰克对日本的艺术没有任何影响，一点儿也没有。对，是技术方面的。你知道的，帝国饭店的确是首次用封闭模板建造的完整建筑。弗兰克非常巧妙地利用空心砖的内保温以及用特殊的砖安插在外面。在那件事情上他是个天才。

如今，这个酒店实际上已经破坏了。无论地震后还留下些什么，它都遭到了损坏。后面大房子的屋顶也遭到轰炸，烧毁了。在占领期间，美军的高级军官住在那里，他们完成了那个酒店的建造。他们摧毁了很多东西。军队射坏了一切可移动的东西，涂掉了所有不能移动的东西。他们甚至涂掉了那块石头，你知道的。他们希望它看起来像莱文沃思（Leavenworth）。他们的出发点是好的。他们想使那里变得卫生。这油石看起来不卫生。他们不得不把它涂成白色。然后是暖气，他们将蒸汽的热量放进去。他们放入那些假冒的灯具，我不知道是什么玩意儿。

它曾经充满着各种各样温馨的家庭氛围。弗兰克总是那样做，非常浪漫，极致的浪漫。好了，这一切都烟消云散了。但愿你了解我们所熟知的方法，我们设计了那么多的东西。那个大房间真的很有趣。

没有一个承包商，也没有一个商业组织了解西方建筑。他们了解得不多，但他们是了不起的工匠。弗兰克站在正对面，他们在雕刻那块石头，我则拿着全尺寸的图纸。太棒了！虽然他们为了大约40美分而一天工作8个小时，那个雕塑仍然是非常昂贵的。你能想象得到的。

日本根本没有水管工人。你买不到坐便器或其他任何类似的东西。他们不想进口如此昂贵的产品。这里生产的物品我们都有。他们让铜匠用铜来制作冲水式坐便器，做得很漂亮，为壁挂式的。

在他临死前我收到他寄来的最后一封信，他问我："你能否将那些我在照片上看到的讨厌的题刻如'总理'、'帝国酒店'等清除掉？"嗯，我当然不敢告诉他，那是他们对酒店做的令人讨厌的举动中最轻微的部分。

在他的情感创意中，他是个真正的美国人。他与密斯·凡·德·罗、格罗皮乌斯或其他任何一个理智的德国人是相反的，正好是相对的。

勒·柯布西耶

"人们说我不够谦逊，而我仅仅是指出根本性的事物。"

    勒·柯布西耶通常衣着朴素——一套双排扣深色西装，蓝色衬衫，厚厚的黑色圆形角质架眼镜——与他"科布（Corbu）"的昵称恰好相符，这个词是法语单词乌鸦的讹用。他出生时名叫夏尔－爱德华·让纳雷，但是后来改用了外祖母的名字，勒·柯布西耶。他那充满活力的面容看起来有种让人颇为意外的紧张感，甚至在休息时也是如此。正如糟糕的书写有时被解释成飞速运转的思维跑到了手的前面，因此同勒·柯布西耶交谈，我觉得他的思维跑在他话语的前面，从一个想法跳到另一个想法。

    与生俱来的复杂禀性和毫不妥协的观念，使他总是频遭挫折。他的方案中好大一部分，通常是他的原创方案，并未实现，以致他将这个没有赏识力的世界视为难以和解的敌人。他是一位极有才华的思想家和艺术家。人们已经发现，在他第一个重要建筑实现之前，他设计了一个完整的城市。他的著作和其他文章的数量几乎超过了他的建筑物，此外，他还花了大量的时间在绘画上。

虽然他坚持在所有的场合都说法语，我却多次听到他纠正译者的英语错误。

　　勒·柯布西耶的崇拜者很多，亲密的朋友却极少。我见到了他，但并不真正了解他。不过，我从他的朋友瑞士历史学家西格弗里德·吉迪恩的评述中得到了一些慰藉："他像深山中的农夫一样多疑，无人知道他究竟是谁。"尽管常常显得尖刻甚至傲慢，当与学生在一起时他却能够变得魅力非凡、机智诙谐。他说："我是不带神性的圣托马斯（St. Thomas），一直被我的怀疑引领着。"不过他能毫无疑义地说出在何处这些怀疑引领着他。

　　由于我们见面时录音带出了故障，我在关于勒·柯布西耶的内容中摘选了一些在法国文化电台（Radio Francaise）所做的访谈录音。在勒·柯布西耶的个人评述之后，是建筑大师阿尔弗雷德·罗特和兼工程师和建筑师于一身的保罗·韦德林格的两份评论，他们都曾与其共事。

圣玛利亚拉图雷特修道院

勒·柯布西耶设计，法国埃维－苏尔－阿布里斯勒（Eveux-sur-l'Arbresle），1959 年。坐落在一处僻静而林木茂盛的缓坡上，该素混凝土建筑是一所散发着中世纪气息的现代修道院。

问：*您将法国作为自己移居的国家吗？*

勒·柯布西耶：不是我移居的国家。我原本就是法国人，在这里好几个世纪了。 我来自法国南部，来自朗格多克（Languedoc）。我来自 13 世纪的恐怖迫害，他们之所以不敢这样说是因为我建造了一些相当不错的教堂。有趣的是那些幸免于屠杀的人们能够逃离出来。他们登上这片高地，定居下来，建造于朗格多克住宅——1300—1500 年间的农舍。在我看来，这便是我为何总是钟情于南部地区和地中海，总是要在堕落腐化的世间寻求地中海艺术的原因。

我的直系亲属，父亲和母亲，对我的影响便是营造了一个和谐的环境，一个简单的环境，高贵，一点儿也不庸俗。我母亲搞音乐，父亲在钟表厂干活。他制作白色珐琅表盘，那是最难的工匠行当之一。我从来没想过要子承父业，我父亲也从来没有建议我去干这个。我哥哥注定要从事音乐，在 11 岁时就举办了首场音乐会。所有的家庭活动都是以他为中心，与此同时我便被放任自流了。我在街上和朋友在一起。我沿着自己的小道茕茕而行。

我 13 岁就辍学了。接着，由于我喜欢绘画，我迷上了一所艺术学校。但是第一天我回到家对父母说，"你们是否相信他们想让我成为一个手表雕刻师！"父亲说它跟其他的行业一样。我根本不愿意去雕刻将要被出口到南美洲的手表底盘。勒波拉特尼埃（L'Eplattenier）老师注意到了我，他说："不要担心，我们来看看能为你做点什么。"后来有一天，他告诉我说："你将来可以成为建筑师。"我想："决不，我讨厌那个职业。"我的观点基于我经历的事情，我一点都不喜欢建筑。

在我的学校，一名校委员成员想盖房子。我对他说："我愿意设计你的房子。"他回答说："但你不是建筑师。"我认为房子的营造必然同其他任何事情的操作是相同的。我做了一些方案，他很喜欢。那年我 18 岁。我与公众意见有了首次冲突，自此以后冲突持续不断。这次经验让我有可能将砖块拿在手中，去估量它们有多重。我推测："如果我将第一千零一块砖垒上去，那将非常重。"这让我意识到材料的问题，材料的特殊价值。让我思考克服阻力的方法。从遵循上帝之法这个意义上来说我成了建筑师，尽管可能没有遵循学院之法。

建造这所房子挣的钱，1500 法郎，让我得以去意大利。为什么去意大利呢？是去看不同的事物。为什么不是去一所学校呢，像父亲建议的那样？因为我不知道学校打算教我什么。我首先想四处走走。我买了一个小柯达相机。但是后来发现在向镜头吐露情绪的同时，我忘记了观照自我。所以后来我觉得不能这样。我放弃了带着相机的想法。我带着一个笔记本和一支铅笔，因为经常要画画，无论什么地方，在地铁里，在任何地方。如果事物经过我的大脑再到手，

勒·柯布西耶在他的巴黎工作室中，1961 年。

旅行速写

勒·柯布西耶绘制，1911年。速写是勒·柯布西耶自我修炼的一部分，训练的是观察（seeing），而不仅仅是看（looking）。他的速写稿成了他后来思想的原始资料。

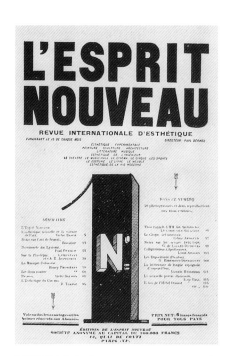

《新精神》（L'ESPRIT NOUVEAU）

第1期，1920年。在这期评论中勒·柯布西耶同阿梅代·奥藏方（Amédée Ozenfant）和保罗·德尔梅（Paul Dermée）共同介绍了他的先锋建筑思想。

然后就记住了，而如果只是按下快门，我则根本没有参与进去。后来，我带着背包穿越波希米亚和巴尔干半岛，以及希腊，托辞去看看希腊的作品。我有幸在20岁、21岁和22岁从未待在学校，而是带着背包去了巴尔干半岛，去了希腊，去了土耳其，去了小亚细亚。我乘坐各种各样的交通工具旅行了7个月，到所到之处看建筑。那里有寺庙，接下来整天所见的都是农场、住宅，建筑时刻围绕在我周围。最质朴的石头结构让我想说，经历数个世纪演变而成的民间建筑是建筑的载体。

1908年我到了巴黎，一个熟人也没有。我没有门路，没有钱，不知道该去哪里。偶然的一天，我发现了艺术家指南。我发现了尤金·格拉塞（Eugene Grasset）这个名字，他改革了装饰艺术，曾在我的学校给我们留下了深刻印象。我去见他，他说没时间见我，但我仍然坚持。我用脚挡住门——"我想见你。"我把自己在意大利完成的绘画作品选辑拿给他看。他看着画作并请我坐下。他饶有兴致地看着。他开始讲解很多事情。他说："我想表扬你，你知道如何倾听，这是很重要的。"他向我讲述佩雷兄弟，他们将混凝土和钢筋一起放在箱型模板中，还能让它立得住。我带着描绘意大利的画作去见佩雷，他立即雇用了我。他会很大声地宣布："我制作钢筋混凝土。"这个宣言引起业内人士的厌恶，指责他不是建筑师，没有道理作出那样的宣言。

我去了更多的地方，在德国我见到了彼得·贝伦斯。

1918年，我成为评论性杂志《新精神》创始人和主编之一，另外两个人是奥藏方和德尔梅。最后，当校样完成的那一刻，奥藏方说："我们应该真正地对建筑做些事情。"于是我开始写作。记得那是一个星期六的晚上，我写了《给建筑师的三点提示》。我决定给文章署上另外一个名字。我决定署名勒·柯布西耶。我的真实名字是让纳雷，那个该死的勒·柯布西耶就在那天诞生了。那篇文章及其后续的文章引起了不少的骚动，勒·柯布西耶的名字也在文章发表的第一天就变得举世闻名。这三个提示是：平面、体积和表面。这篇文章给我在业内惹了一些麻烦。人们说我不够谦逊，而我仅仅是指出根本性的事物。这篇文章引起了轰动，我们收到了来自世界各地的信件。人们前来看望勒·柯布西耶，我简直难以相信我正是人们谈论的那个人。

1923 年，一个来自波尔多地区的商人想要建造耗资 18000 法郎的住宅。我告诉他我们需要一台价值 75000 法郎的机器。他有点震惊。后来他告诉我说："我买了那个机器，也买了地，我们可以先盖 55 幢住宅。"这家伙想方设法，却引火烧身地埋下了仇恨、嫉妒、残暴和最难以化解的敌意。我也被牵连其中。我们创建了佩萨克（Cité de Pessac），这里是一个小天堂。但供水公司拒绝连接水源。公司的董事长认为房子是没有人情味的，毅然拒绝供水。因此，村庄闲置了 8 年。在此期间，巴黎的市政委员会正在研究我的同事格罗皮乌斯，一个伟大的建筑师，正在德绍（Dessau）所做的事情，在那里他正在建造的住宅受到了佩萨克的启发。市政委员会作出英明的决定，派遣一个委员会专门研究德国正在开展的工作，而在法国，佩萨克正慢慢消亡。

1954 年

问：*1925 年您为装饰艺术与现代工业博览会设计了新精神馆。*

勒·柯布西耶：他们将我拒之门外，拒绝给我地皮。最后还有一块地闲置着。主管部门的一位年轻伙计告诉我说："快来，赶紧拿走它。"我吩咐我的绘图员用他们的图纸将那块地占领几天，他们照我说的做了。这样就没人能从我手中把那块地偷走了。我建成了这座"新精神馆"，在那个时代那是个奇幻而前卫的建筑。在其中创制了住宅的整体模度秩序，有着出人意料的壮丽但并不奢华。

《走向新建筑》（VERS NUE ARCHITECTURE）

勒·柯布西耶著，克雷斯（G.Crès）出版，巴黎，1923 年。现代建筑最有影响的著作之一，勒·柯布西耶主张一种基于高效的现代机器的革命性建筑美学。

佩萨克住宅庄园（PESSAC HOUSING ESTATES）

勒·柯布西耶设计，法国佩萨克，1926 年。尽管由于政治原因而延误了，勒·柯布西耶的第一个实施的社区方案，共有 130 套钢筋混凝土住宅，迅速产生了国际影响。

新精神馆（PAVILLON DE L' ESPRIT
NOUVEAU）

勒·柯布西耶和皮埃尔·让纳雷设计，
巴黎，1925年。坐落于艺术装饰展览会
中的偏僻角落，这座二层的公寓展现出
勒·柯布西耶对现代生活的大胆构想。

沃伊津计划（VOISIN PLAN）

勒·柯布西耶设计，巴黎，1925年。勒·柯
布西耶主动提供的许多巴黎计划几乎没
有被采纳的可能，比如这个有着十字形
摩天楼的计划，但是它们宣传了他富有
影响力的城市规划理念。

魏森霍夫展览会住宅（HOUSE,
WEISSENHOF EXHIBITON）

勒·柯布西耶设计，德国斯图加特，
1927年。这个最有野心和影响力的住宅
展览以16位国际建筑师设计的住宅为特
色。这栋柱子支撑起来的住宅是勒·柯
布西耶设计的3栋住宅之一。

沃伊津（Voisin）是一个汽车制造商的名字，而不是很多人所认为的那个词语"邻里"。他们认为那样称呼它是一种乐观的幻景。这个设计于1925年，不，1922年完成，现在仍然在期待。不管怎样，事情已经过去而人们的眼界不断开阔。展馆在1922年已经完成，它的外观令人震惊，自然而然地人们在对它的外观尖叫时却不想费心去看看里面有什么。

目前世界被称为大城市的脓包所覆盖。它们已经成为怪物，比如纽约和伦敦甚至现在的巴黎。也就是说，五百万、七百万、八百万居民——纯粹的愚蠢。这些人们在城市中只能感受到噪音和臭气，由此而来的是每个人的利己态度。人们逃离城市的潜在之意便是当他们在自己的城市里无法移动时不妨离开。他们在城市外行进40公里能比城市内走5公里所花时间还少。城市的直径为100公里。阳光变得无情，人们消耗时间追逐阳光，阳光也在追逐他们。聚会永不发生，生活缺乏平衡。

因此，关键是要努力消除市民出行造成的浪费，这是人类的一个可怕的重负，耗费了一个国家巨额的钱财，最终社会屈服于此而消耗殆尽。

问：《您有什么建议？》

勒·柯布西耶：重置，在我们的机器社会，自然环境被破坏了。确切地说，阳光、空间和绿地是生命所必需的，没有它们我们将会死亡。

新的技术带来自由。你可以去那些以前不能去的地方——征服了水平视界。除了能够看到其他房屋的视野，高层住宅使以英亩计数的土地得到解放。体验丰富了，透过窗户你得到一个绿色的城市。它们不再只是窗户。它们是港湾、凉廊。你可以获得绝妙的景色。

我获得了为国际联盟大厦建设而举办的国际竞赛的一等奖。但是一个代表团成员，我不会提到他的名字，把我推到了一边。他们说我的设计不能被接受

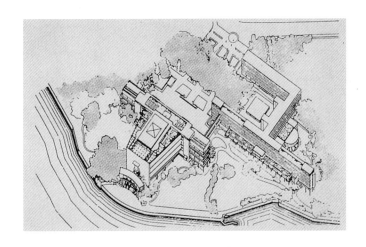

因为绘图用的是印刷油墨而不是墨汁。这足以让人们屈服于压力。这引起了世界性的抗议。

1961 年

问：您和建设巴西利亚（*Brasília*）的科斯塔一起工作，有人说，他是您的学生。

勒·柯布西耶：不，科斯塔不是我的学生。他是我的第一个对手。当我于 1929 年到达那里时，在三或四天内做了两个建筑方面的演讲。从那时起，我们建立了忠实的友谊。

1936 年，那时他得到国家教育和公共卫生部总部设计的委托，它属于大学城，他说，"我不会建造我的建筑，除非勒·柯布西耶已经审查过方案。我不会为大学城做设计，除非勒·柯布西耶已经完成最初的设计。"

1962 年

在 1930 年我努力建立一种城市主义学说。我的助手问我："V.R. 代表什么？"我回答说："光辉城市"（Ville Radieuse）。他问我："为什么你不称呼得更实在一些呢，比如'机车'（Locomotive），这样名副其实的字眼。"那些指责我们建造了军用兵房和普鲁士城镇的评论家们，在诋毁它们之前实在应该先去阅读一下我的著作。一旦读了以后，他们将会意识到这个城市是光芒四射的，我不会去谴责机车之类的说法。

我一直认为一幢住宅孤独地待在一个城市不是创造这个城市，而是毁灭这个城市。想要将住宅安置在被噪声、垃圾和狗粪包围的地方是人们的太虚幻境。然而通过研究这个问题的所有方面，我意识到我必须考虑的不是个别家庭的满意，而是城镇规划。也就是说，城市的另一方面，集体，这要么是巨大的约束要么是巨大的解放。这就是问题所在。艺术家同时扮演着先知、创造者、发明者以及现有资源的组织者，来照亮人们的道路。

当一个社会希望建立新的家园，一种新的意识状态就产生了，就是机器文明的良知。建筑与社会改革的基础前提都包含三个基本元素，那就是从创世之

国际联盟项目（LEAGUE OF NATIONS PROJECT）

勒·柯布西耶和皮埃尔·让纳雷设计，日内瓦，1927 年。勒·柯布西耶富有想象力地进入了这次世界范围的竞赛，提供了一个楔形的集中式大厅，用柱子支撑起来，下面是一个美丽的花园。这个方案因为绘图没有采用印度墨水而被拒绝了。

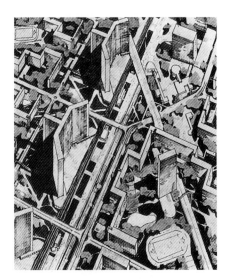

光辉的城市方案（LA VILLE RADIEUSE, PLAN）

勒·柯布西耶和皮埃尔·让纳雷设计，1930 年。勒·柯布西耶的梦幻方案呈现出一个完全相同的巨型结构，它矗立在柱子上，下面是一个壮观而连续的公园。

初便制约着人类生命的阳光、空气和绿地。这三个因素正是建筑使用中发生重大变革的条件。但在这里是彻底失败了，城市变得野蛮，敌视人类，危害着人们的生理和心理健康。

1961 年

道屈（Dautry）是第一个彰显勇气之人。解放后的一天，他叫我过去说："勒·柯布西耶，这些天你在重建哪个城市？"我说，"没有啊。何出此言！"因此他接着说："什么都没有？"我回答，"的确没有。"他说："噢，你是否愿意……马赛正在计划一个大项目。"我说，"当然愿意，部长先生，但有个条件，让我自由发挥，不受任何规定的约束。"他对我说："好吧，好吧，同意，同意！"因为他是世界上唯一一个能够不按规矩建造的人。这项工程花费了 5 年，这是一次难以置信的体验。

刚开始，在工作已经进行了一段时间之后，报纸上的一个标题写着："莫尔比昂（Morbihan）除一人之外的其余所有建筑师，要求政府立即停止建设工作。"紧接着，用了 4 个版面，令人作呕，肮脏的垃圾。于是我告诉秘书："听着，从今天起我不想读到有关马赛的一行字，直到我们的项目结束。"我信守了自己的承诺。我 5 年来没有读过一行报纸文字，有些文章论述了我的项目。别人问我，"你知道他们是怎么说你的吗？"然而我告诉他们："至少我可以很得意地说我没有读过。"所以马赛公寓是一项重大的工程，它对未来是很重要的。

我曾经说过："我们将制作一个 1983 年的人体模型。"嘿，掌管这个项目的技术人员相当激动地对我说："我们做不到，我们没时间，我们将在 3 天内交付成果。"我说："你不打算理解我的意图，将椅子搬到那边的黑板旁，我将自己设计结构。"然后他嚷嚷他的，我静心画图。半个小时之内，我用粉笔在黑板上画了两幅图。你知道，这是与实物大小是一样的。我告诉设计师将"Decaze"这个词放在上面。我打电话给拉加尔（Lagar），他有一个车间，对他说："你明天早上来拿走这个，明天晚上带回来，后天我们将进行雕刻。"因为我已经将它雕刻在木头上了，有 5 厘米厚，这个窍门很奏效。有了这些，那个傻瓜用了 4 个月时间将它装入模型中。

马赛公寓是着眼于未来的，而不是作为被采纳的一种操作纲领。我说："马赛公寓的居民们，你们想要在静谧的环境中供养家庭吗？你们想在自然的条件中供养家庭吗？你们想要一种完全私密的生活，不会遇到任何人，完全地亲密无间吗？好，那么接下来，你们两千人聚在一起，从一扇单独的门进入，乘坐四部电梯中的一部。向上走 50 米，在这段路上你任何时候都能使用电梯，好吗？你将不会在我称之为室内街道的走廊上遇到任何人。当你在自家的公寓里，透过 15 平方米大小的窗口，你将俯瞰大海和山川。"8 万马赛居民从来没有看到过这样壮观的两种景色。他们全部生活在封闭的百叶窗后面。马赛整个城市生活在封闭的百叶窗后面，不仅红灯区如此，所有地方都是如此。

尽管我的马赛公寓有三面都是百分之百的玻璃，然而全部提供了日晒防护。用阳台来防晒，这是世界上最传统、最古老的东西。老苏格拉底（Socrates）曾经说过，当你建房子时在前面设置一个门廊。在夏天，能为你遮阴避暑，而在冬天，太阳高度角比较低，阳光会想方设法进来。这些事情我是在马赛公寓完成之后才获知的，因为我并不是每天看苏格拉底的书。实际上，我从未看过，尽管他可能会极其精彩，不过我没有时间。

　　无论如何，现在我们看到所有的地方主要受到美国的影响，缺乏约束和思考，发明了玻璃幕墙。他们在联合国大楼里运用了，这是他们从我这里偷去的。他们不打算在上面设置遮阳板，因为那会看起来像柯布的建筑，对吗？因此，他们发明了玻璃幕墙，从而使得事物大为简化，以至于他们说："这简直妙不可言。这极为时髦。"这里没有日晒防护，在气候温和的国家，在某些季节阳光也像热带国家一样恶劣，难道不是这样吗？

　　空调代价高昂，但它不能阻止阳光进来。一个联合国教科文组织的例子——是同样的情况，包括家庭津贴大楼（Family Allowance Building）。它遭到了职员的反对。人们再不愿意在那儿工作了，对吗？

　　几个月之前，差不多6个月前的光景，也就是去年的冬天，我受邀去索邦神学院（Sorbonne）演讲。现场有4500名听众，还有1500个站在街上的人只好回家去了。我讲得相当好，就像是他们的同僚。

　　你看，这个有教养的国家出了个笛卡儿——他在死后才浮现出来，因为死后他的研究成果才得以发表，对吗？——在这里，创新者不懈地追求。这提升了法国的品质，因为这个国家是有些辛苦、艰难。这赋予巴黎以价值，使得巴黎成为世界上最富有内涵和最震撼人心的大城市，对吗？在干旱的土壤中，你除了不能种植作物，你还会窒息。这是一个充斥着贪欲、凶猛而可怕的地方。

1959 年

问：您是如何得到朗香教堂的委托的呢？

　　勒·柯布西耶：历史古迹委员会（Monuments Historiques）的一位伙计给了我这合约。名叫雅尔多（Jardot），是历史古迹委员会的巡视员。年轻的小伙子们，他们正在使历史古迹委员会的管理重获新生。那是一块非常特殊的场地，位于索恩（Saône）河谷上方的山岗上，人们经常来这里做礼拜，很久以前被异教庙宇占据，后来出现了基督教堂。几个世纪以来，它们屡遭毁坏，在1871年、1914年、1939年和自由解放时期，不曾间断过。

　　主教的理事会商讨了这个礼拜堂项目，但无任何进展。当他们想放弃的时候，有人提议："继续下去，提名吧！"然后他说："嗯，勒·柯布西耶怎样？"他们说："嗯，也许可以。"然后大主教对牧师说："去看看他到底怎样。"因此这位伙计就来到了我住的地方。我说："我不在意你们的教堂，我也没有要求你来做这件事。如果我来做，我将按照我的方式去做。它让我感兴趣是因为这

145

圣 母 教 堂 内 部（NOTRE-DAME-
DU-HAUT，INTERIOR）

勒·柯布西耶设计，法国朗香，1955 年。
光线通过侧墙里的楔形彩色玻璃窗进入，
赋予礼拜堂一种奇异的精神氛围。

个工作是富于创意的。工作会困难重重。20 年前有人找我做礼拜堂，但是我拒绝了。现在我想我会乐意去做。"他非常激动地向主教报告，赞赏有加。

因此我去了那里，查看场地。我赢得了当地民众、牧师和牧师妹妹的支持。我讲了很多可笑的事情让他们开怀大笑。他们肯定认为我不是一个非常严肃的家伙。接着我继续来到场地，按照我的方式就像奴隶一样非常严肃地干了好几个小时。我创造了一件艺术品。

问：人们喜欢它吗？

勒·柯布西耶：啊？我不知道。每年去两次朗香的朝圣者有 12000 人。在内部举行的弥撒面向入会者，室外的弥撒面向民众。

问：内部能容纳多少人呢？

勒·柯布西耶：仅仅 200 人。在圣物收藏室的上方有一个地方是为音乐而设计的。当室外聚集了 12000 人，通过扩音器，他们可以弄出不可思议的音乐，一种难以置信的声音。我对牧师说："你应该去掉那种老修女弹旧风琴之类的音乐——那些太格格不入了——取而代之的应该是专为教堂而作的曲子，新鲜的，而不是那种悲伤的、吵闹的和不神圣的音乐。"

我得到了一些战前教堂遗留下来的烧焦了的石头，那些石头没有承载任何有意义的东西，但是我还是不愿丢弃。我设计了弧形的墙体来容纳它们，这样的弧形具有声学用途，这是一个音响空间，接收来自四周的声音，各不相同。在内部存在一种姿态，不是一个符号，更不是衰败的数个世纪中所创造的人造工具。例如，我把十字架放在一个有意义的地方。最初，它放在了错误的地方。它放在了中轴线上，显得庄重。不，显得愚蠢。后来，我把它挪到了旁边，像个目击者，当你想到他们将某人钉在上面时，便颇有戏剧性。

问：*后来，在1921年，便有了拉图雷特修道院。*

勒·柯布西耶： 我很感兴趣是因为神父库蒂里耶（Couturier）向我解释了拥有800年历史并且具有人性化的多明我会（Dominican）仪式。自然地，他们没有钱。人们总是来对我说："我没有钱，但是行善积德。"这个教堂是整体环境的一部分，是一只盒子。内部让人感觉比例均衡，容光焕发，协调融洽。建造用的材料极其简单，没有人可以做得更加直接了。我有点好奇，想看看它最终是个什么样子。

当我同庄严的人群一起参加落成典礼时，教堂内部唱着奇妙的格里高圣咏（Gregorian chants），我无比欣喜，我的目标实现了。我认为教堂给那儿的每个人都留下了深刻的印象。连大教主里昂（Lyons）都在他所做的简短发言中，说他改变了对勒·柯布西耶的看法，因为在这天之前他一直认为勒·柯布西耶是个魔鬼。他认识到我能创造的一件艺术品，可能不是宗教性的，却是一个祷告和冥想的艺术殿堂，展现和表达出了人们心中的神圣。

问：*您仍然认同你在《模度》所写的内容，并能举个例子吗？*

勒·柯布西耶： 这是我关注人所下定义的一部分。有个很有名的人——卢卡·帕奇欧里（Luca Pacioli），他在大约1400年写了《神圣比例》（De Divina Proportione），论述神圣的比例，它源自过去，源自埃及人和毕达哥拉斯学派等等。因为十进制源自法国大革命，我将一些新的元素加入到黄金数里，而在那之前人们是用脚或者拇指来测量的。早期那些是基于人体的尺度，而现在的十进制让我们完全失去了这些。所以十进制的测量系统失去了个人的感觉，我们使测量系统失去了人性。米、十分之一米，这些都不是与人体尺度有关的比例。于是，我就把模数与人体尺度相联系。我从人的腹腔神经丛到头顶和举起的手提取比例，我从中发现了黄金分割，创造了尺寸系统来应对人的所有尺度需求，比如坐、站、躺等。

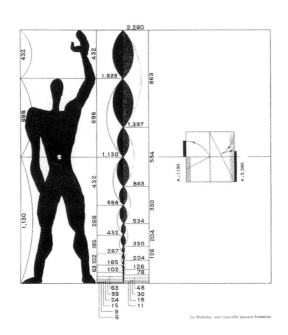

第二版模度人（LE MODULOR FIGURE，SECOND VERSION）

勒·柯布西耶设计，1955年。勒·柯布西耶以人体为基础的比例系统的这个版本可以从米转换至英尺和英寸。

147

我是偶然间发现这个模数的。我根本不用自夸，但这是很重要的现代工具，开创工业的无限潜能。看到一架按人体尺度制造出来的钢琴，会惊叹这是一个不可思议的创新，这个模数的确是一个无穷无尽的源泉。

问： *在昌迪加尔建造的形似模度人像的"高举的手"的寓意是什么？*

勒·柯布西耶： 这是一种哲学的表现，毫不夸张地说，也是一生的学习、奋斗、失败和可能也会成功的成果。"张开之手"是从我和尼赫鲁最初在德里见面时就产生的想法。多年以来"张开之手"成为"沉思之沟"（Trench of Consideration）的至高元素，是官方规定之外的讨论公共事务的工具。基础挖在城市的顶部，"手"高 28 米，俯瞰着周遭，以喜马拉雅山为背景，在阳光中绽放。

这道"沉思之沟"——沉思是由于事物是经过思考的，思考的是——包含了两排座椅，用于讨论的双方，代表着不同的观点。这里有为晚上作报告的人设置的座位。演讲者的讲台有一个回音板用来投射和传播他们的声音。综上所述，手掌安装在球的轴承处，因此可随风转动，它不是作为一个风向标，而是表达了生活的本义。不断的变化是日常生活的一部分，这些是有根据的而且必须考虑在内。我的一生只做过一次政治姿态：那就是"张开之手"。人们说这个是反共产主义的。我说，不，这个手掌所给予、获取和散发的，是一种面对这个饱受灾难的世界时的乐观符号。

问： *您曾经有过舍弃混凝土而去构思建筑吗？*

勒·柯布西耶： 1920—1960 年的 40 年间，混凝土发展迅猛，让我们可以制造曲线，而这些我们以前无法做到。奥古斯特·佩雷在富兰克林运用混凝土，做了一个木制的框架，是其开端。而我们现在用混凝土来制作形体。因此我充分利用了这些资源，为什么不用呢？

我在《当教堂是白色的》（*When the Cathedrals Were White*）中曾写到中世纪的人们仅用石头而不是水泥艰难地建造拱门和穹顶。而我们用着神奇的材料——钢、水泥等等——却害怕建筑。工程师们有时给我们展示一些大胆的建筑。我们的职业对 19 世纪带给我们的现代技术缺乏亲密的接触，而这些恰是现在 20 世纪所关注的，它可以很好地解决从居家乐趣到为民众服务的大型建筑的建筑学问题。

皮埃尔·让纳雷和我曾做了一些非常极端革命性的东西，震惊了世人。朋友们本能性地团结，然而其他人大喊道，"什么？"

问： *您怎样认识建筑中的装饰？*

勒·柯布西耶： 我曾经长时间与装饰势不两立。我年轻时就是制作装饰的，从那时起我变得敌视所有这样的想法。它极度肤浅地贴在那儿，呈现的是强迫性的和不可变的空间。在公共建筑中，其目的是尊崇公众人物，这是可以理解

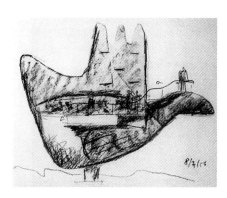

草图"张开之手"（THE OPEN HAND，SKETCH）

勒·柯布西耶绘制，印度昌迪加尔，1956 年。勒·柯布西耶为昌迪加尔的"沉思之沟"所做的纪念碑是民主对话的象征。

的。我们不必整天盯着它们。但是在寓所里，它是作为一个装饰的元素一直存在的，因而变得具有强迫性。我经常注意到住在有装饰的房子里的人甚至不会去看它。这是悲哀的，而我梦想着人们受到激发。

问：*那么绘画和雕塑应该被禁止吗？*

勒·柯布西耶：啊，你还真是个记者，你总是曲解我们所说的话。根本不是那样。纵观艺术史，神庙和宫殿里的装饰——那是一种可怕的扭曲，是一个非常严重的错误。我们周围拥有非常美丽的自然情感。那也是我为何要求强烈的艺术而不能忍受平庸。这是艺术而不是艺术装饰。艺术是指将事情做得完美的方式。装饰艺术是迅速制作，制造噪声，诸如此类。

相比于一件象征鸽子拥抱的物体或是代表教堂圣徒的烟灰缸，我更喜欢沙滩上被海水清洗过的由上帝或者蝴蝶或者骨质物缔造的卵石。我是一个建筑师，任务是画平面图、立面图和剖面图。是的，一根骨头就给了你所有的东西。骨头是令人钦佩的东西，它用于抵抗所有撞击并且提供动力，它是件非常微妙的物品。一个骨头的剖面可以告诉我们很多，我仍然有许多东西要学习。从孩提时起我就偏爱海贝，没有东西可以与之媲美。它基于和谐的法则，而背后的概念却很简单。它的内外皆螺旋式生长而散射开来，你到处都可以发现它们。关键是去观察和领会它们。它们包含了自然法则，而那就是最好的结构。

问：*总而言之……*

勒·柯布西耶：在今天早上的报纸《人道报》（L'Humanité）上，头版头条写着勒·柯布西耶凋谢了，那些年轻人正远离勒·柯布西耶，他已经成为历史。你不打算给我写颂词，对吗？

哈佛大学卡彭特视觉艺术中心（CARPENTER CENTER FOR THE VISUAL ARTS, HARVARD UNIVERSITY）

勒·柯布西耶和何塞·路易斯·塞特、赫森·杰克逊（Huson Jackson）、罗纳德·古尔利（Ronald Gourley）设计，马萨诸塞州剑桥，1961年。勒·柯布西耶在美国建造的唯一一个建筑，体现了他晚期的建筑思想。运用弯曲的坡道和咬合式空间，最大限度地利用了有限的场地。

1961 年

住宅大楼（UNITÉ D' HABITATION）

勒·柯布西耶设计，法国马赛，1947年。勒·柯布西耶著名的混凝土公寓的立面上采用了半截式遮阳板，保护户主免遭强烈南向日光的照射。

我将不得不这样来回答，用了30年我还没有在巴黎建造出一个单独的居住单元。然而我已成功地在世界各地宣讲了居住问题。因为，简而言之，每个地方都欣赏那些想法，在这里我却备受冷落。

如果我被少数的公众所认可，不是因为我建造了宫殿，尽管我也做过一些，而是因为一旦我处理建筑问题，我就感到住宅是家庭的圣堂，沿着这个方向去求索是高尚的，绝大部分的人类幸福就在其中。我不知道为什么我会不由自主地将自己与人类幸福联系起来，不过我只是想尽快接近这个问题的答案，并在其中加入生命的关键要素，即生活之乐。

阿尔弗雷德·罗特论勒·柯布西耶

1961 年

这件事发生在圣诞节。莫泽先生来到我的制图板前说："我亲爱的朋友罗特，我已经没有更多的工作给你了，为什么你不去巴黎同勒·柯布西耶一起工作？"那时勒·柯布西耶正致力于他著名的项目"日内瓦联合国总部设计竞赛"，他向莫泽教授要几名学生或年轻的建筑师帮助他完成图纸。

于是，我去了巴黎并加入了勒·柯布西耶的工作室。在那里我发现了一个全新的建筑世界，一个建筑师的工作同绘图紧密地联系在一起，因为他本身就是一个画家。这是一个全新的世界，对我来说这是决定性的一刻。现在我正走在通往建筑师的道路上，在那里我发现自己成为了一名建筑师。我彻底地，该怎么说呢，被折服，整个身心都被勒·柯布西耶那种类型的建筑理念所折服。巴黎是一个建筑师集中的城市，不仅仅是勒·柯布西耶，那里还有其他建筑师和毕加索。所有的这些人我都见过。后来我见到了皮特·蒙德里安，当时他还非常年轻，你知道的。但是，就是在巴黎我决定放弃绘画，继续从事建筑。从那时起我就确信这是一条正确的道路。

那个时候，1926 年，勒·柯布西耶几乎还默默无闻。他最初的两本书出版了——《走向新建筑》和《明日之城》（L'Urbansime）。它们分别于 1925 年和 1924 年出版——没有译本，所以更加不为人知。我们听说过勒·柯布西耶。（卡尔）莫泽告诉了我们些许有关勒·柯布西耶的事情，那段时间，他还没有像后来那么有名。

在那期间，对我们年轻的一代来说，包豪斯更有吸引力。德国、荷兰，比巴黎更有吸引力。事实上，我已经写了一封信给包豪斯，想去那里。他们接受我不是基于我的建筑设计工作，因为在那段时间我没做过什么，而是看到我寄给他们一些绘画作品的照片。他们接受了我，但是我没去。我继续去了巴黎，真的很幸运和勒·柯布西耶一起工作。大约仅仅工作了两个月后，他派遣我到斯图加特。

1927 年，在欧洲乃至世界范围非常著名的现代建筑与艺术第一届国际展览会在斯图加特举行。在那里，他设计了两所住宅。由于我会说德语，所以为他准备设计方案提供了很大的帮助。他派遣我到斯图加特去监督这两所房子的建造。我显然非常年轻，几乎没有实践经验，刚刚从苏黎世拿到建筑文凭。我整个夏天都待在那里监造这两所住宅，对我来说这又是一次美妙的经历，因为在斯图加特，国际现代建筑与艺术的精英在这次展览上汇集一堂。所以我很早就来到了欧洲现代运动的中心。密斯·凡·德·罗是首席建筑师。格罗皮乌斯设计了两所住宅。斯塔姆来自荷兰，奥德来自荷兰，勒·柯布西耶来自法国，弗兰克来自维也纳和其他两名德国建筑师。那是一段非常精彩的时光。

我 24 岁那年，第一次世界大战结束了。那是一段乐观向上的美好时光。人人都确信将不再有战争，思想和一切事物都在传播着。在欧洲到处洋溢着创造的氛围，这使得 20 世纪 20 年代的作品得以产生，那的确是欧洲乃至全世界现代运动最伟大的时期之一。

同样是在斯图加特，我出版了我的第一本小册子，一本论述勒·柯布西耶的那两所房子的小型出版物，是在斯图加特完成的。它正是为那次展览会印刷的，然后在展览会上销售。它是我出版作品的一个开端。

然而实际上，勒·柯布西耶从未来过斯图加特。他将我单独留在斯图加特在很短的时间内去处理这两项工作。他也从未来过展览会。这个设计图纸在巴黎的时候已经比较详细，然后由我一个人设计，那时候我还在他的工作室。剩下的事情是我在斯图加特的一个临时小工作室里完成的。我把图纸寄给他，他做了一些修改后寄回给我。然后他写了一封信说不必去烦恼家具之类的事情，我会给你寄去我们最近的桌、椅、床的设计。什么都没送到。我只好亲自设计。

他也写了另一封信说我会寄给你我自己的画，费尔南德·莱热的画，或者是毕加索的画来装饰我在斯图加特的房间。什么都没送到。

对于色彩方案，我寄给他室内和室外的透视图。他将那些图寄回来并附了一张非常小的色彩样张。他从壁纸的集合物上割下他们后再粘到方案上，它们是1厘米接着1厘米的。我得用这些材料来完成整个房间。他从来都没有来过展览会。在展览会结束几个星期之后，他才来到斯图加特。

这就是典型的勒·柯布西耶。他对我的工作非常满意。他发现某些地方也许颜色稍微有些强烈，但那是自然的。他非常满意，那就是勒·柯布西耶的特质。他拥有非常棒的想法，但是他不太关心将它们付诸实现的问题。当他派遣我到斯图加特的时候，对他来说，一切都已经结束。任务的确完成了。

保罗·韦德林格论勒·柯布西耶

1989 年

莫霍利－纳吉（Moholy-Nagy）所说的一些事情很重要，这对我的影响非常大。他说："你为什么不去为勒·柯布西耶工作？"在那个时候这是不可能的事情。人们到那里工作需要付费。他说："我会写信给他，我会让你不用付费，你可以免费去工作。"我对他说："好吧，你也知道，为勒·柯布西耶，就像是为上帝工作，我永远见不到他，到那里我能得到什么呢？"他说："你完全错了，去那里即使不和他讲话，只是呼吸那里的空气，看着墙壁上的图画，听听其他人的话语，都是非常重要的。"在一定程度上他说得没错。这听来确实令人信服。我想这可能是我在青年时期唯一一次听从的长者建议。

也许当我想起这件事，这就是为什么说我不了解单独的建筑物，我知道的只是工作。因为这就是我在那里所学的。那是一个非常大的办公室。我对那里发生的事情感到惊讶。我看到了一些我从来没听说过的事请。人们在设计城市！他们在设计国家！这太不可思议了。待在那里太棒了。

我的意思是这些都是非常个人化的。勒·柯布西耶就是个典型，你知道的。他会突然间改变他的整个方向，也许是太多的喧闹和烦躁困扰着他。我了解这些。我是说，当某位伙计正试图做件事情的时候，突然间，勒·柯布西耶说也许我做错了，我要试着这样去做。这就是工作中让我兴奋的地方，而不是某个特定的建筑。我无法挑选出某个建筑，并说这就是杰出的建筑，这样的事情我不知道该怎么去做，我还不够优秀。但我可以观看他的作品，看着他的工作过程，然后理解了。我还不能近距离地为他工作。

1956 年

我认为我所学到的最好的建议来自勒·柯布西耶。我是在多年以后从他那里获得的与泛美竞赛有关的建议，我当时获得了建筑师的称号。我应该实施建筑物，像一个设计师和工程师那样建造他们。当我正准备离开的时候，赞助这个大学城的委员会找到我，建议我彻底地修改我的设计，然后把所有的建筑物互相叠加起来，使之成为一个摩天大楼，并问我认为怎样。我非常愤慨，拒绝改变我的想法。委员会提议让我写信给勒·柯布西耶，让他来做仲裁人，问他对这个建议的看法。我写了一封信给他，他给了我一封很精彩的回信。他说："你拥有的项目是我一生都渴望得到的，我的建议是只要他们让你建造，你就照他们说的去做。"就是在那天，我不再是一个建筑师，而成了一个工程师。我一直为此事对他深表感激。

1989 年

当他在纽约的时候，他装作不懂英语。我常常跟随左右充当他的翻译。我们之间的谈话有些很古怪，因为有百分之九十的时间我完全不同意他所说的，但对他所做的事几乎百分百的赞同。当整个联合国的事情刚刚开始时，他只是出版了他的书《模度》。在我们见面时，他说："哦，你是一个数学家。你对这个伟大的作品有什么看法？"我像一个傻子一样告诉他："大师，这本书已经出版了，我认为是在 11 世纪由斐波那契（Fibonacci）所作的《计算之书》，所有人都知道，这是一件大事，但是早已过时了。我不知道这本书有什么意义。"他对我大为光火，说："你不是总是知道得足够多，我不得不去见另一个从未谋面的科学家。"他事实上是在说："我要去约见爱因斯坦，我要让他看看这本书。"这是几年前的事了，我深感不安，因为爱因斯坦正在钻研系统论，他只有几年的寿命了。我说："请不要去打扰他。"但是，他当然听不进去。他消失了几天，我也没有看到他。

突然，他出现在我的办公室。他叫我进去，展开了一个大卷轴，然后把它贴在了墙上。那个时候很难做个放大。他去见了爱因斯坦，把《模度》给他看，一边向他解释。爱因斯坦，你也知道，他是非常和善的，他说："这太伟大了。"勒·柯布西耶说："写下来吧。"于是，他写的大意是："《模度》真是太棒了。它使美变得容易，使丑变得困难。"勒·柯布西耶将其影印之后，亲自贴在我的墙上，说："看吧，这是爱因斯坦说的。"

路德维希·密斯·凡·德·罗

"我现在没法告诉你我是在哪里阅读到过……建筑属于时代，不仅仅是属于时期，而且是属于一个真正的时代。"

路德维希·密斯·凡·德·罗有着一张粗削而坚毅的脸盘，给人留下了深刻的印象。他的穿着——通常是一套在萨维尔街（Saville Row）订制的西装——连他周遭的事物也如同他的建筑那样，具有相同的品味和同样优雅的格调。我们于1955年在纽约沃尔多夫塔楼酒店（Waldorf Towers）的套房里对密斯进行了录音，另外一次是1964年在他的芝加哥寓所里，这个平凡的建筑离他那著名的湖滨公寓不远。当我问他为什么不住在湖滨公寓里时，他会心地笑了，回答说对于一个建筑师来说，与他的公寓建筑中的居住者乘坐相同的电梯不是个好主意。他那宽敞的拥有五个房间的公寓里稀稀疏疏地放着一些舒适的大皮革椅子，空空的白墙上挂着由保罗·克利、乔治·布拉克（Georges Braque）和柯特·希维特斯（Kurt Schwitters）创造的精美艺术藏品。

密斯不主动交谈。他那有点像僧侣似的生活方式，就好像他已经立誓沉默。在这部《现代建筑口述史》中，他的录音带上的空白比其他的建筑师更多。我的问题后面有时跟着的是模棱两可的词"呀"或者是长长的停顿，以至于我觉得我不得不询问其他的问题。然而，在一些交谈中，浸泡在哈瓦那雪茄的烟雾中和无

数双份的吉布森（Gibsons）鸡尾酒中，我收集了足够多的意见和想法，这让他的一些关系密切的同事惊讶不已，在他们看来，密斯的宣言"少就是多"也应用到他与同事之间极为稀少的谈话之中了。

在我们的谈话中，密斯对他的信念坚信不疑。他清楚而确凿无误地表达着这些信念。他坚韧地追随着他自己的建筑愿景（architectural vision）。尽管这许多的形容词——可靠、坚定、诚实、固执、理性——用来描述密斯是确切的，但是我不断地被其他的一些东西所震撼——他表达理念时的情感和热忱。只有亲身体验或是聆听这些记录带，才能够欣赏到他的这一面。

在大多情况下，密斯以他的建筑来表达。然而，他偶尔也会引用在他终身求索建筑含义的历程中所发现的哲学家的言论。在一次交谈中，他反复提到圣奥古斯丁（St. Augustine）的言论："美是真理的光芒"，然后补充道："我认为对于建筑学来说这是极好的格言。一定要真实，否则我不会相信这是真正的美。"

密斯的言论之后是菲利普·约翰逊的观点，他是密斯最亲近的建筑界同伴之一。

美国伊利诺伊理工学院

路德维希·密斯·凡·德·罗设计，芝加哥，1939—1956 年。这个占地 110 英亩的城市大学和占地 18 英亩比例精美的建筑，采用了常用的模数和材料，是由时任伊利诺伊理工学院建筑系主任的密斯设计的。

155

约翰·彼得：*最初是什么使您对建筑学感兴趣的？*

路德维希·密斯·凡·德·罗：我是向父亲学习的。你知道的，他是一名石匠。他喜欢将工作干得很出色。我记得在我的家乡亚琛有一个教堂，这个八边形的建筑是查理曼大帝（Charlemagne）建造的。在不同的世纪里，他们都会对教堂做些不同的事情。在巴洛克的某个时期，他们为整个建筑涂上灰泥并在内部进行装饰。在我年轻的时候，他们又去掉了灰泥。接下来他们没有钱将工程继续下去，因此你看到了真正的石头。当我看着那些不加任何雕饰的老建筑，只有精致的砖砌和石砌，一个真正纯粹并体现着精湛技艺的建筑，我愿意用所有其他的东西来交换这些建筑中的任何一个。后来他们在上面覆盖了大理石，但是我坚持要说没有大理石让人的印象更为深刻。

约翰·彼得：*告诉我吧，您的思考有没有受到过除建筑之外的其他事物的影响——比如音乐或是绘画？*

路德维希·密斯·凡·德·罗：有，这应该是在后来。但不是在我年轻的时候，你知道的。我没有同其他的艺术有什么特别的关系。

约翰·彼得：*阅读与您的思考有关系吗？*

路德维希·密斯·凡·德·罗：有，很有关系。你知道的，我 14 岁时就离开学校。因此我没有受过教育。我为一个建筑师打工。当我来到他的办公室，他说："这是你的桌子。"我把桌子整理干净，然后朝抽屉里面看……我在那里发现了两样东西，其中之一是一本叫做《未来》（*Future*）的杂志，是一本周刊，一本很有趣的杂志，也带有一点政治色彩，然而刊登的文章是李普曼（Lippmann）议论政治的那种类型，而不是叙述政党的大事。我们可以这么说，这是一本文化杂志，讨论音乐、讨论诗歌，偶尔也讨论建筑。这就是其中的一样东西。

后来我发现另外一个论述拉普拉斯（Laplace）理论的小册子。你瞧，那便是这两样东西。从那以后，我开始阅读这本杂志《未来》。我每个礼拜天早上买来然后阅读。从此我就开始了阅读。

几年之后，我来到了柏林，我必须为一个哲学家建造住宅。那是在柏林的一个大学里。在那里我遇到了好多人并且阅读量越来越大。当那位哲学家第一次来我的工作室的时候——我在自己的公寓中有一间工作室，我的书放在一张很大的制图板上，大概一英尺高。他环顾四周然后看到这些书——他说："天啦，谁建议你弄出自己的图书馆？"我说："没有人，我自己开始买书，然后阅读。"他非常惊讶，你知道的。他从中没有发现任何的学科线索或者与此类似的东西。

那时候，我们是为贝伦斯工作的。在柏林还有其他的建筑师。梅塞尔（Messel），他是一个很棒的建筑师。然而他是一个帕拉第奥式的人，或者是与此类似的人。

我对建筑是什么感兴趣。我问过某人："建筑是什么？"但是他没有回答我。他说："忘记它，只管工作。将来你自己会发现答案的。"我说："这是对我的

路德维希·密斯·凡·德·罗
在纽约市，1955 年。

156

问题的绝妙回答。"但是我想知道得更多。我想去发现答案。你瞧，这就是我阅读的缘由。不为别的，我只想发现那些东西，我想要弄清楚。何谓我们的时代以及与此有关的一切是怎么回事。否则，我认为我们将不能够作出合理的事情。正因为如此，我阅读了大量的书籍，我将这些书都买了下来，我阅读的范围涉及各个领域。

约翰·彼得：*您现在还阅读吗？*

路德维希·密斯·凡·德·罗：是的，我还在阅读，我经常阅读一些旧书。纽约建筑分会（New York Chapter of Architecture）曾经发生过与此有关的一些事情。我说："当我离开德国的时候我有 3000 本书，我列了一个单子，他们给我运来了 300 本。"我说："我可以退回 270 本，我想要的只是那 30 本。"

我对价值观念和精神性的问题感兴趣，我非常感兴趣的还有天文学和自然科学……我常常问自己一个问题："真理是什么？真理是什么？"直到我发现了托马斯·阿奎那（Thomas Aquinas）才停止。我找到了那个问题的答案。

因此，对其他事物来说，什么是秩序？每个人都在谈论秩序，你知道的，但是没人能够告诉你秩序是什么。直到我读了奥古斯汀（Augustine）的社会学著述，其中的杂乱程度在那时与建筑学不相上下。你可以阅读很多社会学书籍，而你不会比之前更为明白。

约翰·彼得：*您认为人们在其他时期中寻求真理的想法在今天是可行的吗？*

路德维希·密斯·凡·德·罗：噢，当然，我确信是可行的。某些真理是存在的，它们没有消亡，对此我很确信。我没法谈论那些人。我只是追随我所需要的。我想让这一点清晰起来。我本来可以阅读其他的书，你知道，许多诗歌或是其他的。但是我并没有那样去做。我阅读了这些可以从中找到某些事物真理的书籍。

约翰·彼得：*您父亲或是母亲对于您的这种思考方式有影响吗？*

路德维希·密斯·凡·德·罗：一点也没有，没有。我的父亲说过："不要读那些愚蠢的书，干活。"他是一个匠人，你知道的。

1955 年

约翰·彼得：*是否有伟大的作品或者大师影响了您的建筑思考？*

路德维希·密斯·凡·德·罗：有的，这是毫无疑问的。我认为如果有人非常认真地工作，即使是相对年轻的人也会受到其他人的影响，你自然而然会那样，你知道的。事情就是如此。

首先，我受到了老建筑的影响。我看着它们，人们建造了它们。我不知道建筑物的名字，也不知道那是什么……大多数是非常简单的建筑，你知道的。当我还非常年轻的时候，你知道的，当时连 20 岁还不到，这些老建筑的魅力给我留下了深刻的印象，因为它们不属于任何一个时代。但是它们待在那里1000多年了，并且依然矗立着，你知道的，还是那样感人，没有什么可以令其改变。当所有的风格，那些伟大的风格，都已逝去，而它们依旧在那里。它们什么也没有失去，它们只是在建筑时代的更迭中被淡忘了，但是它们依旧在那里，并且完好如初次建成的那一天似的。

随后我与彼得·贝伦斯一起工作。他极为清楚地知道何为伟大的形式。那是他的主要兴趣所在，我当然理解他，并向他学习。

约翰·彼得：*伟大的形式，您的意思是什么？*

路德维希·密斯·凡·德·罗：噢，那让我们来谈谈，例如皮蒂宫（Palazzo Pitti），这是一种不朽的形式。我这样来说吧，我是非常幸运的，你瞧，当我到达荷兰时，我见到了贝尔拉格（Berlage）的作品。建筑就在那里。我印象最深的是砖的使用，材料的真实等等。我在那里仅仅是见到他的作品所获的教益，就让我永远铭刻在心。我与贝尔拉格只交谈过几次，但是没涉及那些方面，我们在一起时从来不谈论建筑。

约翰·彼得：*您认为他知道您领会了他正在做的事情吗？*

路德维希·密斯·凡·德·罗：不，我认为没有领会到。我没能发现任何他为什么这么做的原因，因为我们从不谈论这些。当时我的确是一位年轻小伙子。但是我确实从他那里学到了这种理念。缘于那些我曾经见到过的古建筑，我必须公开这个特殊的观点。

我想说我从弗兰克·劳埃德·赖特身上也学到了很多。我认为从赖特那里所学的主要是一种解放，你知道的。看到他所做的，我感觉自由了许多。你知道的，就是他将建筑置于景观中的方式以及他运用空间的自由方式等等。

约翰·彼得：*那么这些就是您建筑旅途中的影响？*

路德维希·密斯·凡·德·罗：然而我的建筑思想源于阅读哲学书籍。我此刻没法告诉你我是在哪里读到的，但是我知道在某处读到过，建筑属于时代，不仅仅是属于时期，而且是属于一个真正的时代。

"在不久的将来可能会产生一种新风格，这种风格不仅仅是漂亮的，而且又将是崇高的。"

亨德里克·彼得勒斯·贝尔拉格

乡 村 砖 住 宅 方 案（BRICK COUNTRY HOUSE PROJECT）

路德维希·密斯·凡·德·罗设计，1923年。这座住宅的底层平面图显示出风格派的影响，并以延伸至景观中的墙体发展了弗兰克·劳埃德·赖特室内自由流动的思想。

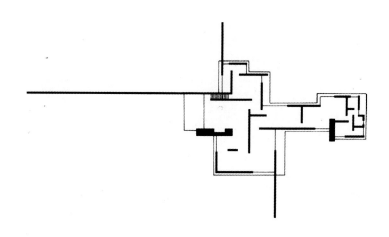

159

自从我理解了那些，我就不会在建筑中去追求时尚。我想要寻找一些更深刻的原理。自从通过阅读和研究书籍，我了解到我们处在自然和科技的影响之下，我就会反问自己："那些可以成为什么？这个事实会引出什么样的结果？我们能改变它，还是不能改变它？"你瞧，是这个问题的答案而不是我所喜欢的东西，指引着我前进的方向。我经常扔掉非常喜欢的东西。它们是我的心爱之物，但是当我有了一个更好的信念、一个更好的想法、一个更清晰的想法的时候，我便追随着那个更清晰的想法。不久，你知道的，我就发现华盛顿大桥（Washington Bridge）是最漂亮的，是纽约最好的建筑。也许最初我并不是这么认为的，但是那个想法慢慢滋生出来了。但是首先我必须征服这个想法，然后我会将它作为美的事物去欣赏。

约翰·彼得：*因此您在追寻的是时代的特征。*

路德维希·密斯·凡·德·罗：时代的本质是什么，那个本质就是我们唯一真正能够表达的，也是值得去表达的。

我想起了另外一件事情。托马斯·阿奎那说："动机是所有人类活动的最初原则。"现在当你领会了那句话的时候，你知道的，你会相应地照此做事，所以我抛开了所有不合理的事情。

我不希望自己有趣，而是希望卓越。

你瞧，你经常会在书籍中发现，他们所说的与建筑毫无关系，其实那些话语是非常重要的。埃尔温·薛定谔（Erwin Schrödinger），一位物理学家，他谈论过一般性的原则，他说创造力的一般原则正好取决于它的一般性。那正是我谈论建筑的结构时所想的。它不是特殊的解决方法，而是一般的想法。

有时人们会说："如果有人模仿你，你感觉怎样？"我说那不是问题。我认为那是因为我们都在工作，我们发现了一些每个人都可以运用的东西。我们只希望他恰当地去运用。

约翰·彼得：*换句话说，模仿就是对您发现的一般性解决方法的肯定。*

路德维希·密斯·凡·德·罗：是的，那也是我所说的共同语言，并且是我孜孜以求的。我求索的不是建筑，而是把建筑当成是一门语言去求索。我想你必须掌握语法以便学会一门语言。它必须是一门有生命力的语言，但是要到最后你才得到语法，这是定律。然后你才可以为了正常的目的去使用它，你知道的，你才可以出口成章。如果你在那方面比较擅长，你能舌灿莲花，如果你确实才华横溢，你就能成为诗人。然而它还是同一门语言，那便是特色所在。一名诗人不可能为每一首诗创造一种不同的语言。那是毫无必要的，他使用相同的语言，甚至使用相同的词。在音乐方面同样是如此，很多时候使用的是相同的乐器。我认为建筑也是一样的。

你知道的，当你不得不去建造某样东西的时候，你建造出来的可以是一个车库或是一个大教堂。对于所有的这些建筑，我们使用的是相同的方法和相同的结构方式。这和你从事工作的水平一点关系也没有。我的用意在于发展一门通用的语言，而不仅仅是个人独有的想法。我认为那才是我们整个时代中的要害所在。我们没有真正的通用语言。如果可能的话，我希望去建造一个，如果我们能实现，那么我们能够建造任何我们喜欢的建筑，并且所做的都是正确的。我看不出有什么理由不应该如此，我确信那是未来的目标。

我相信会存在一定的影响，气候的影响，但那只会让所做的事情变得丰富多彩。我认为更大的影响是遍及世界的由科学和技术产生的影响，带走了所有这些旧的文化，所有人都在做同样的事情，即这件增光添彩的工作。

约翰·彼得：*换句话说，您觉得我们处在一个能够出现建筑语汇（architectural vocabulary）的时期吗？*

路德维希·密斯·凡·德·罗：哦，当然啦，那是毫无疑问的。我认为这是人类将事情做得合情合理的一种愿望。我发现如果某件事情符合情理，那么不管是发生在加利福尼亚、地中海或者挪威都是没有区别的。他们做事应该合乎情理。如果他们工作合乎情理，并且没有别出心裁的想法，特别是建筑方面的想法，一切将会变得更好。

约翰·彼得：*您觉得人们认识到了一个合乎情理并且诚实的方法了。*

路德维希·密斯·凡·德·罗：当然。让我们举个当今技师在车库里的例子。他对我们所有的技术手段都很有兴趣。他将那一切都认为是理所当然的。你对于这些东西没有个人想法。你知道的，当他坚持这一点，那么他就处在一个普通的程度上。

约翰·彼得：*您会介意和工程师一起工作吗？*

路德维希·密斯·凡·德·罗：不会，正好相反，如果我有一个好的工程师，我很乐意与他一起工作。有些事少了工程师是不可能完成的。你不可能知道所有的事。我想建筑师应该更多地了解工程，而且工程师也应该多了解一点建筑。

约翰·彼得：*新的材料会极大地改变我们时代的风格吗？*

路德维希·密斯·凡·德·罗：不会，我认为不会，因为我在建筑中努力去做的是发展一种清晰的结构。我们只是面对材料，如何合理地去使用才是你

新国家美术馆（NEW NATIONAL GALLERY）

路德维希·密斯·凡·德·罗设计，柏林，1966年。这件杰作位于密斯年轻时所在的城市，是密斯最后的作品之一。巨大的钢屋顶由8根粗大的钢柱支撑起来，下面是一个较低的用作画廊的基座。玻璃幕墙包裹着未曾分隔的通用空间。

必须发掘的，这与形状无关。我所做的，你们称之为我的建筑类型，我们应该将它称为一种结构方法。起初我们没有想到形式，我们思考的是使用这些材料的适宜方式。然后我们会接受最后的成果。

伟大的想法，你瞧，我们在工作中努力保持高水平，我们不想让它降下来。从中滋生出来的东西经常会让我们惊奇不已。我收集真相，尽一切可能获得所有的真相。我研究这些真相然后据此而行。

约翰·彼得：*也许赖特风格的问题之一在于它不是一个那种意义上的语汇。*

路德维希·密斯·凡·德·罗：的确不是那样的，太个人化了。我们知道他是天才，这是毫无疑问的。但是我认为他没有真正的追随者。为了像他那样做事情，你需要极富幻想，如果你有了幻想，你会另辟蹊径。我确信这是一种个人化的方法，而且我不会走这条路。我走的是另外一条路，我在尝试走一条客观的路子。

约翰·彼得：*是否有过去的建筑师发展了一种作为语汇而延续下来的风格？*

路德维希·密斯·凡·德·罗：当然有，帕拉第奥。你瞧，它在延续，在某些案例中，依然有它的踪迹。尽管他的形式变了，但他的精神仍然存在于许多案例之中。

约翰·彼得：*您是否认为人们渴望着感觉丰富的自然材料？例如，我总是对里索住宅（Resor House）没有建成感到非常失望。*

路德维希·密斯·凡·德·罗：是的，我也很失望。我认为那是一个非常优秀的建筑。

约翰·彼得：*您觉得这些丰富的材料会赋予建筑以人性吗？*

路德维希·密斯·凡·德·罗：这没有必要，不过它可以是丰富的。这一点却不是必需的。它可能是非常简单的。它不会改变那一点。

约翰·彼得：*您的意思是里索住宅不必非得用柚木建造？*

路德维希·密斯·凡·德·罗：不用，这完全没有必要。可以采用其他种类的木材，仍然会是一个好建筑，但不会像柚木这么好。

事实上，我认为巴塞罗那展览馆（Barcelona Pavilion），如果我用砖去建造，也将是一个好的建筑。我确定它不会像大理石那样成功，但这对理念毫无影响。

约翰·彼得：*您对建筑中颜色的运用有什么看法？*

路德维希·密斯·凡·德·罗：在我们的伊利诺伊理工学院（IIT）校园中，我将钢材涂成了黑色。而在范斯沃斯住宅中，我将钢材涂成白色，因为处在一片绿色之中。它是开放的，我可以使用任何的颜色，你知道的。

约翰·彼得：*您已经因为镀铬而为人所知，就像您在巴塞罗那展览馆所做的那样。*

路德维希·密斯·凡·德·罗：哦，确实，是的。我会那样做。我喜爱自然材料或是金属的东西，你知道的。例如，我很少使用彩色的墙。我其实愿意将这样的问题扔给毕加索或者克利（Klee）。事实上，我向克利订制了巨幅的画作，两张画，一张是白的，另一张是黑的。我说，"我不在乎你在上面画的是什么。"

约翰·彼得：*因此如果是色彩方面的问题，您将它扔给大师。*

路德维希·密斯·凡·德·罗：哦，当然，是的，我会那样做。

1964 年

如果我比较主观的话，那么我将成为一位画家而不是建筑师了。在绘画中，我能够表达所有我喜欢的东西，但是在建筑中，我必须去完成我不得不去做的事情。并不是说我特别喜欢那样做，只是择善而行。我经常抛弃我很喜欢的想法，但是当我经过思考得出结论之后我不得不将他们抛弃。那就是差别。并不仅仅是功能方面的，你不可能真正是主观的，那在建筑中看起来很有趣。但是你必须变得优秀，成为一名石匠或者木匠，而这一点其实也不有趣。你可以在绘画中表达最细腻的感情，然而用一根木头或者一块石头你发挥的余地就小多了。如果你试图大展拳脚，那么你就会失去所用材料的特性。我认为建筑就是一种客观的艺术。

约翰·彼得：*什么是包豪斯？您为什么把自己的名字和才能与之联系起来？*

路德维希·密斯·凡·德·罗：我认为格罗皮乌斯是回答这个问题的最佳人选，因为他是包豪斯的创始人。他离开包豪斯，并把它交到了汉内斯·迈耶（Hannes Meyer）的手上。这一次包豪斯更多地成为了一个政治工具，或者说主要不是被汉尼斯·迈耶而是被更年轻的人利用了。在我看来，汉内斯·迈耶不是一个强硬的人，他被那些年轻人欺骗了，我也能理解。然而还是存在一定的区别。你可以说这是包豪斯建筑的第二个阶段，与格罗皮乌斯的阶段完全不同。包豪斯1919—1932 年的历程不是前后一贯的，而是截然不同的。

当包豪斯因为政治原因而陷入困境的时候，我来到了包豪斯。这座民主式的或者说社会民主式的城市需要为此付出代价。他们说我们将无力回天了。格罗皮乌斯和德绍市长来找我，向我解释了情况，并希望我能接管包豪斯。他们觉得如果我不来做，包豪斯将会关闭。我去了那里，并且我尽可能清楚地向学生们传达："你们必须在这里工作，我能保证你们谁不工作我就将谁赶出去。我丝毫不反对这里的任何政治思想。"我抽出工夫来教他们一些东西，他们必须为此工作。但是我并没有像格罗皮乌斯那么专注，那是他的理念。我们朝着同一个方向而努力。

在格罗皮乌斯70 岁生日的时候，我谈到了包豪斯。我说如果包豪斯不是一个新思想的话，我并不相信是由于鼓吹才使之享誉全球的。鼓吹永远不会比实干更有力量。但是我相信格罗皮乌斯能告诉你更多这方面的事情。

约翰·彼得：*如果没有格罗皮乌斯，还会有包豪斯吗？*

路德维希·密斯·凡·德·罗：不，我想不会有包豪斯，那会有另一所学校。魏玛（Weimar）时期那所学校就存在了。如果我没有弄错，我记得格罗皮乌斯是凡·德·费尔德推荐的，他是魏玛那所学校的校长。他离开魏玛的时候提议格罗皮乌斯做他的继任者。

招揽不同的人士是格罗皮乌斯着力在做的，那是毫无疑问的。他带来了这些人士。他一定也看到了这些人被驱使到不同的方向。但他们都是优秀的人才，那就是格罗皮乌斯的功劳。

约翰·彼得：*德意志制造联盟（Werkbund）的氛围对于包豪斯有多重要？*

路德维斯·密斯·凡·德·罗：那可能会有影响。格罗皮乌斯是德意志制造联盟的领导人之一，尤其是1910年之后。正是在科隆举行的制造联盟展览中，他建造了一个重要的建筑。我认为他的建筑和凡·德·费尔德的剧院才是那里真正的建筑。在制造联盟中他当然是非常活跃的。还有其他的人士，往往不是建筑师，而是工匠。他们尽力使用好的材料。他们对品质有感觉……我当时没什么可以为制造联盟效劳的。我来得很晚。我是在1926年来到制造联盟，他们让我去做魏森霍夫（Weissenhof）的展览。

约翰·彼得：*在美国工作是否改变了您的所思或所做？*

路德维斯·密斯·凡·德·罗：我认为你总是会受到周围环境的影响，这是毋庸置疑的。我认为教学对我助益匪浅。面对学生，我必须是清晰的。你知道，学生们是非常有趣的人。他们会用问题将你打穿，你看起来就像一个筛子。你必须让一切真正明白易晓，并且你不能愚弄他们。他们求知，你不得不知道得很清楚。这样就迫使我把这些问题想得非常透彻，这样我才能答复他们。我认为教学就是有这种影响。那是我前行的方向。

约翰·彼得：*就您而言那不是浪费时间吗？*

路德维斯·密斯·凡·德·罗：哦，不，不，正好相反，我认为那确实很好。我认为你不必建1000幢住宅或1000栋房屋，那是没有意义的。我可以通过几栋房屋来表达建筑观点。即使我没有做任何其他的事情，也能将我的意思完全表达清楚。

我记得第一次到达纽约时所留下的最为深刻的印象，电梯可以立刻将你送到50多层高，确实到达顶端了。那让我印象非常深刻。

约翰·彼得：*您曾经提到过宾夕法尼亚州的谷仓。*

路德维斯·密斯·凡·德·罗：是的，很棒的宾夕法尼亚州谷仓。相较于大多数建筑来说，我确实更喜欢这些谷仓。就是因为那个原因，我知道那是美国真正的建筑，也是最好的建筑。

我认为华盛顿大桥是个很好的现代建筑实例，就是指向这一点，你知道的。有可能他们对于这些塔比较有想法，然而我讲的是原则，而不是那个方面。但是进入这条简洁的直线，从哈得孙河的一边走到另一边，这种直接的解决方式便是我的用意所在。

还有一些其他的事情。我们在德国使用的词汇"Baukunst"，包括了两个词汇——"建筑"（building）和"艺术"（art）。艺术指的是建筑的净化（refinement）。那就是我使用"Baukunst"所表达的含义。我年轻的时候，我们讨厌"建筑"（architecture）这个词汇。我们谈论建筑艺术（Baukunst），因为建筑（architecture）是你从外部塑造的东西。

约翰·彼得：*您是说建筑艺术的特性总是有着某种合理性？*

路德维希·密斯·凡·德·罗：是的，至少那就是建筑艺术中我所喜欢的东西。虽然在我年轻的时候，我们不得不做很多巴洛克式的东西，但是我对巴洛克建筑一直不太感兴趣。我感兴趣的是结构性的建筑，我感兴趣的是罗马式，我感兴趣的是哥特式建筑。它们常常被误解。你瞧，一座大教堂中的一根柱子的轮廓仍然是一个清晰的结构。修饰（refinement）是要使之变得更为简洁，不是去装饰它，而是让它变得更为简洁。当人们见到一个这样的建筑时，他们会认为太冷酷了。当他们认为这种秩序（order）过于强悍时，他们忘记了自己所寻求的是什么。他们在密歇根大街上，在湖畔，在任何地方都有这种建筑，那就是他们真正寻求的东西。他们对此并不清楚。他们寻求的是混杂，但是可能成为华丽，还没有成为混杂。我认为你可以使用简洁的元素获得丰富的效果。中世纪的城市使用的都是相似的平面图，差异在门把手或者凸窗，那是依据他们拥有的财富而定的。但平面图都是相同的。他们拥有稳定的文化。

1964 年

约翰·彼得：*对技术发展有什么看法？*

路德维希·密斯·凡·德·罗：我在建筑中运用不同的材料让人们感到惊讶，然而那对我来说是完全正常的。在一个案例中屋面板是一块真正的板，必须被支撑起来。至于你是用钢材还是混凝土建造则是无关紧要的。几乎所有的

伊利诺伊理工学院克朗楼（S.R.CROWN HALL, ILLINOIS INSTITUTE OF TECHNOLOGY）

路德维希·密斯·凡·德·罗设计，芝加哥，1955 年。这个细部精致的钢结构建筑是一个巨大的未曾分隔的房间，只有半层伸出地面以上，用透明及半透明的玻璃围合起来。密斯在克朗楼中实现了他通用空间的思想。

玻璃摩天楼模型（GLASS SKYSCRAPER，MODEL）

在这个以及其他的试验性设计中，密斯尝试用全玻璃墙体来展现建筑的结构，并探索曲面玻璃的反射效果。

教堂遵循的都是这个相同的结构原则。那样做错在哪里？你可以改变。你其实不必模仿，但是你可以将它作为一种结构原则去运用。

那其实就是我们开始工作时的理念。我们想要发展出新的能被任何人使用的结构解决方式。我们没有寻求个别的解决方式，我们寻求的是有效的结构解决方式。如果有人能使用那些方式，我们不会受到伤害。如果有人不能很好地使用，我们会受到伤害。我的私淑弟子确实要多于我的入室弟子。然而可以肯定的是，我根本没有受到伤害。相反，那正是我们努力要完成的，并且我们已经完成了。这是毫无疑问的。

约翰·彼得：*您那些玻璃摩天楼的草图也是如此吗？*

路德维希·密斯·凡·德·罗：那又另当别论了。在那里，我感兴趣的是玻璃以及玻璃建筑的潜力。我尽量避免光滑耀眼或是呆板的外观。因此，我首先将这些巨大的块面弄成曲面，使之具有水晶般的特性。在任何情况下这都不会是一个死板的解决方案。后来我想如果我将它们彻底弄成曲面，也许可以变得更丰富，不过它们仅仅是对玻璃的探究。我在思考的是整个的建筑物，但那是专门针对玻璃的探究。

约翰·彼得：*至于您现在建造的那些建筑，更多体现的是钢铁的特性还是玻璃的特性？*

路德维希·密斯·凡·德·罗：有人认为西格拉姆大厦是一座青铜建筑。他们不认为是玻璃建筑，因为使用了太多的金属。我认为那是玻璃建筑，但这种认识是要将问题彻底理解后才能获得的。

约翰·彼得：*当您使用混凝土的时候，您是否放弃了混凝土的可塑性？*

路德维希·密斯·凡·德·罗：混凝土的可塑性，那是非常有趣的。混凝土的可塑性未必是使用混凝土的最佳方式。我觉得我使用混凝土，如果我来使用，会采用结构性的方式（in a structural manner）。我称之为结构。我知道你可以采用另外一种方式，但是我不喜欢其他的方式。我始终喜欢用其来建造一个清晰的结构。我不在乎可塑性的处理方法。我就是不在乎。

约翰·彼得：*即使您的椅子也是如此？*

路德维希·密斯·凡·德·罗：是的，那是相同的。那张椅子是弧形的，前面安放的是这个半圆形。那是一种骨架结构，你知道的。即使是巴塞罗那椅也是一个骨架结构。我在塑料椅子上做了一些设计，但我没有持续下去。我使用块体，你知道的。如果你想要用塑性材料，你必须使用块体。但是因为你可以给混凝土赋予形状，就没有必要做成塑性的形式。那仅仅是一个选择的问题，你都可以做到的。

你看，当我们用铝，你可以用压制的材料。我们第一次使用时，就将其用到窗户的竖框上。接下来我们将它挂在 860 号湖滨大道公寓的屋顶上，来看看效果如何。我告诉你简单的工字梁更好用。这就是为什么我们使用工字梁结构，甚至是铝制的工字梁。它的效果更好，也显得更加清晰。

约翰·彼得：*您说到清晰。您认为清楚和优秀有关系吗？*

路德维希·密斯·凡·德·罗：是的，对我来说，当然有关系，那一点我十分确信。

约翰·彼得：*如果您活在另外一个时期，你也许会使用……*

路德维希·密斯·凡·德·罗：哦，当然啦，如果我们没有其他材料，但是我们还有钢材。我认为这是一种很好的材料。所谓的好，我指的是它很坚固，它还很优雅，你可以用它做很多东西。建筑的整体特性就是轻盈。这就是当我

西格拉姆大厦

路德维希·密斯·凡·德·罗和菲利普·约翰逊设计，纽约市，1958 年。密斯第一个重要的办公楼，一幢 38 层的塔楼，外面覆盖着大量的青铜，明显地退离公园大道（Park Avenue），形成一个广阔的花岗石广场。这是一位大师对现代建筑类型——摩天楼所做的阐释。

不得不建造一个钢建筑时我会喜爱它的缘由。我最喜欢的是我能够在地上用石头一点点往上建造。

约翰·彼得：*您喜欢钢铁是出于经济的原因吗？*

路德维希·密斯·凡·德·罗：这是一个经济因素，但不是一个建筑因素。那是我们国家的一个因素。当你必须建造时，你要列出一张清单，写下场地的费用、建筑师的费用、工程的费用，天知道我们有多少回报。如果回报达不到12%或15%，那是建造不起来的。那就是你所提到的经济问题。从这方面来说，如果不经济，再伟大的想法都不会实现……我不是在讨论这种经济。我讨论的是一种精神上的经济，方法上的经济。对我来说，最清楚的一句话，就是经济。那就是对建筑产生了影响的经济。

你可以用混凝土来建造。瑞士的梅拉德（Maillart）大桥是很棒的大桥，非常清晰。我丝毫没有反对的意思。但是如果你用钢来建造，在内部你会极其自由。人们会说："啊，那是冷酷的"。那是没有意义的，你知道的。在内部你能够真正随心所欲，你可以自由自在地做事情。然而在外部你是没有自由的。

你一定记得在一个封闭的建筑里，你拥有几种平面布置的可能性。当你真正在我们其中一个建筑中工作的时候，你将会得出一个结论：只有一些好的解决方案。尽管你可以做你喜欢的任何事，它们是有限制的。

约翰·彼得：*然而，如果建筑的用途改变了，比如博物馆建筑由于某些原因从现在开始的一个世纪里变成……*

路德维希·密斯·凡·德·罗：是的，它可能成为其他的事物。我会毫不犹豫地在我的会议大厅里建造一个大教堂。我看不到任何不这样做的理由。你可以那样做。因此一种类型，比如会议大厅或博物馆，同样可以被用于其他的目的……这不再是形式追随功能或者应该追随功能。总之，我对这样的宣言是有些怀疑的，你知道的。当某人这样说时总会有一个理由，但是你不能从中得出一条法则……你完全可以将一栋办公建筑弄成一幢公寓大楼。它们其实是相似的，有20或者30层，彼此叠加而成。那是建筑的特点，不用去管里面是什么。基于经济原因，在一幢公寓大楼里你可能会使用更小的跨度或其他方式，来减小尺寸，但是你能够十分舒服地住在一栋大跨度并且里面还有一套优质公寓的办公大楼里。

社会学家告诉我们，我们必须考虑到那些住在建筑里的人们。那是一个社会学问题，不是建筑学的问题。那个问题经常出现，你知道的。然而那是一个社会学问题。我认为社会学家应该攻克它。那不是一个建筑问题。

约翰·彼得：*不能够用建筑的方式解决吗？*

路德维希·密斯·凡·德·罗：不能。如果他们愿意给我们一个项目，这个问题能够解决。但是首先他们必须证明他们的想法在社会学领域是合理的。他们想要让我们去承担那个责任，你知道的！不可能，不要将我牵扯进去！

约翰·彼得：*当我看这些项目的时候，我被您作品中的连续性所打动。它们之间有关联吗？*

路德维希·密斯·凡·德·罗：这往往是同一个问题。只是在一个案例中你恰好让墙起作用，而在这个建筑群中，你必须让建筑相互起作用。然而这是同一个问题。你瞧，你发现了它们之间美妙的关联。这往往是相同的问题，也是一个非常简单的问题。在我们设计的学校中，我们会面临空间的问题，每个学生必须经历并在其中工作。这对小型公寓、酒店或是银行大厅来说，都是一样的，没有什么区别，都是同一个问题。

约翰·彼得：*城市规划几乎也一样吗？*

路德维希·密斯·凡·德·罗：我会说是的。你知道的，在城市规划中你会有交通问题，然而在本质上也是同一个问题。一个非常简单的、关于事物之间良好联系的问题。在某些情况下，我们首先要有一个自由的方案，然后我们受到街道的约束，因此变成了一个几何式的方案，不再是自由的方案了。但是你可以做一个自由的布局，或是一个几何式的布局规矩也无妨。原则上，这之间并没有什么区别。

约翰·彼得：*但是事实上，街道是一个格栅状结构，这是不是倾向于暗示一个……*

路德维希·密斯·凡·德·罗：确实，对我来说，它暗示着一个几何学的解决方式。我赞成它倒不是出于原则，而是因为我必须依此来工作。那对我来说是一种素材，你知道的。我可以处理一幢建筑或者一个建筑群。我可以使它对称或者不对称，那要看所面临的问题与什么有关。有些人会认为这必须是不对称的：不是那么回事，你知道的。也许他们已经对很多事物感到厌倦，所以他们去尝试别的东西。

我记得当我在某个场合作出对称的方案时，我被告知：现在我们必须重新学习那是能够做成对称的。然而对称就是合理的解决方案，我倒不是特别喜欢或不喜欢。那是实现这个目标的合理解决方案，我会毫不犹豫地去做。我认为那样的想法更多的是一个美学推断。我并不是很在乎这些东西。

约翰·彼得：*请以您的建筑——克虏伯办公楼（Krupp Office）为例来解释一下吧？*

杜克森大学梅隆科学中心（MELLON HALL SCIENCE CENTER, DUQUESNE UNIVERSITY）

路德维希·密斯·凡·德·罗设计，宾夕法尼亚州匹兹堡，1962年。这幢科学大楼运用了密斯式风格，密斯在地板下设置了空间用来容纳辅助实验室设备的工业制品。

联邦中心（FEDERAL CENTER）

路德维希·密斯·凡·德·罗设计，芝加哥，1964年。三座极为高大的黑色钢框架大楼巧妙地聚集在中央的一个巨大广场周围，广场上有一个引人注目的由亚历山大·考尔德创作的红色固定雕塑，这是密斯最后的作品之一。

路德维希·密斯·凡·德·罗：克虏伯是一个巨大的框架式建筑。如果你采用框架来设计，你将会得到相似的结果。你可能作出不一样的建筑，但形式是相同的。框架仅仅就是框架。

杜克森（Duquesne）是一个实验室。因为我们不知道内部将会是什么，所以我们认为我们想让管道能够到达它们愿意去的任何地方。我们在芝加哥建了第一幢实验楼，一幢金属建筑，有几分实验室的味道，但不是化学实验室。我们在它外部使用了玻璃。

约翰·彼得：_蒙特利尔、多伦多和芝加哥联邦大楼的方案是否有某些共同的东西？_

路德维希·密斯·凡·德·罗：我们将建筑布置在各得其所的最佳场所中，并且尽我们所能使得它们之间的空间也是最佳的。它们都有那个共同点。即使我要建造一群独立住宅，我也会运用同样的原则。只不过它们之间的空间可能会更小一些。

1955 年

约翰·彼得：_您曾经告诉我巴塞罗那展览馆是如何从您发现的一块大理石板演变而来的。_

路德维希·密斯·凡·德·罗：因为我对那个建筑有了这种想法，所以我不得不到处去看看。我们的时间非常紧迫。那是在隆冬时期，你无法在冬季将大理石从矿石场运出来，因为大理石内部仍然是潮湿的，而且还会冻成碎片。你必须找到一块干燥的原料。我们必须到周围的大型仓库去寻找。在那里我发现了一块玛瑙石。这块大理石有着确定的尺寸，所以我只可能采用这块石头的两倍高度。后来展馆的高度便是那种玛瑙石的两倍，那就是展馆的模数。

约翰·彼得：*您是否对创造另外一种类型的展览建筑感兴趣？*

路德维希·密斯·凡·德·罗：你知道的，我尝试过大量不同的有可能实现的建筑类型，只有一部分留下来了。我喜欢做那种大会堂，那是一种巨大的建筑，720英尺乘以720英尺。我愿意亲自去观看。虽然我熟悉图纸，我也知道它背后的理念，然而事实上它还存在一个实际的尺度。将埃及的金字塔建成15英尺高，便什么也不是了，正是巨大的尺度使之与众不同。

约翰·彼得：*您觉得公园大道上的西格拉姆大厦，那些垂直的纯净墙体的尺度对建筑的效果起着重大的作用吗？*

路德维希·密斯·凡·德·罗：是的，我非常确定。正是由于这种简洁，又一次使建筑显得更加强劲。建筑群中的其他一些建筑则显得更加高大、更加华丽，诸如此类。我认为这至少是我所希望的，西格拉姆大厦将会成为一个优秀的建筑。

我必须说当我第一次来到这个国家时，我住在大学俱乐部。我每天从我的早餐桌上看到洛克菲勒中心的主塔，给我留下了深刻的印象。那个平板，是的，它没有什么风格，你在那里看到的就是一个体块。那不是一个单独的物件，而是数千个窗户，你知道的。好或差，并不能意味着什么。就像一个军队的士兵或者像一片草地。当你看着那个体块时，你不会觉察到细部。我认为那就是这个塔的特色。

1964 年

约翰·彼得：*您将西格拉姆大厦向后退让了，而当时没有任何其他人将建筑向后退让。*

路德维希·密斯·凡·德·罗：我将它向后退让以便你们可以看到它。这就是这样做的原因。你知道，假如你去纽约，你确实需要看这些顶盖，以此去找到你的位置。你甚至看不到建筑。只有在远处，你才能看到建筑。因此我将它向后退让就是基于这个原因。

约翰·彼得：*为何选用的材料是青铜？*

路德维希·密斯·凡·德·罗：我们使用青铜的原因在于客户。仅仅是我们在探讨时，他说："我喜欢青铜和大理石。"我说："那对我来说再好也没有了！"

约翰·彼得：*您以自己的方式去设计建筑，西格拉姆大厦在以某种方式尊重其他的建筑，比如街对面的麦金、米德和怀特大厦（McKim, Mead, and White building）。*

路德维希·密斯·凡·德·罗：哦，当然啦，是这样的。当我们着手时，利弗大厦已经在那里了。当我们将建筑向后退让时，我们并不知道每一侧的结果会怎样。当西格拉姆大厦完成后，那里就有了利弗大厦和西格拉姆大厦，所以能轻而易举地将下一个建筑物向后退到正好处于它们之间。但是他们没有这样做！那太可笑了！那对任何建筑师都是非常有帮助的，然而事与愿违，你知道的。

巴卡第公司行政大楼（BACARDI ADMINISTRATION BUILDING）

路德维希·密斯·凡·德·罗设计，墨西哥城，1957年。采用灰色的玻璃幕墙，裸露的钢柱被涂成黑色，一个缩进的入口门厅，这座精致建筑的办公体块升至邻近的公路之上。

约翰·彼得：*与西格拉姆大厦不同，这两座巴卡第大厦是不同的问题。*

路德维希·密斯·凡·德·罗：是的，确实是在不同的场地。第一个建筑在古巴，客户需要有一个大的房间，那是他所喜欢的。他说："我喜欢有一张办公桌在一个大房间里。我喜欢与下属一起工作。我不需要封闭的办公室，因为我工作量比其他人都要多，因此他们看见我不会影响我。"我们努力去解决那样的问题。

但是在墨西哥有两个因素改变了建筑的特征。其中之一是大道高于地基，因此如果我们在那里建造一个一层的建筑，你将只能看见屋顶。那就是我们在那里建造了一个两层楼建筑的原因。它是一幢更为普通的办公大楼，因为领导者坚持要求将办公室分开。

约翰·彼得：*您认为历史影响有多重要？*

路德维希·密斯·凡·德·罗：我对文明的历史不感兴趣，我感兴趣的是我们的文明。我们生活在其中。因为我确信经过一段长时间的工作、思考和学习，建筑其实仅仅与这个我们所处的文明有关。你知道的，那才真正是建筑的着眼点。它只能表达这个我们所处的文明，而不是别的任何东西。有某些力量是相互对立的。但是如果你真正看到它，你将会发现主导力量、辅助力量，你还会发现表面的力量。这就是给文明下定义和给我们的时代下定义是如此艰难的原因。在更老的文明中，表面的力量已经逝去了。只有决定性的力量成了历史的力量，特殊的力量。

通常你无法给某个事物下定义，但是你明白那些印在你骨子里的东西。你知道那就是它，你不能表达它，然而那就是它。这就像是如果你见到某人是健康的，你能说什么呢，但你清楚那人是否健康。那就是我所发现的极其重要的东西，尤其是在我们现今所处的这个巴洛克运动正在开展时期。你可以称它为巴洛克或者不管什么名称。不过我认为它是一种巴洛克运动的形式，反对合理而直接的形式。特别是在这个混乱的时期里，如果没有理由，什么能占据主导位置？这就是为什么我们从20世纪20年代、20年代的前期开始就如此努力去发现什么是做事情合理的方法。极富幻想和雕塑感的人对青年风格和新艺术运动时期感兴趣。他们都有点儿新奇，然而极少是合理的。我在很年轻的时候就决定接受这种合理性。

1955 年

约翰·彼得：*您是否认为新的生活方式会改变一些事情？*

路德维希·密斯·凡·德·罗：不，我认为原则上它还是相同的。随着发展它可以变得更加丰富。你知道的，将某些事情弄明白是很困难的。然后用巧妙的方式表达出来。它们是两种不同的事物。然而首先它必须是清晰的。如果有人想要40层的公寓，并且所有的公寓必须完全相同，那么我是无能为力的。我只能用一种实际出现的方式来表达，并且最终表明这种方式是出色的。

约翰·彼得：*您对未来建筑持乐观的态度吗？*

路德维希·密斯·凡·德·罗：当然啰，我是乐观的。我绝对是乐观的。我认为这些事情你不必计划得太多、构想得太多。

约翰·彼得：*所以您是否在预想：一段时间以后，当有人沿用您的建筑风格的时候会发展出一种更加丰富的……*

路德维希·密斯·凡·德·罗：我始终不愿意用风格这个词来描述那种现象。我想要说的是如果他运用相同的原则、相同的方式。然后他，当然啰，如果他有才干，他能够使之更加丰富。那要视情况而定，然而在本质上是毫无二致的。

现今对我在建筑中运用的方式明显存在一种反应。这没有问题，但我认为那仅仅是一种反应。我认为它不是一种新的途径，而是一种反对现存事物的反应。这种反应成了一种时尚。

柱廊公园公寓（COLONNADE PARK APARTMENTS）

路德维希·密斯·凡·德·罗设计，美国新泽西州纽瓦克市，1960年。纽瓦克的重建规划项目中的第一个建筑，密斯沿着一条单独的中央廊道，放置了560个单元，使一半的房客能看到曼哈顿的天际轮廓线，而另一半则可以看到邻近的公园。

173

菲利普·约翰逊论路德维希·密斯·凡·德·罗

我正与密斯·凡·德·罗一起工作，我认识他已经35年了，而且我是他的传记作者。

密斯那简洁的优雅总是很吸引我。他的巴塞罗那展览馆，那种简洁我在建筑历史中只在另外一处发现过，那就是埃及的斯芬克斯庙（Temple of the Sphinx）以及通往金字塔的入口处。这两者确实完全不同，然而都是用最简单的方法获得了最大的效果。他的口号"少就是多"意味着采用最简单的方法你将得到最大的效果，而那对他来说是最高的艺术形式……那对我的清教徒精神是有吸引力的。不知何故，我认为我们可以通过简洁而得到丰富。我认为你不能够将密斯的言论作为他真实的想法。也许他对玻璃的感情比他承认的还要多，但是毫无疑问，时间、光、冷和热，那些东西不会吸引他。相关的空间形态与他的感情息息相关。

为何西格拉姆大厦的底层是24英尺高而不是12英尺高，这实在是没有理由的。事实上，从经济角度来说这是不合理的。但是他甚至从来没有告诉任何人它有多高，它就是那个高度，也没有人问过。当然啦，如果是乌里斯（Uris）兄弟这样的开发者来建造的话，他们会询问。然而事实就是那样。

他曾经告诉我，有几分偏离这次录音，对于窗户竖框他首先在脑子里有了H型，因为这是轧制的部分，你看，在钢结构建筑中……当他开始建造青铜建筑或者铝制建筑，窗户竖框继续采用H型剖面是毫无意义的，于是他尝试其他的形状。他习惯使用木材来制作，将它们挂到窗户上，观看着。他说："菲利普，我们回到H型剖面。"虽然这是挤压而成的东西，你可以挤压出任何你想要的形状……我在事后分析，没有他的个人意识，他正在做的就是创造另一个平面、另一张表皮，现在已经从另外的一面进出8英寸。但是我认为他并不是不知道那些。我认为他对自己的目的并不是很清楚和特别留意。你看，在我看来，他是个非常情绪化的人，用他的激情来做这一系列的事情，然后说："我所做的一切就是尽可能简洁地建造，所建造的东西你本来可以要求采用耐久的材料。你必须承认，菲利普，青铜比你必须刷涂料的铁更耐久。"他回到那些简单的理由。然而他真正的冲动就像其他建筑师的热情一样，这是毫无疑问的。

他非常喜欢蒙德里安，因为他们恰好同龄，并且是好朋友。这正好是他想要的，我认为是非常自然的。是的，他想约束他的调色板。"少就是多"非常接近蒙德里安的风格，非常吻合他的那个时代。

密斯对行进式空间（processional space）的想法比他所承认的要多得多，因为在口头上他总是会谈论好的建筑："好建筑"（gutes bauen）。……然而，例如在西格拉姆大厦中，你总是会斜穿广场。他将广场造得非常宽，宽得超出

我的想象。以至于在这条大街上，无论你朝前走还是往后走，你都无法穿过它，因为街道中间有障碍物，你知道的。所以，你斜着穿过西格拉姆大厦……但是只要到了里面，你便像只蜜蜂一样进入你要乘坐的电梯。这是不用迟疑，不用走弯路，不用转弯，也不用向上去看标志物的。纽约只有这栋建筑的电梯是物尽其用的。我记得当他谈到那一点时，他对我说："菲利普，我们不会让电梯闲置起来，无论它们对上面房间的实际使用有什么影响。你必须从街道走到电梯。"我从他那里继承了这种清晰的感觉。

西格拉姆大厦

路德维希·密斯·凡·德·罗和菲利普·约翰逊设计，纽约市，1958 年。这幢著名的曼哈顿摩天楼的谨慎而精致的细部，揭示出为什么"密斯式"这个单词会被引进词汇表之中。

1986 年

这次现代运动的历史根基是毋庸置疑的，然而事实上被一群伟大的天才推向高潮，这是有趣的。勒·柯布西耶和密斯，这个阵营中有着非常优秀的人士。雅各布斯·约翰尼斯·彼得·奥德是我最好的朋友，因为他讲的语言你能理解。他是位智者，密斯不是，勒·柯布西耶也不是，然而他们都是天才。但是，你瞧，人们对此并不相信。人们相信密斯，密斯自己也相信，密斯是可以学的，你不能向密斯学习是非常糟糕的。我一直都学不会，所以为什么其他任何人能学会呢？我可是难得的一名好学生。

瓦尔特·格罗皮乌斯

"包豪斯不仅仅是一所艺术学校或建筑学校，我们确实找到了路径通向一种新的生活方式。"

瓦尔特·格罗皮乌斯言谈举止像一位教授。他那老式的斜纹软呢夹克和蝶形领结代表着校园生活，还有他深思熟虑之后有分寸的言辞颇有教育家的格调。典型的一件事是为了确保记录下来的某些言辞的精准，他念了一份提前准备好的材料。

格罗皮乌斯是教授形象的典范，他创立了包豪斯以及执掌哈佛大学建筑系，他的教育实践对现代建筑作出了卓越贡献，而他作为一名创造性的建筑师的才能常常被低估了。格罗皮乌斯的开拓性作品，莱茵河畔阿尔弗尔德的法古斯工厂（Fagus Factory in Alfeld-an-der-Leine）和德绍的包豪斯校舍，是卓越的建筑，对建筑形态有着重要影响。他和马塞尔·布劳耶一起设计的位于马萨诸塞州韦兰（Weyland）的钱伯林住宅（Chamberlain House）成为了新英格兰现代小住宅的原型。

我第一次见到格罗皮乌斯是通过他的女儿阿提（Ati），她曾和我一起工作过。当我告诉他作为西雅图的年轻人，我发现了包豪斯书籍的其中一本并将它藏于博物馆图书室中的其他书后面，这样其

他人就不会发现这些让人难以置信的想法，他笑了。我之后了解到包豪斯校舍，这个现代设计的原子弹，是几乎不可能保密的。

我们对格罗皮乌斯的录音是在他位于马萨诸塞州林肯的家宅以及位于剑桥布拉特尔街（Brattle Street）的建筑师合作事务所（The Architects'Collaborative）中完成的。这栋简朴的住宅和公司的名字反映了他对现代建筑的坚定信心。

1964 年

约翰·彼得：*您是在哪儿学习的？*

瓦尔特·格罗皮乌斯：我在所谓的技术大学（Technische Hochschule）学习过一段时间，但是没有坚持到最后，因为我腻烦了。学生们拿着他们的作品排队等着，然后教授或是助手坐下来，在设计作品上草草地画几笔，将他自己的东西强加到学生的设计中。然后我们将作品夹在腋下，离开了，直到下一次我们再过来。所以那不是我们的作品，完全只是小孩子在过家家。一天，我转身说："我再也不会那样做了。"之后就去实习。那是柏林的建筑学校，古典柱式是首要的课程，它们是毫无意义的。那预示着一次大革命。

格罗皮乌斯住宅（GROPIUS HOUSE）

瓦尔特·格罗皮乌斯和马塞尔·布劳耶设计，马萨诸塞州林肯，1937 年。格罗皮乌斯在美国设计的第一个建筑，他极富想象力地将包豪斯设计与传统的新英格兰住宅建筑语汇结合起来——砖烟囱、遮蔽起来的走廊，粗石基础和粉刷成白色的木制格板，纹理是垂直的。

我学得最多的老师是彼得·贝伦斯。他是德国通用电气公司（AEG）的建筑师，该公司是德国最大的电气公司。他设计了一些工厂建筑和办公建筑，真正地展示了冒险式建筑（daring construction）的新趋向以及对原材料的不同用法。至少，它是这种方式的开端。

1964 年

贝伦斯是名人，他在很多领域都很能干，你知道的。他也从事工业生产。他为德国通用电器公司做了很多事，他为他们设计了所有的产品。我主动加入其中，获益匪浅。所以这对我来说，是一个很好的学校。它绝对是我后来所作所为的基础。

约翰·彼得：*您是说贝伦斯在某种程度上是包豪斯思想的源泉之一?*

瓦尔特·格罗皮乌斯：嗯，也许那样说有点太夸张了。我的意思是，那种倾向，即与工业相结合的确是从贝伦斯那里延续而来的。他本来是学画画的，而不是一位受过专业训练的建筑师。他是一名画家，也做设计之类的事情。然后，他突然开始在达姆士塔特（Darmstadt）的殖民地为自己设计房屋。接着，他开始对建筑感兴趣，并作为一个门外汉，进入到这个行当。他有才华，干出了名堂。

我作为他的得力助手，在他的办公室干了一段时间，所有这些事情都是我们共同完成的。他是我的师傅。

1955 年

在这个领域，我向这位实干家学习。作为其他人的领班，我学会了建造的知识。我不能将设计与建造分开。我觉得一名建筑师应该受过各种技术的良好培训，并且能熟练掌握。当然，现在这个领域太广泛了，没有一个人能够通晓所有这些技能，但是主要的事情他是可以学会的，然后将特定的材料和特定的结构用在最恰当的地方。

约翰·彼得：*有没有人给过您建筑方面的建议啊?*

瓦尔特·格罗皮乌斯：多得不得了，你知道的。我提到的彼得·贝伦斯，他是我的师傅。尽管我可能已经走得更远了，但是从他那里打下的基础对我来说是最为珍贵的。然后，当然啦，还包括阅读和见识其他的事物，以及结识名人，比如勒·柯布西耶也给我留下了深刻的印象，他确实对现代建筑的发展作出了巨大贡献，并且继续为此奉献力量。

同时，在我早年，我见过弗兰克·劳埃德·赖特的许多作品，他引起了我极大的兴趣。当然，在建筑哲学方面，我和他见解大相径庭。他是一位非常强悍的个人主义者，而我更赞成团队合作。我觉得我们现今面对的建筑领域是那

瓦尔特·格罗皮乌斯在马萨诸塞州剑桥自己的事务所中，1955 年。

么广阔，一个脑袋几乎不可能装下所有的东西。我敢说甚至是天才，如果他懂得怎么开发他周围的团队，并领导这些团队，那么他能激起的火花将比以前多得多。拥有很多团队助手将会比独自一人在象牙塔里单干的效果要好得多。

约翰·彼得：*您将这种团队工作的理念推荐给学生吗？*

瓦尔特·格罗皮乌斯：当我和我的学生开始做这些事情的时候，他们是非常赞同的。当我在第二天检查的时候，每个人都各自为政，他们之间的联系还没有形成。我们还不得不训练我们自己去做这些事情，不过我认为这肯定是必需的，现正在创建之中。

我相信这不仅仅是在我们领域，而是在各个领域许多团队的联合将会越来越多。举个例子，我最近刚刚遇到一件非常有趣的案例。新泽西州就交通和道路方面来说干得很出色，但是它使得相邻州的交通陷入了最大的困境。你必须同相邻的州以及整个国家联系起来。由于交通是相互联系的，我们一定要与我们的邻居联系在一起，最后与整个世界联系在一起。

建筑越来越多地进入到规划领域中。看着整个社区有机地建立起来是越来越有必要了，因为社区是一定区域内整个生活的真正投影。我们必须将那个地区的每个人邀集起来，以了解该做什么。虽然建筑师天生是个协调者，以及在建造和计划中他要同许多人一起工作，那并不意味着建筑师必须放在团队中最重要的位置上。

25 年前，现代阵线上最好的欧洲建筑师携手建立了所谓的 CIAM，就是国际现代建筑协会。在那里，我们从下至上发展出一套整体的方法来重建我们的社区。首先，对 35 个不同国家进行广泛而深入的分析。接下来，直至最终，逐渐弄清楚它最需要何种艺术……现在，25 年之后，我们想把国际现代建筑协会交给年轻的一代。下个星期天，我在这里会见加拿大人以及这个国家的人士，为下次将于 9 月份在阿尔及尔举行的代表大会做准备。

法古斯工厂

瓦尔特·格罗皮乌斯与阿道夫·迈耶（Adolph Meyer）合作设计，德国阿尔费尔德，1911 年。采用了早期的钢框架与独立的玻璃幕墙，这个鞋楦厂是国际式风格的一次突破性进展。

因此它正在准备当中，那些有责任心的建筑师积极思考的是整个社区的问题。我总是告诉我的学生，"当你在街道的间隙中做了一个漂亮的设计，如果你仅仅把它当做自成一体的单元，而没有考虑已经存在的邻近地区，我对此是不感兴趣的。你必须将更大的环境融合进来。这个更大的环境是主要的，而所有受限制的事物必须服从这个整体环境。"

约翰·彼得：*在您的时代，您是否看到了使您对这一点感到乐观的发展？*
瓦尔特·格罗皮乌斯：我的确看到了。但是我应该说，当我还是个年轻的小伙子并且开始着手这些事情的时候，我认为我们 3 年就能完成，每个人都会接受它。但是我现在看到像这样的进程走得越来越慢，因为我认为人们心里的惰性是非常大的。人们固守着，特别是在我们这个每样东西都在改变的时代，对于一些视觉的东西他已经从祖父那里继承了下来，不会抛弃。

1964 年

约翰·彼得：*包豪斯是什么以及它是怎样开始的？*
瓦尔特·格罗皮乌斯：我在早年发现艺术和建筑之间有着很大的差异，我感觉如果一个人真的想要引起别人注意是不能单独从事某一方面的，然而建立一所整体的学校将是必要的，其任务是去探究当前时代的所有情况，并找到一条解决全部问题的新途径。包豪斯便应运而生了，我不是孤军奋战，而是与一个由众多当今知名人士所组成的团队共同奋斗，比如画家克利、康定斯基、莫霍利－纳吉、莱昂内尔·费宁格（Lyonel Feininger），还有其他人，由此我们发展出一种面对生活我们应该训练学生的方法。它不仅仅是一所艺术或者建筑的学校。我们确实找到了路径通向一种新的生活方式。同学院的教师一样，学生也积极参与。我必须强调哪怕是现今看来这不是试图创建一

成组住宅系统方案（PACKAGED HOME SYSTEM, PLAN）
瓦尔特·格罗皮乌斯与康拉德·瓦克斯曼设计，1942 年。这种创造性的住宅采用了自承重的木板与金属楔形连接构件，是为通用板材公司（General Panel Corporation）设计的，遭受了那个时候所有冒险开发的预制房屋所面临的令人沮丧的命运。

"包豪斯不是一个拥有明确纲领的机构，而只是一种思想，格罗皮乌斯极为精确地表达了这种思想。它是一种思想这个事实，在我看来正是包豪斯对全球范围内所有先进的学校产生了巨大影响的原因。你依赖一个组织是做不到的，依赖宣传也是做不到的。只有一种想法传播至今。"

路德维希·密斯·凡·德·罗

包豪斯

瓦尔特·格罗皮乌斯设计，德国德绍，1926年。这个平面为风车形和较早地采用了玻璃幕墙的里程碑式建筑，体现了许多由这个著名的设计学校所创造的新概念。

种风格或者教条等诸如之类的。恰好相反，我们极力反对做那样的事情。我们想找到一种恰当的研究方法，一种开放的方法，这种方法是开放的，并且现今依然是开放的。因为这不是为了这个或者那个名人，而是我们设法去寻找一种客观的方式，用来提点年轻人应当如何处理所有这些问题。

我可以举个例子来说明。你知道弗兰克·劳埃德·赖特，他是个伟大的人物。大约一年前，我去看他的学校。他的遗孀非常出色地接管了这所学校，那里仍然有大约60名学生。我到处闲逛，发现每一个人都在做二流的弗兰克·劳埃德·赖特式设计。这绝对不可以作为一所学校的目标。我反复告诫年轻人，偶尔碰见弗兰克·劳埃德·赖特这样的名人肯定是一次非凡的经历，但是从教育的观点来看，这样的教育是培养助手，而不是独立自主的人。

在包豪斯，我们设法找到一种客观的方法，以此来发现所有的事情都源自客观的人类生活的心理和生理，这种方法对每一位使用者来说都是合适的。我们想告知学生来自于这些领域的所有确切细节，采用这种方法引领他去寻找自己的道路。我们明确地设法摧毁任何的模仿行为。

在某种程度上，每一位学生很自然地会去模仿他的老师。只要老师告诉他"那不是你，你在模仿我"，那就没有害处。然后学生会慢慢找到他自己的位置。我可能要提及尊敬的约瑟夫·阿尔伯斯，他是包豪斯一位杰出的教师，在我看来，他是这个领域最有才能的教师。他可以说是当学生还不会游泳的时候，就会将学生扔进池塘。当学生溺水的时候，他才给予建议。这是实现目标的客观方法。约瑟夫·阿尔伯斯已经超越了我们在包豪斯所做的。他找到了因材施教的方法，然而通常给予学生的只是客观的信息。他从来不会将自己的想法强加给学生。这就是我们在包豪斯共同做的事情，这些独立自主的人士，比如我已经提及过的，同我携起手来确实要将这条路走到底。

约翰·彼得：*告诉我，包豪斯这个名字是怎么产生的？*

瓦尔特·格罗皮乌斯：我杜撰了这个词。你知道的，bauen 在德语中的含意要比在英语中的广泛得多。bauer 是指农民。bauen 是非常宽泛的，你知道的，所以我们想……我想用来表达一个学院对待建筑（bauen）能够集思广益、视野宏阔，甚至还包含育人的内容，你知道的。所以比起英语中所谓的"建筑"（architecture）或"建筑物"（building）的范围要宽广得多。那就是选用这个词的缘由。房屋当作建筑，房屋当作建筑物（The house for bauen, the house for building）。

约翰·彼得：*德意志制造联盟中的某些东西是否为包豪斯的创立作了铺垫？*

瓦尔特·格罗皮乌斯：你一定记得德国人在第一次世界大战中落败了。每个人都认为现在我们应该东山再起。我们不得不重新审视我们曾经做过的每一件事情，然后设法采取一种全新的方式。当我制作第一份小册子呼吁人们来包豪斯时，这绝对就是每个人脑子里的真实想法。刚从战场退下来的学生到来了，立场摇摆不定，口袋里一分钱也没有。但是我设法用这本小册子里的言辞去激励他们。他们来了，敞开怀抱去发现并开启了一条解决这些问题的新途径。你知道的，迄今为止那些学院是相当缺乏生气的。它们同生活是隔绝的，我们想要将这些东西重新汇聚在一起。我们想要探究我们的生活方式到底是怎样的，以及我们如何为之付出，而不是将这面隔离之墙堵在艺术和流动鲜活的生活之间。所以现在我们必须逐步地来研究当今的生产手段。

我们从手工艺开始，在我看来，机器只是一个精致的手工工具，不了解手工工具的基础事项和基础手艺，我们便不理解工业。因此我们要求每个人在我们的某个作坊中度过几年时间，系统地学习那些手工艺。你知道的，这些手工艺在德国仍然非常强大。那些工匠依然是很有组织的——这一点不为人所知。例如，工匠必须满足一定的要求。某个人想成为工匠，要通过行会中三名工匠的考验。

除此之外，在包豪斯，也要处理所有这些技术人员安置的问题。例如，当我试图为包豪斯寻找老师时，我发现世界上没有一个人能同时设计并制作一把椅子。优秀的工匠能够制作任何东西——洛可可椅子，或者现代时髦的椅子等等——只要将设计提供给他。另一方面，优秀的设计师也有的是，然而他们没有结合在一起。最初，我让一名艺术家和一名工匠共同来领导作坊。到了第二个窝——德绍，这种区分便没有必要了，因为现在有了新的员工兼通手工艺和艺术。

约翰·彼得：*是否有其他人觉得艺术家和建筑师应当一起加入到工业中去？*

瓦尔特·格罗皮乌斯：有些人已经觉察到了这一点，但由于它往往伴随着新的理念，总是招致许多的攻击。我们每天都得奋勇前进，每一天都过得很艰难。今天我回过头去看，在我洞悉了一切之后，我想知道我是否敢再次着手去做那样的事情。我会说："我怎么能够？"然而在那时，你知道的，当你还是一位生气勃勃的小伙子，那么你会有一种感觉，你将永远都不会死亡，你会继续前进、前进、前前进。然而这是一个非常非常沉重艰难的战斗，认识到这一点会是极为缓慢的。

特别是将艺术和当时的生产紧密结合起来这个问题遭到了许多人的质疑，尤其是艺术家。他们压根儿不喜欢那样。他们想彻底地被隔离在他们的象牙塔里，而我们想要摧毁那座象牙塔。你瞧，我们想把艺术家再次拉进人类的生活之中。我们一致认为这是正确的做法。当然，这一点经历了很长的时间才受到更广泛地认同，因为我们不仅要遭受民众的攻击，而且在末期还要被政府打击，我们被赶出了魏玛。接着德绍市长给了我们机会去重建一切。后来纳粹政府上台了，彻底摧毁了包豪斯。我在包豪斯只待了9年，我的继任者在这里总共待了5年。那就是全部的包豪斯。然而尽管如此，尽管经历了这场艰难的战斗，我今天可以宣称包豪斯的理念确实散播开来了，不仅仅扩散到这个国家，而且在英国、意大利、日本以及其他国家广泛传播。在俄罗斯突然间涌现出许多的例子，表明他们也认识到包豪斯的可能性。因为这不是一种风格取向，而是一种思想方法，这种思想不是个人化的，而是非个人化的。它每天都可以采用新的方式，它是一种处事的方式（It's a method of approach）。

约翰·彼得：*包豪斯仅仅持续了14年，1919—1933年。您用来选择那些教师的标准是什么？或者他们是如何恰巧到来的？*

瓦尔特·格罗皮乌斯：你瞧，我显然是很幸运地得到了我想要的人，因为所有这些名字，如康定斯基、克利和费宁格在那个时候完全是默默无闻的。我知道他们本身是非同凡响的，然而我是在虎落平原的情况下得到了他们。

对那些认为这是一个很严格、理性的途径的人来说，这就是答复。它不是这样的。我还有其他的方法让这些艺术家进入这所学院吗？我想让双方都渗透进来，一方是技术和组织管理人才，另一方是各式各样的艺术家。由此诞生了我所谓的"艺术和技术的新统一"（Art and Technique in New Unity），这是我们第一次举办展览的名称。我们迫于魏玛政府的压力举办展览。所以我们着手操办，并在1923年举办了展览。这次展览引发了一些冲突。许多人来自其他国家。我们已经看到这种方法或途径已经开始运作了，正如我所说的那样。

克利在教学了。他可能从来没有被任何一位教员或学生怀疑过。他总是有点冷漠，然而总的来说他是非同小可的。他的教学是非常基础的，完全是别开生面的。我们仍然保留了许多他这种类型的教学。他非常厉害。康定斯基也有一套引人注目的方法，是他自己开发出来的。我的观点是，如果我提到了包豪斯某位职员的名字，他都是自成一家的。一个人只能被彻底地"肯定"

《点和线至面》（PIONT AND LINE TO PLANE）

瓦西里·康定斯基（Vasily Kandinsky）著，所罗门·R·古根海姆基金会支持，纽约，1947年。最初是包豪斯丛书中的一本，于1926年在德国慕尼黑出版，书名为《Punkt und linie zu fläche》。这是包豪斯出版的14本向公众展示学校及其教学的书籍之一。

或彻底地"否定"，然后你不得不放手。然而在我们的大会上，我们对一些基本事情的意见是一致的，尤其是在最初的几年中。我们召开了许多会议，教师和学生之间要达成协议，要得到一定程度的理解，特别是要找到这些客观的事物。

当我来到这个国家，我听说哈佛大学有这么一种表述"艺术与科学"。于是我设法去探究这句话的内涵。在科学领域里，我发现一切都是非常清晰的。艺术呢？艺术往往是艺术欣赏，或者是阅读一些诗歌，或者观看一些画作，以便去欣赏它们，诸如此类，而不是去作画、写诗、做建筑。这种情况依然如故，你知道的。现在的哈佛大学稍微好一些。如今它们有了一个视觉艺术学院，尝试着进入那个领域，但还不是完全地信任。艺术仍然是处在边缘化的状况，它没有真正地被整体吸收或整合起来。只有一套从托儿所贯穿至整个系统的深入的教育体系才可以消除这种情形。

约翰·彼得：*没有科学欣赏这样的东西，是吗？*

瓦尔特·格罗皮乌斯：不是的。我认为真正的民主必须在所有的方面取得平衡。现今我们过分注重科学方面，因为我们对科学的实际成果想得太多了。从文化的角度来看，我认为艺术必须与之平衡。在那件事情上，我们被搁置了，因为艺术家仍然是被遗忘的。他没有真正被视为一位必不可少的社会成员，实际上他是的。

约翰·彼得：*这在一定程度上是艺术家的过错吗？*

瓦尔特·格罗皮乌斯：当然。这往往有来自各方面的原因。但是现在艺术越来越不被理解了，因为艺术被这个汹涌的科学发展挤得靠边站了。我绝不是

哈佛大学研究生中心（GRADUATE CENTER, HARVARD UNIVERSITY）
瓦尔特·格罗皮乌斯与建筑师合作事务所共同设计，马萨诸塞州剑桥，1950年。设计为国际式风格，这7个住宅体与相连的庭院由环绕着一栋公用建筑的有顶通道连接起来，标志着明显背离了传统的新乔治红砖样式。

反对科学，科学是了不起的，必须发展。只是将过多的精力放在了一个方面，而另一方面被遗忘了。艺术家觉得自己被人遗忘了，他就走进自己的象牙塔，在那里为自己工作。在我看来，抽象艺术应当解释成艺术家不能赋予当时发生的事情以更多的意义。他是孤立的，并处在边缘地带。现在我们试图再将他拉回来，在这件事情上包豪斯起到了重要作用。

试想一下中世纪，工匠是艺术家。他制作艺术品，还做生意。他将很多事情放在一起做。后来，所有这些事情都是被细分了，留给工匠的只是一些手工艺，做一些别人叫他去做的事情。他们再也不是中世纪工匠那种全面而独立的人物了。这个国家的工匠在哪里呢？最好的工匠已经投身于工业，制作模型和模具，因为那是报酬最好的活计。它需要一双非常灵巧的手，你知道的。但是旧式的工匠几乎不存在了。

约翰·彼得：*在您自己的职业生涯里，您一直觉得与其他人合作是非常重要的。*

瓦尔特·格罗皮乌斯：我对此绝对是坚定不移的。这个时代已经变得如此复杂。方方面面的事情是如此之多，任何个人都是无法囊括的。在我的领域，在建筑领域，这是显而易见的。你如何来驾驭呢？在我看来，你只有创造一个和谐良好的团队才能驾驭它。那是什么呢？这是很不容易的。说说是容易的，但是团队不能由一个老板来组建的，他说你、你还有你一起干活。这样是行不通的。协同工作必须在自愿的基础上进行。如果我欣赏某个人，我俩会想要和第三个人以及第四个人一起工作，那才是一个团队。他们愿意去做这件事情。然而接下来他们必须相互学习，首先要接受另外一人的批评并且不会感到不愉快。我们必须学着那样去做，这是一个漫长的过程。

当然，现在这成了现实，火花总是来自于个人。当你拥有一个团队，而他们是真正有共鸣的，他们乐意来实现某些想法。在讨论时，你的评论激发了我的某些灵感，到最后我再也不清楚谁是那个想法的原创者了。这是一环扣一环的连锁式过程，由此发展而来的东西会更加深入、更加优秀。特别是我的想法被其他人所调控，同时我也调控别人的想法。如果按照正确的方法进行，那么我们就能够相互充实。然而火花总是源自个人。

我们在这家公司一起工作了 17 年。一项任务碰巧会由我们中的一位来做领导。我们一周聚会几次来讨论我们所有的设计工作，领导者必须呈现到目前为止他做了什么，然后我们进行评论，就是这样的。他还是可以选择接纳或者不顾我们的评论，决定是由他来做的。当然，他已经学会了聆听好的建议并将它们融入进来。但是仍然有许多事情是可以改善的，而在团队合作这并不是特别容易理解的事情。它必然要发展起来的。我认为在未来我们会越来越多地进行团队合作。对我来说这是民主的基础，因为我必须与其他人一起工作。民主的基础是人和人的合作，然后，我们可以建立某些能在更大的单位里运作的东西。

我忘记说一些刚刚浮现在脑海里的事情。像包豪斯这样的理念是如何蔓延开来的？当我们说我们必须改善教育以及教育应该结合这些东西的时候，那么我说我们能做的只能是创造一个小而集中的核心，理念由此蔓延开来。这个核心应该以一种非常强大的方式去建立，吸收最好的，抛弃其他的任何东西。它不是一个量的问题。包豪斯是很小的。我们有 80—120 名学生，你知道的，并且我们只延续了很短的时间。但是它仍然在蔓延，因为它本身是非常强烈的，这个强度是必需的。当有一个新的思路和新的东西必须去尝试，譬如说，一个儿童学校，你应该尽可能挑选一些最好的老师和学生。这会让他们觉得自己融入进去了，并且在做一些有意义的探索。我常常说我们更多地需要寻找而不是研究。

约翰·彼得：*那里有多少位老师？*

瓦尔特·格罗皮乌斯：嗯，总的来说，大约 20 位。在最初几年，学生不到 80 名，后来我记得有 150 名学生。最多就是那个数目，从来没有超出过。

入门课程（orientation course）是包豪斯的基础。它是由约翰内斯·伊顿（Johannes Itten）开始的，然后由拉斯洛·莫霍利 – 纳吉和约瑟夫·阿尔伯斯接管。每个人都为它作过贡献，包括我自己。我们开发了一门课程，不带偏见地引导年轻人用自己的双手使用不同的材料来做事情，并通过探究这些事情来学习。我不会将自己的方法灌输到学生的脑子里，而是设法帮助学生找到自己的方向。这是必不可少的。

即使在包豪斯，你知道的，存在着非常强硬的观点。我们能够在一个客观的基础上来进行处理。我们共同得出一个统一的想法，年轻的学生们非常积极地参与进来了。奥斯卡·施莱默是个非常了不起的人物，虽然还没有充分地被世人所了解。我完全相信他是即将成名的大师，因为他有如此非凡的个人化方式，特别是从画家的角度来看——这是一个非常个人化的处理空间的方式。半年前我在柏林的研究院（in the academy in Berlin）看到他生平作品的展览。展览是非常精彩的，的确是非常精彩。

我们有一个包豪斯管弦乐队，他们的贡献非常大。他们甚至制作了一些曲子。他们出现在我们所有的庆祝活动上。当学校遇到压力或有争斗时，我会立刻举行庆典（fête），并给他们两天时间去准备那个庆典。最精彩的事情便来自于包豪斯为这些庆祝活动所付出的努力，然后气氛也就恢复了正常。这一直是一个安全的方式。而在这些事情上他们的确富有创造力。那儿少不了施莱默，他是位优秀的舞台总监（stage man）。他常常敲定主题。例如，白色庆典（white fête）或者条纹庆典（striped fête）。然后大家就围绕那个主题开发服装，这是令人惊叹的。

约翰·彼得：*一些人已经联想到包豪斯全部使用小写字母。其他人说这在一定程度上是因为有一种强烈的意见反对德语中过多的大写。*

瓦尔特·格罗皮乌斯：是的，这是它的一部分。当然，如果只有小写字母，那么使用打字机会快得多。我们使用了很长一段时间，我们尝试所有这些事情，总有着一些实践意义，同时也有一些审美意图。但是的确这种方式被使用了好几年，我也用那种方式写信。后来我放弃了，尤其是在使用英语时，因为采用小写字母的意义不是太大。

约翰·彼得：*您以前是从事建筑的。建筑是否是基础或催化剂，所有的行当都能参与进来吗？*

瓦尔特·格罗皮乌斯：基本的想法是发展建筑，然而由于它是最后的事情，在所有人都完成了作坊的学习之后，我一直没有足够的钱按照我所希望的方式将其建立起来。它常常是一个小细胞。那个小细胞，当然，对学院的影响很大，但是我想以此为基础建造一个真正的学院，我无法做到，因为我没有钱。然后我的继任者汉内斯·迈耶将那件事情往前推进了一点点。他多少拓宽了建筑。密斯·凡·德·罗，最后一位院长，为建筑系作出了一些新的贡献，但是我们实际上都没能按照我们希望的方式去建造它，因为没有时间了。

最有活力的时候，当然是我们在德绍的那段时光。我设计了新的包豪斯建筑，并且让所有的作坊为整体的事情通力合作。所有的灯具、家具、纺织品、字体等所有事情都是在我们的作坊中完成的。这是一段极富活力的时光，当然，因为这是严肃认真的。我们有许多的样本，最终成了包豪斯的典范。我们到处都能找到它们，照明器材、椅子和物品，每个人都知道其当今的来源。我们同公司签订了合同，给他们提供完全的可实施的模型，而不仅仅是纸上谈兵。我们派人去工厂学习设计和生产的方法。他们回来后，我们为他们开发了完整的模型。然后，我们从这些不同的制造商那里得到酬劳。

约翰·彼得：*您认为设计师的从业范围应当宽广吗？*

瓦尔特·格罗皮乌斯：我非常反对人为的界限，因为我们周围所有事情所遵循的原则都是相同的。让个人去决定他最感兴趣的是什么。我自己涉足过很多的方向，这个试试，那个尝尝，因为我对它感兴趣。我做过一些交通工具，不仅有汽车，还有适合德国铁路的房车。

约翰·彼得：*由于时代的原因，这些可能实现吗？*

瓦尔特·格罗皮乌斯：你现在听过一种表达"黄金 20 年代"，你知道的。在德国，那种表述确实来自于文化视野，因为每个人都特别贫穷，通货膨胀非常厉害。那时我是包豪斯的校长，一拿到薪水，我就冲进杂货店去买东西，因为一个小时之后价格会翻倍。在那个时候，钱是荒谬的，简直令人无法相信。

我们在 1923 年开办了展览，这个展览在今天仍然被人谈论着。我们从政府那里得到的钱全部用完了。我们一无所有，因为通货膨胀将其一扫而光了。

包豪斯大师住宅（BAUHAUS MASTER HOUSES）

瓦尔特·格罗皮乌斯设计，德国德绍，1925年。三幢双拼式的半独立建筑，与一幢单独的院长住宅附近的主要建筑相协调，这幢住宅也是格罗皮乌斯设计的。

我们甚至没有钱请人清洗地板，我们的太太来代劳。我们鞠躬尽瘁，坚持到最后。我们过去时常嘲笑包豪斯的经费少得可怜，许多因素凑到一块了。战后存在一种威压，当一些人对所发生的事请极其厌烦，你知道的，就是皇帝及其有关的一些事情。当然，还存在可怕的政治危险，因为这些年轻人过于"左倾"了。我不得不非常强硬地说："在包豪斯里面没有政府。你们在学校外面做什么，我毫不介意，但是一旦我们成了左派的主人，我们立刻会被摧毁。"我极力坚持这一点，否则我们早就完蛋了。

纳粹是在魏玛萌芽的，他们变得越来越强硬。他们把我们排挤出去，不再给我们钱，那些钱是我们学院所需的。我们宣告包豪斯关闭，是为了赶在他们之前结束它，我们得到了来自德国四个不同城市的邀请。德绍是最好的选择，然后我们去了那里。

约翰·彼得：*我没有意识到第一次关门也是受纳粹的影响。*

瓦尔特·格罗皮乌斯：是的，他们针对党派达成了协议，你知道的，那对文化事务来说往往是错误的。文化事务必须置于这套体系之外，否则是非常危险的，因为艺术家在政治层面上没有捍卫自己的方法，那样的事情他们干不了。所以他们将我们挤了出去，因为纳粹嗅到我们正在做的确实与他们不是一路的。因此，从一开始他们就自然成了敌人。

约翰·彼得：*您能将包豪斯的方法继续在哈佛大学运用吗？*

瓦尔特·格罗皮乌斯：不能。我在哈佛最后的时间里我已经争取过了。校长科南特（Conant）拨出了一小笔钱，去为学生开设这样一门初级课程，但是我们没有任何的作坊，你瞧。由于我认为设计和建造之间的隔绝太厉害

因平顿学院之教室部分
（IMPINGTON COLLEGE, CLASSROOM）

瓦尔特·格罗皮乌斯与马克斯韦尔·弗赖伊设计，英格兰剑桥郡，1936年。这个早期现代主义的单层学校，其教室的两侧均能享受自然光线，并向周围的草地开放。

了，所以我请求学校关注学生在建造方面的训练。接着我与马萨诸塞州的承包人组织（contractor's organization of Massachusetts）签订了一份合同，安排我的学生夏天去工地。我并不是说铺砌砖块——虽然这也是非常好的——我的意思是一名高年级学生应该熟悉建造的过程，因为我们无法从绘图板中学会如何适当地展现屋面（flash a roof）。你必须亲自去看。你甚至不知道所有步骤的次序。建筑是如何组建起来的，你必须亲自去看，但是我们的学生不会那样去学习。

约翰·彼得：*建筑学是没有实习期的，就像医学一样。*

瓦尔特·格罗皮乌斯：一般实习是在办公室里进行的，但建筑学是不同的，我认为他必须到工地去实习。

你会发现我在哈佛的许多学生不是格罗皮乌斯的模仿者。我消灭了那种现象，我希望学生能自强不息，也要与我完全不同。然后他能够按照自己的方式建立一些东西。当今一些杰出的设计师曾经是我的学生，他们与我是完全不同的——例如保罗·鲁道夫、贝聿铭以及其他许多建筑师。这正是我所希望发生的。

在德国，我是凡·德·费尔德的继任者，他是一位非常伟大的艺术家，一位很了不起的人物，但是他教育出来的只是小凡·德·费尔德。我终结了那种现象，我认为那是不正确的。这在包豪斯得到了真正的改变，采用的是完全不同的方式。

约翰·彼得：*对于包豪斯理念的未来，您具体的感受怎样？*

瓦尔特·格罗皮乌斯：我认为只要我往回看，它始终在增长。它现在仍然在增长，你知道的。包豪斯理念是非常强大的。一切都是有活力的，但是必须有所改变。每天的情况都是不同的。我们必须随机应变，我们应该秉承这一

美国大使馆

瓦尔特·格罗皮乌斯与建筑师合作事务所共同设计，希腊雅典，1961 年。这个两层的大理石覆面建筑以庄重的方形平面和开放式中央庭院为特征，它完美地实现了格罗皮乌斯完全以现代建筑语汇表现希腊古典精神的愿望。

点，并且融进我们个人的才华。这仅仅是一个方向。每个人凭着他们各自独特的天赋为包豪斯理念添砖加瓦。我强烈反对那些固化的想法，你是知道的。一旦它们固化了，就必须采取措施。只要它是一种开放的进程，它就是有生命力的，当它封闭了，它就会消亡。包豪斯是酵母，依然在那儿并且在不断地成长。

埃罗·沙里宁

"建筑物是放置在天地之间的一种形式。然后，你会问自己：'那个放置在两者之间的最该死的形式是什么？'"

　　我们对埃罗·沙里宁的采访记录是在他的办公室和他那改造而成的共有9个房间的舒适而现代的维多利亚式住宅里完成的。住宅位于密歇根州的布卢姆菲尔德希尔斯（Bloomfield Hills），距离他父亲埃利尔·沙里宁担任院长的匡溪学院（Cranbrook Academy）不远。像他的父亲一样，埃罗相信："建筑一直被视为一种艺术。""一直到他去世，"埃罗解释说，"我依照父亲的方式工作。"在接下来短短12年的职业生涯中，埃罗不但创造了自己的方式，还建立了自己的声望。

　　他与自己的员工或是陌生人交谈时，他的天性会使之变成一次讨论。他会提问，然后回答。我从未见过有谁能像他那样将随意和严谨结合得如此恰到好处。他的衬衣领子解开着，袖子卷起来，抽着石楠烟斗，在慢慢吐烟的间隙，他那敏锐的头脑探索着想法，常常用简单的图表和快速的草图将这些想法清楚地表达出来。不论是当我们走过通用汽车公司技术中心（General Motors Technical Center）或在他的工作室制作圣路易斯拱门模型的时候，埃罗所说的话，都会让我对他那典型而有条不紊的选择性探究感到震惊。他的解决方式各不相同，但是从来不拘泥。埃罗身上斯堪的纳维亚人的传统不仅表现在他的口音上，还表现在他所

关心的事情上。他说："我期待这样一个日子，当我们的精神品质赶上了我们的物质发展水平。那么我们的建筑将在历史上占据重要的地位，就像哥特式（Gothic）建筑和文艺复兴时期建筑（Renaissance）一样。"

1956 年

约翰·彼得：*在您年轻的时候，有没有人给您一些关于建筑的特别好的建议？*

埃罗·沙里宁：我所得到的绝大部分建议来自于我的父亲。你瞧，我几乎是在他的制图桌底下长大的，然后当我年纪大了一些，能够到达桌子上面的时候，我就在桌子的另一端绘图。当然，得到的建议很多，例如当他将要清除一些东西时，他会说："改变永远不会太迟"，诸如此类。

约翰·彼得：*您自己是否体悟到了那种方式？*

埃罗·沙里宁：我觉得在一定程度上体悟到了那种方式。当我对某些方面过于认真时，他还是会纠正我。但是我认为我曾经获得的最好建议，可能是关于态度的一条建议。我正在谈论的是当今的建筑职业。我们只是关注单体建筑的建筑师，很少考虑那栋建筑左边、右边或是前面的情况如何。部分原因是我们的发展异常迅猛，我们建筑物左边或右边的所用东西都将在之后的几年里发生改变。这就意味着我们只会将注意力集中在单体的、独立的建筑上，但是从城市的整体着眼，我们的成绩少得可怜。

肯尼迪国际机场全球航空公司航站楼（TWA TERMINAL, KENNEDY INTERNATIONAL AIRPORT）

埃罗·沙里宁设计，纽约市，1962 年。这个乘客航站楼以巨大的互锁式混凝土穹顶和通体雕刻般的形式预示了飞行的激动。

193

通用汽车公司技术中心（GENERAL MOTORS TECHNICAL CENTER）

埃罗·沙里宁设计，密歇根州沃伦（Warren），1956年。这个建筑是闪光综合体（gleaming complex）的典范：25幢建筑拥有亮丽的侧墙，可控的程序化喷泉和不锈钢水塔围绕一个庄重的人工湖。

我认为现在到了用全景视角代替狭窄视角来看待我们工作的时候了。我很庆幸，我一直以来所进行的项目基本上是有关大学校园的问题。对通用汽车技术中心来说也同样把持了这一观点。它们全部是将总体环境作为重要因素来看待的项目。在大学方案中，有几个现存的建筑，就像是环绕在弗兰克·劳埃德·赖特设计的住宅周围的石头。它们会对你所建造的任何东西施加影响，或是定下基调，又或是产生其他的制约。举例来说，我花了巨大的精力和时间，试图让麻省理工学院穹顶式礼堂以及旁边的教堂与周围的建筑物联系起来。建筑就像色彩一样，要么相互对比，要么相互补充。情况就是这样，但是做起来并不是那么容易的。

在其他问题上，例如大学校园的设计，我很关注怎么将现代风格的建筑物和与之永远相邻的老建筑物协调起来。坦白说，我发现极少有同行真正去承担这种责任。有时他们屈服于业主而陷入其中，结果常常就是使用同一种材料或同一种颜色或同一种其他的东西。

在欧洲，他们拥有更加古老的永久性城市。我认为，斯堪的纳维亚的传统是不同于德国的，德国的整体城市规划已经受到了前者的影响。或许应该感谢我的父亲，我对这些很感兴趣。我觉得拉丁人在那方面做得很少。他们喜欢抵制旧的，强行加入全新的东西。在那些方面的对比极为强烈。

特别的是在麻省理工学院，我不是非常关注那个穹顶与其他的穹顶要有联系。我更加关注的是什么样的建筑放在大约5或6层的几个建筑物之间会是最好的。礼堂被处理成一个方盒子，这是可以做到的，将会低于周围那些建筑，不过它好像是不适合那里的。它将阻断空间，看上去就像是其他建筑物的一个小表弟。也许可以没有窗户，因为礼堂对窗户或是不同尺度的窗户没有什么需求。因此，它的形体从地面开始，上升，然后返回到地面，似乎可以更好的与周围的建筑形成对比。

再多用点时间来谈谈不同时期建筑之间的联系。我经常使用，我猜想人人都在使用的一个例子，也是最好的例子，便是圣马可广场（Piazza San Marco）。圣马可广场是世界上最美的地方。广场拥有四种不同风格的建筑，是在一千年的时间里建造完成的，使用了四五种不同类型的材料。但是每一种风格在空间、周边建筑的体量、最终使用等方面都在强调整体，这一点它可能是做得最好的。我认为，这是人类已经完成或者也许是将来能完成的最好实例了。

1958 年

约翰·彼得：*您经常谈到建筑物与其周边环境的关系。*

埃罗·沙里宁：我确实对建筑的那个方面非常感兴趣，建筑的那个方面真的要被完全遗忘了，在那个方面我们在美国犯下了怎样严重的错误——这些想法确实使我回忆起我父亲时代的芬兰和现在的斯堪的纳维亚对公共广场或城市整体性的关注。

现在因为我热衷于那个方面，我认为当你得到的是大学或者校园这样的环境，那儿大多数的周边建筑都是永久性的背景。伙计，你没有权利以一己之私好或是从《建筑论坛》或其他杂志中攫取来的东西去毁坏那个环境。我认为你有义务要非常仔细地对待这个问题。但是这类问题的确变得极为复杂了。如果你满怀热情去适应周围的建筑，你到底该做什么呢？你倾向于通过增加一些小装饰或是小东西来削弱这个建筑吗？

嗯，举个例子，三四天前，我参观了一个校园，那儿一个著名的现代建筑师做了一个建筑，同周边的折中式建筑很协调。事实上，他尝试着在他的建筑中将新旧事物相合起来，他干得非常棒。他的这个建筑很有趣。那个建筑上发生了一些很有趣的事，因为需要将新旧两个方面结合起来。然后，有人自问："他的建筑很重要吗？"那是它的软肋。你不仅仅需要关注规模、材料、体量和平面，还必须同周边相协调。伙计，你还必须在你自己的时代里成为一个自豪的建造者。不要展现弱点。这些都是专门的问题。这些的确大部分是校园问题。

约翰·彼得：*您的宾夕法尼亚大学的女生宿舍，是否是这个问题的一部分呢？*

埃罗·沙里宁：是的，还有许多其他的问题，比如说沿对角线穿过场地的通行权，这使得除了我们之前提出的那个场地方案之外，其他的几乎都是不可能。

在宾夕法尼亚这个案例中，我认为砖是最主要的材料，也应该是这个建筑所使用的材料，尽管我实际上对建筑中使用其他的一些材料更有兴趣，这些材料我以后会去运用。但是在这个案例中，砖似乎是最合适的。

那么，讲讲我们所遇到的其他问题吧，我认为这些问题已经解决了。周围建筑都是很老的建筑，因此层高都是 15 或 16 英尺。你现今建造的宿舍，由于经济或者其他原因，层高只有 8 英尺 6 英寸。换句话说，几乎只有以前尺度的一半了。因此你面临着将层高几乎矮一倍的建筑同周围建筑相联系的

195

问题，周围建筑差不多都是文艺复兴和哥特式风格，不管是哪种风格，但总是使用了砖。

我们所做的其实是将墙体全部编织进由横向和纵向窗户所组成的格构中去。现在这听起来难以置信，然而我们确实拥有横向、纵向和方形三种类型的窗户。然后将它们放置在立面上的格构内，我们真的用纵向的窗户创造了某种双倍尺度的感觉：双倍的单间、双倍的开间宽度和双倍的层高。通过这种方式，我们使它与周围建筑拥有了同样的尺度。另外这是一幢非常简单的建筑。

现在，我来谈谈第二点。我非常相信你会用极端的例子在验证这件事情。你怎么能不尊重那个方面呢？想到一些仍持续由建筑师安置在校园里的事物，一些在它们自身的环境中抽象而优秀的现代建筑，或者在周边什么也没有的情况下，它会是一个非常优秀的建筑，但是在同其他建筑一起组成的整体关系中，则是非常糟糕的。

约翰·彼得：*埃罗，涉及麻省理工学院的建筑，您提到了这种思想。*

埃罗·沙里宁：问得好。这就是我为何会犹豫的原因。我三四天前恰好就在麻省理工学院。我在观看这些建筑与周边的建筑，甚至是以后可能出现的建筑之间的关联。我不得不说，砖砌的教堂绝好地融入了整个景象之中。这个教堂实在是太小了，以至于不能将其彻底分离出来。现在，它通过体量将自身分离出来。我也许会问你，你宁愿看到一个方形教堂吗？你认为它会更好地与其他建筑协调吗？或者我们是否应该装上仿制的窗户，使之与其他建筑相配吗？你瞧，这个建筑是完全不同的类型，不同的用途。它要适应的所有建筑都是砖砌的墙体，上面开着小窗。教堂不需要那种类型的窗户，所以你不能通过表面的结合而将它们联系在一起。此外，直接相邻的周边建筑并不是特别好，可能会被拆除。我希望它们被拆除。但是通过将其做成圆形，通过将圆形表面与方形表面联系起来，有点分离出来了，通过选用同样的材料，只不过在教堂上的表现更加鲜明有力一些，通过圆形和更加强有力的砖纹理，我认为它在那儿的表现非常好。

麻省理工学院克雷斯吉会堂（KRESGE AUDITORIUM，MASSACHUSETTS INSTITUTE OF TECHNOLOGY）

埃罗·沙里宁设计，剑桥，1955年。位于一个草地广场上的这个薄壳混凝土穹顶支撑在3根柱子上，为会堂提供了一个巨大且畅通无阻的内部空间。

埃罗·沙里宁在密歇根州布卢姆菲尔德希尔斯的家中，1956年。

现在，回到会堂，我再次说同一件事。问题是我们的四周被一串大约六层高的建筑所围绕，会堂将位于中心。现在，你没有别的更好的事情去做，除了放置一个形式，从地面向上长出来，然后再回到地面，富有雕塑感，我认为这样的关系是恰当的。

约翰·彼得：*这是从对比的意义上来说的一种联系。*

埃罗·沙里宁：是的。现在说说伦敦——我认为，位于伦敦的美国大使馆是另一种类型的问题。你瞧，我们没有在那里建造一个教堂或是一个礼堂，我们确实建造了一个建筑，其窗户的设置同周围所有其他建筑的窗户大致是一样的。

而格罗夫纳广场（Grosvenor Square），你知道的，环绕在周围的是仿乔治式建筑（pseudo-Georgian buildings）。乔治式基本上是三段式建筑，包括开端、中间和结束。结束部分是带有老虎窗的屋顶。格罗夫诺广场的建筑有着详细的续建计划，因此它的整体风貌便成了统一的新乔治式（neo-Georgian）。这就像是你拿到一张脸，你拥有基本的下巴和嘴唇，但是替换了一个鼻子，在高度方向上放了四个鼻子，然后，不再是一个前额，你加入了两个前额。周围所环绕的这些8层高的建筑是有点畸形发展的乔治式。现在，我们认识到它们不再是杰出的建筑了，然而它们是永久性的，它们是广场的永久性的周边建筑。不管我们在广场上再放什么，都必然与它们共存。

我们非常努力地想确认从体量上来说什么是恰当的事物。问题的实质是体量、材料、尺度以及你如何回应这些？你在周围运用控制线吗？你在建筑上摆一个乔治式屋顶吗？你用砖来建造吗？你采用同种类型的基座，这种矮小的下巴吗？你怎么做？

我非常强烈地感觉到这个例子的实质是：这个休闲广场的整体性不应该被破坏，这是一次实践的机会。再做一个极端的假设，假设我们决定做一个和那里的其他建筑非常相似的乔治式建筑。嗯，这是一个大使馆，其他的建筑是公

美 国 大 使 馆（UNITED STATES EMBASSY）

埃罗·沙里宁设计，伦敦，1960年。设计这个使馆办事处的目的是要控制格罗夫纳广场，尽管其所用的波特兰石头是与广场其他三面的乔治式风格建筑相协调。

寓住宅。它就不仅仅是不适当地违背了我们的时代，而且是不适当地违背了建筑的意愿。这个大使馆其实在某种程度上应该统领广场。广场上其他三边的建筑实际上是这个重要建筑的背景。

其他三边的建筑，砖是最主要的材料，而石头，波特兰石（Portland stone），是装饰材料。通过使用波特兰石，通过让整个建筑都用那种材料来建造，使得广场其他三边的建筑仅仅是最精美一边的开端，大使馆成了广场最壮丽的一边。在体量上，通过建立一个基座，使得大使馆坐落的位置比其他建筑物高，并不是直接落到地面。基座是倾斜的，周围环绕着围栏。这样建筑便悬挑于主厅之上了。我认为我们已经从这栋建筑中创造出了一个足够特殊的东西，仍然在整体上根本没有破坏广场。

伙计，我确实在伦敦度过一段极其有趣的日子。我在建筑学会讲话，发表了这个演说。演讲结束后，那里的英国学生和年轻建筑师用最优美的英语表达了最诚挚的感谢。他们的话语让人惊讶。他们并没有做过非常棒的建筑，但是，伙计，他们能够讨论建筑。他们告诉我，我呈现的实例有多么的精彩等等。

随后，他们开始对我发难。他们认为，通常不应当将一个保守的东西放到格罗夫纳广场中，屈从于材料，过于屈从于周围环境。唉，对于特殊的场地，对于特殊的问题，对于政府建筑的整个问题，我真挚地相信并没有像他们认为的那样屈从于场地。

你瞧，每个人都在为自己战斗，并为战斗寻求支持。这就是我们读历史的方式，也是我们看待别人建筑的方式。这些英国人非常热心于建造幕墙。如果我用玻璃和铝造了一栋建筑，他们一定会喜爱，哪怕是我将通用汽车公司放在那里。那就是他们所追求的，因为那将支持他们自己的战斗。

现在，我认为我们是有史以来第一次做幕墙结构的人，我认为我们比任何人了解的都要多。只不过这块场地不适合，我敢断言。现在关于如何将建筑同老建筑联系起来，我们已经谈论足够久了，有时确实成了一个负担。

约翰·彼得：*一个建筑师与公民问题之间的关系是怎样的，比如您自己的杰弗逊纪念碑？*

埃罗·沙里宁：我对杰斐逊（Jefferson）非常有兴趣。这是我最希望去建造的建筑。正如你所知，我们现在已经同铁路部门达成共识，因此如果国会同意整个事情，我们就可以干下去了。我非常希望建造这种不锈钢拱门和整个园区。现在的设计其实比我们在1948年做的最初设计简单多了。现在，公园的流线、道路和其他一切，实际上所采用的线性形式与拱门是相同的。

约翰·彼得：*您觉得您失去了什么东西吗？*

埃罗·沙里宁：不，得到了所有东西。你知道，建筑确实有影响力，其价值体现在它对人类的影响。现在，如果通过谈论不同的事情，无论是矛盾或困

杰斐逊国家扩张纪念物（JEFFERSON NATIONAL EXPANSION MEMORIAL）

埃罗·沙里宁设计，密苏里州圣路易斯市，1962 年。这个大胆的不锈钢拱门位于密苏里河边的杰斐逊国家纪念公园（Jefferson National Memorial Park）中，戏剧性地纪念了该市的角色——作为通向令人心动之西部的大门。

惑的事情，来驱散你所受的影响，那么它就失去它的力量。此外，我认为你必须夸大。回过头客观而冷静地看看那些我们所做的并且已经完成了的作品，有些作品只有理念非常好，但它们被陈述得不够强烈，或者被许多其他的理念驱散了。现在，你怎样去改正呢？

首先，我开始越来越觉得你的理念必须足够强大，必须足够优秀。然后，你必须把所有的力量集中在一起——那个理念。那个建筑中的所有东西必须真正支持那个理念，因为回到影响，人们其实并不关注。大多数人是视而不见的。如果你对建筑的感觉足够敏锐，如果你从一个比例匀称的房间到另一个比例匀称的房间，再到第三个比例匀称的房间，你构想出一个房间同另一个房间之间的比例关系是多么的适当和漂亮。好吧，人们走进来，穿越它，不会注意到其中的差别。在其他方面，我们或多或少是有教养的人，但就建筑欣赏来说，我们是一个野蛮的国家。我认为你需要去欣赏这种强烈的影响力。但这还不是全部，你还需要强有力的冲击，以真正理解这个理念。

密尔沃基战争纪念馆（MILWAUKEE WAR MEMORIAL）

埃罗·沙里宁设计，威斯康星州密尔沃基，1957 年。设计成既是位于高高的绝壁上的一个纪念馆，又是向下延伸至密歇根湖的公园之门户，这个夸张的混凝土建筑容纳的一个艺术博物馆、聚会厅和一个附带着小水池的纪念性庭院。

约翰·彼得：*在圣路易斯的杰斐逊纪念碑的这个案例中，您会说这些改变已经通过使其变得更好而告终。*

埃罗·沙里宁：是的。比方说，我们在计划中提出两种变更方式。第一，为了解决到达的实际问题，将铁路隧道设置在下面，既不需要过多的斜坡也不需要太大的代价。这样做，我们实际上已经重新放置了纪念碑。在早期的计划中，这个拱门恰好位于防洪堤上。从城市出发，你朝着它往下走，它几乎是在碗底。现在，由于现实的东西，我们必须要将它建造起来。不仅仅是现实的东西让我想建造它，我也开始思考往下走逐渐接近的地方应该有个什么样的直立纪念碑，我能想到的只有罗马的西班牙台阶底部的沉船。你不能将直立的纪念碑放置在阶梯的底部。

现在，拱门在一条轴线上的感觉是直立的纪念碑，在另一条轴线上的感觉是宽阔的纪念碑。我认为现在我们的办法是适当的，以至于在接下来的1000年中，纪念碑、河流、公园以及城市之间的关系仍然是正确的。你变得更加关注纪念碑同城市的关系，因为那里有很多相当高的建筑。将拱门的基础提升也很好。实际上，我们希望拱门能再高一点点。

第二件事情是调整了公园的路线，道路和接近目的物的路径都采用了与拱门相同的线形，即抛物线。

你看，所有这些东西都是相互关联的。你知道，你在椅子上工作，你致力于获得与椅子顶部或底部同类的线条，等等。然后通过这种关联，你获得了有关弧线的一定程度的敏感。这种敏感随后在诸如环球航空公司（TWA）的问题中进一步加强了，那儿全是曲线和曲面。事实上，项目中所有的同伴，不仅仅是我自己和凯文·罗奇（Kevin Roche），还有西萨·佩里和其他人，月复一月地与致力于这个曲线，实际上将近半年，没有做过一根直线。他们对曲线和曲面之类的东西，变得非常精通、非常敏感。

现在，在变化中我第一次看到了拱门、公园、道路和通往公园的路径之间的联系，它们确实应该在同一个曲线系统中去完成，以前不是这样做的。你看，以前它是与许多不同而关系良好的东西放在一起，但是属于众多不同的形式系统。现在所有的东西都会统一起来。

约翰·彼得：*从某种意义上来说，您是在重新规划圣路易斯的一部分，也许是这个城市中最激动人心的部分。*

埃罗·沙里宁：是的。关于城市更新的问题，我确实没有太多可说的，因为我在那方面并没有足够的经验。我们并未做过城市更新的项目。圣路易斯当然是独特的。我们正在做这个设计。我们的客户是由许多城市官员、国家公园管理局、感兴趣的市民以及圣路易斯的杰出市长塔克（Tucker）组成的。我们非常喜欢与这些人一起工作。

当然会有这样的日子，你的顾客只是一个留着大胡子的大块头，这些日子已经一去不复返了。你只会与法人客户或是一些城市代理人共事。

约翰·彼得：*您没有发现这非常不同于您与法人团体一起工作吗？*

埃罗·沙里宁：是的，就法人团体而言是有许多人，城市同样如此。有时这个团体有一套自己作决定的方式，同城市相比会略快一点。但是我不想就此评价圣路易斯拱门。

1956 年

我们正在讨论的是概念和一幢建筑物是如何构想出来的。我认为或许在我们的时代一直缺少的一样事物便是建筑是如何被感知的。在建筑中很少觉察到的一样事物就是感知。你以某种方式进入一幢建筑物。你进入一道门。你抓住一只门把手。你看见门的骨架。你来到一个空间。你不知道接下来会发生什么。你走进一个黑暗的空间，接着展现出来的是一个明亮的空间。当你进入时，这一系列的感知就在你身上发生，在现代建筑中我们对那个方面并不精通。

举例来说，我始终记得一个传统的案例，芝加哥北面一座令人敬畏的法国式住宅在这方面做得非常棒。一系列的事情在你身上发生，惊喜随着空间的变换而发展。而现代建筑却是这样的一种事物——你进入后，几乎可以从外面看透里面，毫无惊喜。接着你一定会进行评价：这对总体来说有多重要？有多少被遗忘了？你应该花多少精力？你使用的时候会遇到怎样的问题？能将那些加到建筑中吗？那就是我们所失去的吗？那就是我们从功能组团里扔出去的元素吗？

另外举一个例子。基本上人们会通过讨论整个建筑、建筑的功能等来探求答案。人们也可能会说建筑物是放置在天地之间的一种形式。然后，你会问自己："那个放置在两者之间的最该死的形式是什么？"然后你去观察那个法国式城堡，会发现那将比我们今天建造的一些超级市场要好得多。或许那条线，建筑顶部的那条线不应该是直线，或许与天空之间更好的一种关系是通过屋顶表达——大胆的想法。有许多这类的事情需要我们去重新审视。接着，正如我前面同你所说的，应当去审视建筑与旧建筑之间的联系这个总体问题。

上述要素中的一些是相互关联的，在某些问题中它们是占主导地位的，而在其他的问题中它们是不占的。我们对建筑的思考必须多于我们所做的。我们应当重新审视那些我们认为是理所当然的事物。

约翰·彼得：*这是建筑的艺术而不是技术。我们已经在技术方面取得了巨大的进步。*

埃罗·沙里宁：我们已经完成了不可思议的事情。我们可以惟妙惟肖地仿制任何东西。过去只使用石头、灰泥和瓷砖。现在我们拥有 50 种不同的塑料制品和 100 多种其他不同的材料，但是基本上依赖我们的能力去使用它们，有时很难再增加使用材料的数量。

仅仅列举印第安纳州的一个小镇或处于以砖墙承重时期的其他一些州。上面带有弧形券的高高的竖向窗户，是你唯一能够选择的建造方式，因为这也是唯一一种能使你的建造赋予整个小镇以秩序的方式。那个小镇会发生什么呢？邦德·克罗兹（Bond Clothes）和其他成功且富有的人士会将这些建筑物上放置玻璃正立面，那些发表在杂志上的建筑便代表着巨大的进步，这些奖励由"美化"城镇的当地商业理事会颁发。然而它们是很糟糕的，它们伤害了那个小镇的基本节奏，当所有的事物都拥有相同的节奏时城镇的整体环境会更好，而节奏来自基本的材料。

总体环境总是比单独的建筑重要得多，这就是为什么当我们在印第安纳州的哥伦布（Columbus）小镇里建造这个中等规模的银行时，我们最关注的是如何使得建筑不是破坏而是美化这个城镇，要尊重城镇的完整性，而且要建造一个不折不扣的现代建筑。事实上，我想我们解决了那个问题，我会将图纸展示给你看。

约翰·彼得：*您的项目是如何进展的？*

埃罗·沙里宁：我们有时要经历最痛苦的分娩阵痛。任何问题都有相当多的方法和途径去解决。如果你不相信，只要看看任何一次竞赛的结果就行了。存在很多合理的方式，可以得到完全不同的解决方案。现今，在建筑的整个问题中人们必须知道自己正在做什么。换句话说，人们不仅要知道他想要的是什么，还要知道其他的可能性是什么，以得出那个最终的解决方案。

人们会有这样的一种感觉，在很多种情况下建筑师并不知道自己正在做什么。他们只是随着最新杂志的冲击而前行。理论上，一名建筑师应当对整个领域中所能做的事情有几分了解，然后选择其中的一个方向。我想这就是沙利文所说的："每个问题都有内含了其自身的解决方案"。我们可能会被批评的地方，就要试图为每一个个别问题找出不同的解决方案，并且是不惜一切代价去做到这一点。

我们来谈谈椅子的问题。制作椅子的方法有很多种。在椅子的问题中，最后的也是最早的一项便是我为现代艺术博物馆的有机设计竞赛（the Organic Design Competition of The Museum of Modern Art）而做的，让我感兴趣的是为批量生产去找一个椅子的原型，目的是用于普通的家居或办公。在椅子上，我故意不从多个方向去着手，以此来看看我们有多聪明。因为我觉得这不是问题所在。我想去设计的只是：在我心中，椅子的最终而适当的解决方案是什么。

1958 年

在建筑中，我相信有许许多多不同的问题，是不能用一个原型来回答的。我想说，斯基德莫尔、奥因斯和梅里尔都试着用一个密斯原型去应对。我并不认同那样的做法。当设计空军学院的教堂时，他们不得不改弦易辙，因为他们发觉那是不合适的。

英 戈 尔 斯 冰 球 场（INGALLS HOCKEY RINK，YALE UNIVERSITY）

埃罗·沙里宁设计，康涅狄格州纽黑文，1956年。钢筋混凝土脊柱展翅欲飞的曲线，用钢缆悬吊起来，并支撑着一个木板屋顶，围合着一个常规尺寸的冰球场。

约翰·彼得：*就密斯而言，非常有趣的是即使面对伊利诺伊理工学院（IIT）教堂这样的项目，他也没有脱离自己的原型。*

埃罗·沙里宁：我正要提到密斯。我是密斯的狂热仰慕者，但我只能追随他到伊利诺伊理工学院教堂的程度。从那儿开始我同他分道扬镳了。我认为用同一个原型来应对所有问题是行不通的。事实上，就我自己来说，我会把建筑置于更多的原型之下。我有兴趣去做的是创造这些原型。在某些案例中是没有原型的，那里的问题非常特殊以至于它不能成为原型。很好，那么它有另外的解决方案。我的意思是曲棍球场明显与办公建筑不同。很显然，在那样的案例中，结构是如此的强烈，并且占据主导地位，以至于你从形式上就能辨认出来。你不仅仅是在修建一个盒子。也存在这样的情况，选址以及同其他建筑物之间的关系是主导因素并且非常强大，你不得不为它提供特殊的解决方案。但是，或许，我一直非常担忧的是将建筑都塞到盒子里，其实非常迫切地需要使建筑扩散开来，需要发掘新的解决方案。那就是为何保罗·鲁道夫、马修·诺维茨基、山崎实的作品是非常有价值的。赖特的作品，也是如此。我们身处文明社会，在我们后院的建筑中确实存在着不平凡的两极，密斯和赖特。伙计，那就是为什么当今美国的建筑会如此兴味盎然，因为这两极总是在互相挑战。当然，还有柯布作为第三极，但是在我们的后院拥有这两极，应该感到无比自豪。

顺着这个方向，我会非常乐意去修建一个真正的钢结构建筑，我会非常乐意去修建一处真正的混凝土建筑。我认为密尔沃基的出现非常好，比我期望的还要好。我真不应该那样说。那是个非常大胆的混凝土建筑。我对约翰·迪尔（John Deere）大楼抱有极大的期望，这是个真正的钢结构建筑，真正的铁制建筑。它处在适当的环境中，有着适当的客户需要建一个铁制建筑。它还拥有大量的优点。

约翰·彼得：*与优雅而精细地使用钢或镀铬钢材相反。*

埃罗·沙里宁：对，我认为环球航空公司是这样的，作为一幢混凝土建筑，也具有了几分混凝土材料的流动和可塑的整体特性。我对此抱有极大的期望。现在我将这个问题认识得更加清楚了。让我们用混凝土设计出满足其自身目的的最佳建筑，而且是一幢处处有混凝土味的建筑。同样用钢设计一幢建筑，其中的每个部分和每个节点都带有钢的味道。现在我非常强烈地感觉到建筑必须成为处处一致的事物—— 一种统一感、基本原理的统一感、形式的统一感以及目的的统一感。一个建筑只应该是一样事物。一个建筑中不能有很多的思想，只能有一个思想。你看赖特的古根海姆博物馆，它确实看起来会成为一个非常伟大的建筑。那是一个全部用混凝土建造起来的建筑。的确，它有窗户，但是你看不见。现在，也许我们不应该延伸到那么远。然而那的确是个混凝土建筑的典范，除了混凝土没有其他任何东西。

现在我们也建造全为玻璃材质的建筑，比如贝尔电话实验室。它的里面是混凝土建筑，但是外面全部覆盖着玻璃。玻璃的设计理念和建筑是如何覆盖都与计划有关，是与建筑的功能以及整个的事情有关的。

约翰·彼得：*现在我们认为功能是理所当然的吗？*

埃罗·沙里宁：嗯，我也是最近才对它产生了强烈的兴趣。不管怎样，你是对的，人们感到所有人都已经将它忘记了。它已经不再流行。那是我们正在着手做的。正如我向你展示的，弗吉尼亚州尚蒂伊（Chantilly）的华盛顿新国际机场。我们同阿曼 & 惠特尼（Ammann & Whitney）、伯恩斯 & 麦克唐纳（Burns & McDonnell）组成团队一起工作。这确实是由很多不同的公司组成的团队，但是我们一起为候机楼而忙活，探讨候机楼的功能。机场候机楼的功能到底是什么？最好的方式是什么？候机楼中到底会反生什么？人们究竟会做什么？他

约翰·迪尔公司行政中心
（JOHN DEERE AND COMPANY ADMINISTRATIVE CENTER）

埃罗·沙里宁设计，伊利诺伊州莫林，1963 年。在这幢 8 层的总部建筑中，沙里宁运用了科尔坦耐大气腐蚀自我保护的高强度钢（Cor-Ten weathering, self-protecting steel），以展示公司生产的农业机械的强韧。

杜勒斯国际机场（DULLES
INTERNATIONAL AIRPORT）

埃罗·沙里宁设计，华盛顿，1958年。
悬挂在由混凝土柱子支撑起来的梁上
的钢缆支撑着混凝土屋顶，这个紧凑
的航站楼采用的是吊床式样（hammock
style）。沙里宁采用经过特别设计的可
变化式大厅来解决航站楼扩建和拥挤的
问题。

们会以怎样的方式在候机楼内走来走去，以及在候机楼内如何打发时间？所有
这些问题都很吸引人，而我们实际上正在分析这些问题。

我们选取现有的建筑如圣路易斯机场、华盛顿国家机场和达拉斯机场进行
研究。我们已经发现：这些机场的功能如何，它们有什么毛病，流线有什么问
题。事实上，差不多对每个部分的评述都与我们的项目有联系，我们的项目候
机楼更大，因此距离就增大了，耗费的时间也就更多了。怎样克服那个问题呢？

约翰·彼得：*随着时间的推移，所有这些问题会被夸大与蔓延开来。*

埃罗·沙里宁：是那样的，伙计，我们都是机场候机楼方面的专家。那是
目前我们花费时间最多的地方。我们不奢望我们的研究能创造候机楼的新型建
筑，但我们对完成一个真正运行良好的候机楼非常感兴趣。其实我们拥有的一
个典范便是大中央铁路枢纽（Grand Central Railroad Terminal）。我的意思是这
是一个了不起的建筑，无论是何时建造的，我认为正好是在第一次世界大战之
前，并且至今仍在使用。它依旧按照当初设定的那样满负荷地运转，并且维护
得很好。使用过的人们都没什么大的抱怨，那是非常重要的。

约翰·彼得：*现今在机场候机楼区域内有大中央铁路枢纽吗？*

埃罗·沙里宁：不，没有，我断言没有。

约翰·彼得：*埃罗，您曾经设计过住宅吗？这座自宅，您肯定设计了其中
的某些部分。住宅的问题对您有挑战吗？*

埃罗·沙里宁：住宅其实不是建筑。我觉得它被过分夸大，看得过于重要了。
让我们整理一下这与其他事物的关系。我们知道，现在的家庭已经不像过去那
么牢固了，它也不像教育元素那么牢固。孩子们从家庭中受到的教育，以前远
比现在多。住宅作为建筑的一个分支，已经变得非常重要了。在维多利亚时代
前，它确实不是这样的，这你是知道的。他们建造宫殿之类的，这成了建筑中
一个非常重要的部分。但是许多文明社会所居住的住宅是不重要的部分，是建
筑中无名的一个部分。

看看类似意大利奥尔维耶托（Orvieto）这样的地方。当你驱车行驶其间，你会看到周围全是住宅。它们真的都像是活动房屋，用砖砌筑的，但是它们都有完全相同的窗户，都以相同的方式铺设屋顶，诸如此类。而建造了该城镇的这个文明的整个伟大之处都体现在大教堂上。我认为对住宅是过分强调了。

现在我声明住宅不是建筑。我真实的意思是住宅作为建筑这一点被强调得过头了。所有这些做法关注的是：在你的住宅中有你自己的个性，以及每个住宅是如何恰当地体现这种个性的。那一切一直持续着，到了某个时刻，所有人变得越来越相似。我并不确定我们必须住在住宅里。我的意思是住宅确实创造了郊区，我们坐在这里谈论住宅，并理所当然地认为我们应该生活在房子里。但是真的应该这样吗？也就是说，我们真的希望城市是目前的情形吗？

1956 年

我们可以对比一下欧洲的城市，无论是巴黎或是其他任何一个，都像一条厚厚的地毯。如果我们想象地毯中的细线是路径，每个人从居住地到工作场所，再到餐厅，全部是步行。在一条绒毛地毯中，丝线不会太长，它们紧挨着，但是许多的丝线组成了这个城市。现今我们拥有的便是这种城市模式，人们从城市的一边飞驰到另一边，也许同样是从居住地到工作场所，然而距离大约是原来的一百倍。

汽车，你知道的，也占用了庞大的空间。我们所了解到的数据是，停一辆小汽车大约需要 300 平方英尺的面积，但那是在住宅中，在工厂、商店、美容院以及电影院面积还会增加。因此，除了所有庞大的道路系统之外，你还需投入好几千平方英尺的土地。所有这一切已经改变了城市。

约翰·彼得：*您认为一个建筑师只能在一定意义上影响城市吗？*

埃罗·沙里宁：我认为确实是如此。我认为没有任何个人拥有所有敏锐的感觉能够组建整个管弦乐队，这个乐队即将是一个建筑，或者已经是一个建筑了。但总是需要一个乐队指挥。我认为建筑师显然就是这个指挥。试想一下，一个乐队指挥不想分派掉其中的某些责任，也不想从一种乐器跳到另一种乐器？你不能那样干。

你曾经问过我关于集团实践的问题。那包含着很多事情。让我们考虑一下，这是一个很有趣的议题。首先，一种策略是单个设计师独立完成一个建筑，完全控制所有的细节，并且贯彻始终。这是一种策略。第二种策略是一伙人满怀激情地共同完成一项任务，其中一些人做设计。第三种是集团实践，那是指一个很大的公司，拥有好几个设计师。目前这三种形式我们都有。

这些不同的现象确实产生了不同类型的建筑。我们必须注意在这整件事情中存在着某些缺陷。但是为了验证孰优孰劣，让我们来看看设计的产物。让我们更多地考虑建筑本身，而不是过于热情洋溢地关注这个系统，因为是最终的结果起决定作用的。有人曾说过：世事如戏。

现在比方说是第一种情况，当单个设计师要处理所有的问题，那么从头至尾都由他来设计。我认为我父亲在得梅因艺术中心便是这种类型的一个实例。在那里，整个便是一件建筑作品，因为是一个人完成了所有的事情。那是一件非常令人满意的事情。在设计建筑的过程中，你不用改变设计理念，那样做只会伤害和削弱建筑本身。

当你谈到第二种情况，一伙人，基本上是以平等的身份来做同一件事，没有人是团队的主宰者，你所看到的结果是几个人共同努力得到的。我可以举一个例子，想到一个仍未命名的音乐厅，看起来好像是 20 个建筑师关在一间装满建筑杂志的房间里，整整 20 年。然后他们被放出来去设计这个建筑。他们全部狂热地将所有他们知道的和曾经见过的东西加到这个建筑上，然而这些东西是互相摧残的。一幢建筑必须是一个整体，一幢建筑必须有一个整体概念，在某种意义上，这可以是一种设计理念，一种设计信仰，我们可以这么称呼，它将贯彻至每一个细部。

当你看到的是一件埃及或希腊的雕塑作品时也同样如此。同一个创作理念被运用到鼻子上，也运用到脚趾上，但是各个部分又是完全不同的。因此，我认为一个建筑是不能够被几个不同的理念所引导。基本上，某人必须是负责人，而其他人在那个理念的指导下工作。只有这样，伟大的建筑才能被创造出来。

现在，我们来谈谈第三种类型——集团实践，即一个大型公司中拥有一个大型的实践项目。也许那种实践类型的危险是每个问题都必须以同一种方式去设计，否则这样的公司就无法运转。你或许会说，这是一种逐步发展的方式，目的是作出好建筑。当然它有其优点，但是它的危险是所有的东西都用同一种方式来处理的。我坚信一定是这样的。

想起柯布在这方面给予我的力量，建筑中每一个卓越的组分都是不同的事物，我们必须这样来考虑。从问题、从场地以及从客户的问题等方面出发，都或多或少能找到解决方法。这已经成了原则。那么那个组分的每一部分都必须成为这个原则的一份子。举例来说，我认为通用汽车（General Motors）公司的人士为了通用汽车技术中心首次来见我父亲时，他们很有可能思考过，并且想象他们会得到一个像匡溪学院那样的东西。但是，这里的问题是不一样的。它们象征的是另外一种整体精神。时代也不相同了。通用汽车技术中心是非常、非常不同于匡溪的。

约翰·彼得：*另一方面，埃罗，我无法忽视今天从通用汽车公司中发觉的这件事。事实是肯定存在着一种源自匡溪学院的某种连续性。*

埃罗·沙里宁：我希望这是真的。我认为以前的所有经历、所有影响都应该作用于全部的这些问题。我的意思并不是说人们每次都应以新生的状态去开始。这个作品也同样使用了水，我父亲就是在这方面的大师。这里也存在着处理建筑整体之间关系的问题，这主要归功于我的父亲，这也正是我从他那里所继承的。也许并非很多雄伟的轴线而是使用许多次要轴线，这一点是他最显著的特征。对色彩的运用，可能还有感觉——这么说也许太自以为是了，我认为是由我父亲培养起来的——我已经从他的工作和他这一代人身上获得了这种认识：建筑比当今一些人所认为的要广袤得多。

你见过约翰·丁克洛（John Dinkeloo），他是这个工程的项目经理，并且真正透彻地考虑过这件事情，但是后来还有凯文·罗奇和沃伦·普拉特纳（Warren Plattner）这样的设计师。我非常感激那个团队。某种程度上我们认为这是一种概念，我们最好能坚持下去。于是我们都尽可能避免跑题。其中的一个危险就是过于相似，另一个则是离题太远。我认为我们已经做得相当不错了，但我们仍然在团队中遵循这个准则。当我们处理另外一个问题的时候，例如麻省理工学院礼堂或是其他任何问题，我们发觉这又会是另一个概念，我们对每一样事物都充满新鲜的想法，包括门铰链这样特别的物体。

这比以相同的方式去做所有事情要更为不便，我可以向你保证，不过这也更加有趣。我认为在建筑领域里这是急需去做的事情，因为我有点将当今的建筑看做包围起来的东西以及理所当然被认为是一件包裹。有些作品完成得不错，我们都很喜欢它，但是接下来平庸而劣质的东西也都是以同样的嘴脸出现。

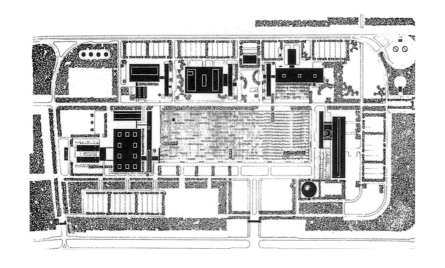

通用汽车公司技术中心方案（GENERAL MOTORS TECHNICAL CENTER, PLAN）
埃罗·沙里宁设计，密歇根州沃伦，1956年。3层的建筑巧妙地连接在一起，围绕着一个22英亩的湖，使这个技术中心获得了"工业凡尔赛（The Industrial Versailles）"的绰号。

两年前，当路德会密苏里总会（Missouri Synod of the Lutheran Church）找到我并且希望为印第安纳州的韦恩堡（Fort Wayne）建造一所高级学院的时候，他们很可能想得到的是类似通用汽车技术中心（General Motors Technical Center）一样的东西，但是他们不会得到。我原以为他们已经接受了这样的东西，但是在通过和他们交流、尝试着寻找问题的核心和对这片土地的感觉之后，诞生出来的是完全不同的东西。

我们正为明尼苏达州罗切斯特市的美国国际商务机器公司（IBM）建造这座工厂，顺便一提，它拥有世界上最薄的玻璃幕墙。幕墙只有八分之三英寸厚，

美国国际商务机器公司（IBM）

埃罗·沙里宁设计，明尼苏达州罗切斯特市，1956 年。沙里宁这位幕墙结构公认的先驱者，用非常先进的薄墙将美国国际商务机器公司 9 幢二层高的建筑围合起来。

是一种瓷釉墙体。我们获得了试用装饰和在面板上使用两种基调的机会。我们做了几百次试验，最终以一种最简单可行的方法而告终。它其实只是对垂线的轻微加强，某种意义上也可以说是一种装饰。

我认为我们必须特别关注装饰，但是我们不会为了装饰而去装饰。装饰物必须是建筑构造和建筑装配的自然发展。当然这并不是说在功能主义为主导的年代里，我应该坐等装饰物的来临。它是不会来的，这是一件我们应当去实验和去玩味的事情。我的意思是你必须不断锤炼你的能力，从而在建筑领域里看得更远。

你知道，我一直在说建筑应当是一个整体的东西。如果你将这一点推广到最终的结论，那么一位建筑师实际上应该做壁饰、雕塑、景观等其他任何事情。我不是指一个工作室，也不是指很多人，我是指一个个体，比如米开朗琪罗或者弗兰克·劳埃德·赖特。你曾经坐过他的椅子吗？

那可能是一个最终的结论，但我的意思并不是那样。因为建筑不应该是对一个时代的利己主义式的称颂。当今的建筑是很多人共同参与投入的，尤其是在大型项目中。我是说一个住宅可以自始至终全部由一个人完成，而大型项目会有很多人共同参与。例如，在我们工作室，约翰·丁克洛一直负责的技术发展工作，同我自己和凯文·罗奇所负责的设计密切相关，等等。我们也从丹·基利（Dan Kiley）那里得到有关景观设计的帮助。我真正思考的是建筑这件事情。在项目进展中，许多个性不得不被压制起来，然而建筑的个性却必须被保留或者说是被创造出来。那是非常重要的事情。

目前，在那张总图里，艺术家，比如罗斯扎克、斯图亚特·戴维斯或是考尔德，将各自所具备的特殊敏感带到建筑物中。这是一件非常重要的事情，这是对建筑主题的升华。如果这是一个背离它的东西，那么它就不应该在那里。但如果这是一个能提升它的东西，那么它就一定要在那里。它不应该作为一个事后产生的想法而存在，因为如果它确实只是事后的想法，它又如何能真正成为这个整体的一部分呢？与此同时，让我们实际地来看待它。这取决于它在整体上是如何与那个建筑产生联系的。

让我们以伦敦大使馆为例。泰德·罗斯扎克正在为其制作秃鹰标识。我们仅仅在整栋建筑物的个性方面就进行过广泛的交谈。这个标识应该怎样同建筑发生联系。他画了许多草图。从一开始，我们就打算让这个点不仅可以真正地标示出中轴线，同时可以标示出下面的入口。

我们并没有在对那个点有如此打算的那天就立刻把罗斯扎克请来。他是在很久、很久以后才来的。当你有了一个想法，认为那将成为艺术，在那一刻就将艺术家请来是不切实际的。如果他们对此有所抱怨，那也没有关系。你以前也听到过艺术家的抱怨，不是吗？这是一种很自然的埋怨。它具体是怎样结束的？是否它最终会通过一件艺术品来提高和增进建筑的品质，并成为建筑不可或缺的部分，或者是它会成为与建筑相对抗的东西？

1956 年

我认为我们必须在我们所处的时代内进行设计，毫不妥协，但必须拓宽现代建筑的"字母表"来应对我们未曾遇到过的问题……上帝知道我是如此热爱密斯·凡·德·罗和他所创造的基本上普及开来的本土化风格，那是我们都能接受的相当好的事物。然而，我不禁想到这只是字母表的 ABC，如果我们想要将建筑发展成为一个完美的、真正伟大风格的建筑，那么我们认为势必要学习更多的字母才行。

路易斯·康

"服务与被服务区域之间的永恒区别是我作品最根本的理念。"

路易斯·康在现代建筑领域中是一位拥有一些最杰出思想的小矮个。那些思想，他用如诗的语言来表达，用艺术之手来描绘。他的诚挚令人佩服，他的热情富有感染力。对于路易斯来说，建筑就是一个活着的"人物"，可以"成为任何它想成为的角色。"

在地处景色怡人之海滨的索尔克研究所里，我目睹了路易斯·康和乔纳斯·索尔克医生（Dr.Jonas Salk）的热烈讨论，这使我认识到：一个充满挑战精神的客户将一个清晰而实用的计划提供给一位天才的建筑师所带来的真正价值。路易斯·康说索尔克是理想的客户，"他知道的不是他想要什么，而是他渴望什么。"

有一次我们在他的办公室为他录音，被一群像我们一样热切地要接近他的同事包围着。人们不需要听这段录音太久，便能意识到为何他成了最鼓舞人心的教师之一。他献身于教育，先是耶鲁大学后来是宾夕法尼亚大学的教授。他的重要作品挤满了他生命的最后18年。凌乱的白发和杂乱的领结，他留给人的印象就是一个在

开专家研讨会议的人，急着在所剩无几的时间内去完成一生的心血之作。

然而，他的建筑却不是仓促完成的。它们表现出了，正如他所说的："苦心孤诣地创造空间"，这是基于对过去伟大建筑时期的由衷敬畏，对材料的热爱和对现代技术的确切掌握。他认为建筑是杰出的艺术，他的三个最有名的建筑都是艺术博物馆也就不足为奇了。

索尔克研究中心（SALK INSTITUTE）

路易斯·康设计，加利福尼亚州拉霍亚市（La Jolla），1965年。这个研究中心建造在起伏的山峦之间，太平洋的景色令人心旷神怡，由8幢混凝土研究塔楼和2幢起支持作用的试验楼组成。建筑从侧面围合着一个宽阔的铺砌广场。

1961年

约翰·彼得：您是如何对建筑产生兴趣的？

路易斯·康：我一直对任何个人的事情感到非常厌烦，因为我觉得我真正想要某个人去做的事情是像维奥莱－勒－迪克一样写些东西，你是知道的。不是个人的历史，这和作品的故事全然不同。

有个问题是："是谁鼓舞了你……去干你正在做的工作？"我说鼓舞我的是有些传统的东西。确切地说是古希腊、古罗马、哥特、罗马风、文艺复兴时期的建筑。它们屹立在哪里，成了一个不可思议的挑战，你看，我现在所做的

就是为了这个。然后，除了这种通常的事物，出现了一位对我意义极大的人，那就是勒·柯布西耶，你知道的。对我的意义最为重大。现在这种意义，当然，在他所创造的典范之中。但我一直觉得，那些典范是属于他的，我永远都不会去模仿他，你是知道的。但是触发起我对建筑产生感觉的，的确是他，而不是那些古老的东西。你也许会说，古老的东西只是等着被拆毁。它们的存在太普通了，以致根本没有人真正进入过。而他，就他的情况而言，有位名人说过，某些东西还是与其他人不一样的。但他对以后成了普通的被称之为建筑的事物负起了责任。所以我一直想为他工作。但是我也一直觉得，嗯……如果我是一个年轻人，我会乐意为他工作。因为我必须找到我自己的路，所以这使我不大愿意为他工作，你知道的。

现在，当我在做公共浴室时，特灵顿公共浴室（Trenton Bath House），我发现了一件非常简单的事情。我发现有些空间是极其次要的，而有些空间是你目前所做事情的真正理由。但是一些小空间为大空间的力量作了贡献，它们为大空间服务。当我意识到存在服务区域和被服务区域的差异时，我意识到我再也不必为勒·柯布西耶工作了。在那一刻我意识到我根本不必为他工作了。

约翰·彼得：*那不是很久以前的事。*

路易斯·康：那就在几年前，你可以这样说。在所有其他的时间里，我都有一套特有的从美学角度来表达事物的方法。你可以说，我基本上是在修改由其他人创造出来的形式。我常常有一种感觉，我并没有真正达到建筑的最深处。我处在做设计的深度，我能够了解事物并能看到其他建筑师的作品主题丰富多变，这与我很类似。但是我没有发现属于我的真理，属于建筑的真理，你知道的，因为我已经发现了这个真理，我要使它呈现出来。它的呈现比其他的要丰富得多，因为我了解它本质的魅力。我非常了解。

犹太人社区中心浴室（JEWISH COMMUNITY CENTER BATH HOUSE）
路易斯·康设计，新泽西州特伦顿（Trenton），1957年。在这个屋顶为金字塔形的砖砌浴室中，康首次赋予他的服务与被服务理念以形式。

路易斯·康在他的费城事务所中，1961年。

宾夕法尼亚大学理查德医学研究中心（RICHARDS MEDICAL RESEARCH BUILDING, UNIVERSITY OF PENNSYLVANIA）

路易斯·康设计，费城，1961年。康将这幢研究大楼的形式建立在对不受污染的空气的需求之上。他连接了4块单独的区域，环绕它们的是升出两层的通风高塔。

在那一刻，我意识到在有等级的空间里以及在服务区域和被服务区域中我发现了一些东西，我已经发现了属于其他所有人的东西，我将自己的设计作为生命的一种方式非常清晰而强烈地立足于此。从那时起，我开始将建筑视为生命的一种方式，以前它们只是巧妙地处理空间以适合使用。但作为生命的一种方式，一些东西就能被人们自由地使用，就像斧头的发明。在那个时刻，它就不再属于你，它属于伐木工人，它用来造房子，用来干其他事情。所以，这样东西的本性是相同的。

你也许会说我们处在一个科学化的富足社会。最终我们拥有了太多的法则，但是我们并没有制定出适应这些法则的好规则。法则是完全不能改变的东西，但是规则通常被认为是可变的。提供给人们的不应该只是冷冰冰的规则，而不被告知规则背后的法则。

约翰·彼得：*在技术领域，我们发明了一整套新规则。*

路易斯·康：不，我们已经发现了新法则。我们发现了法则之中新的和谐，但是我们还没有发现可以依赖的好规则。

约翰·彼得：*您的"服务与被服务区域"概念几乎与密斯的通用空间完全相反，在通用空间里，随着时间的推移，结构能使得空间的使用灵活而多变。*

路易斯·康：我与此截然不同，但是我现在理解了密斯。我想说他确实是敏感的，是我所知道的人中最敏感的。他那个人式的表达事物的方法和我不同——我的表达同我一贯的方式一样，是谦逊的，这可能是一种生命方式。从密斯那里所获得的东西是好的，但是我不想说哪个更好。

约翰·彼得：*请告诉我，路，您关于服务秩序的想法是如何运用到具体的建筑中去的？*

路易斯·康：我可以非常轻松地展示出来。你看，在宾夕法尼亚大学的实验楼里，我意识到你呼吸的空气不能与你从实验室里排放出的气体相混合，因为你从实验室排放出去的气体是受了细菌污染的，是有毒的，吸入有害。如果吸入了这样的空气，法则会说你身体状况不好了。这不仅仅是废弃的空气，还是危险的空气，这里面有细菌。如果你到处走，靠近了处理这种空气的排气装置，那你就完蛋了。

我制定了一个好规则，就是你呼吸的空气必须不能与你从实验室排放出来的气体相混合。这是我制定的规则。因此，我将所有的排气塔升高，另一方面将所有的入气口降低。这就不会有接触了。现在由此塑造了建筑物的形状，你看是不是？

约翰·彼得：《说说另一个实验楼吧，比如您的索尔克研究所。》

路易斯·康：在这里，我区分了惊奇和知识。在惊奇方面——就是索尔克坐落的地方——是太平洋和大峡谷，花园的入口在下面的拱形走道中。研究室朝向实验楼。

在生物实验室里，和其他实验室不同，这里的空气必须尽可能流通，因为这种空气不仅对人体有害，还对实验不利，而后者应该比前者更重要。所以这个建筑必须是一个彻底可清洁的建筑，必须是一个用不锈钢建成的建筑，必须是拥有干净空气的建筑。

但是研究室，我在这个地方挂帽子和想心事，甚至睡觉，是一个你逃离实验室的居室。这真的是一个拥有橡木桌子和小块地毯的建筑，这完全不一样。就这样，我将研究室与实验室区分开来。我将研究室放在拱廊的上面，而拱廊是由花园进入的。实验室俯瞰着花园。一个即将启用的供实验室使用的图书馆俯瞰着大峡谷。

四分之一英里外是礼拜堂，所有的思想都集中在这里。索尔克医生尤其关注的是不要将研究隔绝开来，成为一种排外的、以自我为中心的、狭隘的心理体验，而是在工作中持续地呈现出惊奇，所以人们来访问这个城堡，像伯特兰·罗素（Bertrand Russell）和英国学者斯诺（C.P.Snow），到这里来的人同那些关心生物的人们一直保持着联系。是的，你知道的，他们总是被提醒着，人不仅仅是这样的。

这里，又是个会馆，当然，集会是个慎重的事情。这是一种伟大建筑的集合体，人们在此聚会，在这里不用将生物学当成整个自然和宇宙万物那样的问题来思考。

因此，一个建筑师，当他从一个客户那里拿到项目时，应当开始……从一开始便忖度："这个机构的本质是什么？"这就是他的首要责任。他必须将客户交给他的所有区域变成空间。客户知道的只是区域。然后他必须将客户头脑里的走道转变成画廊，因为走道仅仅引导你来到用于摆放衣物柜和容纳空气管道的场所。那就是它所能给予你的所有东西。但是画廊，很可能拥有自然光线，可能空间会更高，超出其他的功能性区域，因为自然光线是唯一能够区分空间和区域的方式。人造光源永远不可能做到这一点，因为它是单一光源，而自然光源中包含着四季的变化和一天之中不同时间的细微差别。所以你怎么可能拿其他的光源与之相提并论？空间的建筑一定要沐浴在自然光线里。

我受邀在临近洛杉矶的高地沙漠里做一个修道院。我与修士生活了一天。正是从这里，也就是说，这个场所中，我感悟到关于这种场地，我需要记住的最重要的事情就是水的稀缺。

谁会否认水的重要性呢？但是如果你作为一个城市规划者，想象水总是在管子里，那你便不是真正地从根本上思考城市规划。你必须想到水就是作为水，并不是必须在水管里。如果水能很便利地装到管子里，那很好，但是你必须从根本上去思考。

现在他们没有任何水管。他们所需的水来自于水井。当然，在开拓区的低洼地带，他们还是使用管道水，但是在我要建造修道院的地方没有水。关于用水和抽水有很多严格的法律，因为这样做会降低地下水的压力。他们对我说："我们知道哪儿有水。"我说："如果你确信能做到这一点，那么我们就从水源处开始计划。然后，在水源处，你们必须建造点什么，一块献给水源的纪念碑……这与你们的宗教毫无关联，关于你们的宗教我一无所知。"我很直率，但是我说："我很熟悉人们在世上生存的感受，你们必须对你们找到了水这个事实表示敬意。"

接着我说："从这处水源，你们要绘制一些等高线，这样你们才尽可能地利用了法则，重力对水是非常重要的。水往低处流。或者你能找到另外的法则说水要往上走。除非我们往上建造，不然我们不可能建成一幢高楼，对吧？因此，你要综合考虑重力，这不需要花钱，而抽水才会花钱。你已经制定了一个关于建造这个的好规则，也开发了一个由水而生的秩序。"

"水的秩序，正是那样，在某种程度上，是一种高架渠式的建筑物。这种高架渠式建筑提供了容纳水的系统，并能用漂亮的建筑来表达这种系统。高架渠将水运送过来，你能够灌溉，你甚至可以造房子。这将确定你建造教堂、礼拜堂、修道院小型工作室的位置，因为水是在这个地区生活的首要条件。"水在运转，好规则也在运转。

现在我说："很好，你们生活在高地沙漠里，这里变冷了。同样，这儿非常热了。我建议你们考虑一下墙，这是某种本性。墙的本性就是在室外时你希望某些事情会发生在墙上，在室内时你也希望某些事情会发生在墙上。比如，如果外面冷，你想要里面暖和。如果外面冷，这堵墙就必须能保温，反之亦然。你不想让湿气进来。所以这堵墙在修建时必须要有好的规则，以便能符合对这件事情起作用的法则，还能在人们操控这些法则时按照你的意愿行事……譬如说，与其用单层墙，为什么不用双层墙呢？一堵是内墙，一堵是外墙，两者永远不在一起。这样在它们之间就有了条你可以步入的通道，形成了一个空气文氏管，夏季可以冷却室内的空气，冬季通过在通道中设置门将形成一个保温层，

你可以走入这条通道，换句话说，这条小街道。你可以在任何一边关门。这么说吧，你就有了一种修道院的开端，但不是老式的。这是建造修道院的一种新法则。"

然后我说："现在你们可以使用你们的土砖了。总之，你们不富裕。你们制作出赖以为生的所有东西。因此，我说我们应该请最好的专家来建造混凝土框架，这些框架将跨越屋顶和地板，墙将在这个框架或是混凝土格构中围合而成，顺便提一下，这就是利用混凝土的恰当方式。"现在我没有在纸上画任何东西。我认识到本质的方式，制定了可以应用于在这个地区开启一种修道院生活方式的规则。

所以从一开始，你看，伟大从建筑中浮现出来。今天，开端是迫切需要的，一个用空间来表达我们的建筑的新开端。我们的建筑用嵌板幕墙拙劣地呈现出来，显得均质而面目平庸。

你可能会说，我们只是覆盖了老的东西。我们没有致力于让我们的建筑越来越卓越。所以空间自身可以唤起对于建筑的一种创造性态度，因为在其中工作的人们将会受到极大鼓舞，进入到一种严肃的状态，或者你可以说是进入辉煌的状态，为这个建筑而奉献。建筑，至少，可以尽自己的本分使得空间内部变得卓越。

服务与被服务区域之间的永恒区别是我作品最根本的理念。那些区别，在我看来，便是现代建筑区别于老建筑。因为空间，服务空间在每一个时代都不相同。你仍然有圆形的房间。你仍然有宏伟的大厅。你仍然有来自上方或下方的光。你看，你无法逃脱这样的事实：空间的围合是一种本性，这同其他的老空间毫无二致。帕特农神殿是一个杰出空间的典范，任何时代都无法超越。它创造了真正的围合。它创造了一个它自己的世界。这便是建筑。一个建筑就是一个它自己的世界。

如果想要一个新城市，你就必须有一个新的信念。不能因为其他城市太拥挤，然后你想开创一个新城市。不，一个新城市始于某种信念。所有的城市都有一个信念。纽约有一个信念，虽然这个信念不是很清晰。它应当被表达得更清楚一些。首要目的应该是阐明这个城市的理念。

圣安德鲁小修道院方案（ST. ANDREW'S PRIORY PORJECT）
路易斯·康设计，加利福尼亚州瓦尔耶默（Valyermo），1966 年。这个建筑坐落在一处贫瘠的高山上，康顺应了其对水的需求。他将蓄水池放在入口塔楼的顶部，将修道室连同他们的灌溉露台和花园置于斜坡边缘，俯瞰着沙漠。

耶鲁大学美术馆（Yale Art Gallery, Yale University）

路易斯·康设计，康涅狄格州纽黑文，1953 年。康设计的耶鲁大学美术馆扩建工程的素砖和玻璃表面并未暗示出内部奇特的蜂窝式顶棚，这解放了里面的柱子，得到了完全可变的平面。

关于服务区域和被服务区域的实现，我称之为实现，突然间许多东西步入正轨了。在那个时刻，城市规划对我来说变得相当清楚，因为我知道城市的规划应该区分哪些是为城市空间服务的，或者我说的是空间居于其中的习惯……让我们换种说法。习惯存在于空间之中。我们建造的一切都是为了建造一个习惯。一个关于家的习惯，关于学习，关于政府，关于娱乐，关于健康的习惯。这些都是习惯。我们作为生活方式的一部分而建立起来的任何单个的事物都是一个习惯性的事物。这是一种支撑性的事物。

约翰·彼得：*由于我们的习惯不同了，我们的建筑是否与早先文明时期的不一样呢？*

路易斯·康：现在有更多的习惯，还有些习惯即将形成。建筑师必须使习惯变得绝妙，这要通过安置空间并在其中进行创造性的工作来达到。这取决于他所创建的空间有多绝妙。

约翰·彼得：*所以说空间的等级制度不仅适用于建筑，比如一栋建筑或是一个建筑综合体，也同样适用于我们生活的整个环境。*

路易斯·康：确实如此。从这里我悟出一个道理，那就是高架桥式建筑和依照人们的习惯而造的建筑是有区别的。人类的习惯处在复杂的运动之中，这是高架桥式建筑的一部分。和高架桥建筑的韧性形成对比，依照人们的习惯而造的建筑物则是轻盈而精致的。

对我来说，这是个美妙的区别，因为建筑物知道它们该如何被建造，道路也知道它们该如何被建造。并且当道路进入城市便改变了性质，因为它们正在穿过美好的地方。高架桥式建筑是运动的建筑，从远处而来，一心向着城市。当进入城市，它们必然是更加尊贵了。它们的建设一定更加考究，而且由于它们占据要冲位置，高速公路便是如此，它们所包含的就不仅仅是道路本身了。它们是城市的储藏之所。

通常我们谈论的是城市中心，因为人们同城市相联系时，更多的是以市中心的形象而不是其他部分的。而且其他的地方或多或少地对它负责，受它激励，联系着它。市中心将又一次地变得强大。这就是我想说的，真的。

时间常常带来的是认识到城市有多么落后。我想这是随着时间的流逝而发生的，突然间你意识到你在的城市已经不是你原来所处的城市了，或者与其他地方相比，你也不如以前那般重要了。你所关注的地方不停地有新事物出现。所以现在城市已经被误解或变形了，你可以说——变形是一个不错的词——因为生活的方式不同了。汽车已经使生活大为改观。高架桥式建筑是包括了汽车运动的建筑，它现有的趋势的确是要改变城市。

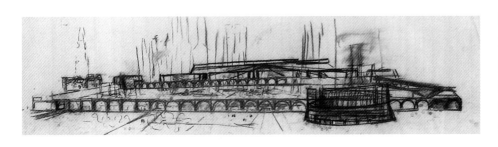

我想了解的就是这些。如果你考虑了高架桥，高架桥建筑其实是街道的建筑，已经变得不仅仅是一条道路了。它要求的是一个流动的建筑，而且一个流动的建筑其实就是一座运动的建筑。没有其他的建筑要求流动，因为人们很容易就回避了转角和环形的地方，或者径直走，或者跳过某些东西。他可以为所欲为。但是汽车呢，确实，当它运动的时候便是一个流动之物，它的目标是停下来。不管它的运动是怎样的，它的最终目标便是停下来，尤其是在城市中心停下来。所以城市中心确实是停车之地，是汽车的休憩之所。城市是某些事物到来，而不是穿越。

城市设计者和道路建造者已经通过建造环形的道路和将环形道路引入市中心认识到了这一点。但是他们不认为道路是一种建筑。他们认为道路依然是亚壁古道（Appian Way），你知道，在那里事物要么在底下，要么不在。然而不是这样，道路系统也是城市服务系统的一部分。因此，道路应该被看做建筑，你在它的房顶上行驶，它的下面是管子，还可能是储藏空间，储藏车辆、商品和货物，我们说，这些东西是为城市服务的。

约翰·彼得：*换句话说，在其发展过程中，道路最多被认为是一个工程问题？它们从来都没有被认为是建筑。*

路易斯·康:嗯,让我们姑且这么说。主要道路从边远的地方通往城市中心。它们进入城市,就变成了与在城市之外不同的道路,因为它们进入到了有重大意义和能居住的地区。它们与城市是服务关系。它们不再是任何普通的道路了,他们已经是特殊的道路,我喜欢称之为高架桥。一种"通行－管道",一种通过的方式。这样可以和城市需要的其他服务设施联系起来,如储藏室、中央空调。管道中心。

约翰·彼得:*巨大的机械核心……*

路易斯·康:是的,所以这些高架桥应该被仔细地设计为城市建筑的一部分,从而城市中心能因为它们的存在得到热情的服务。将它们安置得更靠近市中心附近是经济可行的,这样它们能发挥更大的作用,而不仅仅是一条道路。它们必须是建筑,因为你永远不想为了得到管道、得到管线、得到更多的电力服务这些经常发生在城市里的事情来撕裂它们。道路一定要建造得永远不为任何目的而被撕裂。

因此,你可以这么说,你必须依靠升降设备步入道路,依靠楼梯进入管线所在的地方,它们待在自己的房间里和检修区域中,进入汽车储藏室和货物储藏间。它们本身是一种非常重要的建筑,用一种高度组织化的方法通过城市。它们不应该被建造成一天是作为道路,另一天作为车库,也不应该是今天由这个人建造,改天又是别人建造,或者是被另外一个团体建造成储藏室,再由另外一个利益集团建造成空调机房。不过这些服务利益的联合便属于城市入口的服务。这就是高架桥式建筑的开端,与依照人的习惯而造的建筑相比,后者摆脱了所有诸如此类的问题。

约翰·彼得:*在早期,当街道还是步行街巷或是广场的时候,它的确是建筑的一部分,是不是?*

市 中 心 计 划(PROPOSAL FOR CENTER CITY)

路易斯·康设计,费城,1950 年。作为联合城市设计师(Associated City Planners)中一员,康将委员会的报告转化为草图和一个巨大的模型,表达出虚构的然而注定要遭受厄运的费城再发展计划。

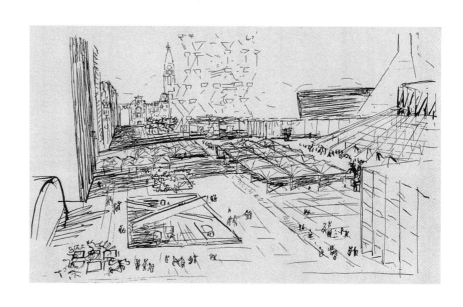

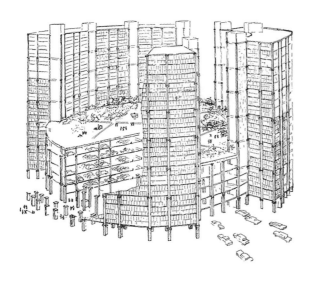

路易斯·康:哦，是的，它是房间。街道是户外房间，广场也是户外房间。实际上，许多时候广场的长度相当于教堂的高度。因为人们通过教堂前面的间隙来斟酌教堂的细节。许多时候，在教堂建成之前，材料便是摆放在广场上的。

因此它们活力十足，这些场所，它们是生活方式的所有组成部分。现在我试图区别生命方式和生活方式。生活方式是私人的事情。你以自己的方式生活，但是生命方式则与生活的规则有关。我们已经发现新的法则。我们已经找到法则之中新的和谐。记住，只有当这些规则遵循本质的法则时，它们才是伟大的。哪怕你去了月球，你也应当感受到目的是相同的，这就是我们真正想满足自己惊奇感的东西。

塔式停车场方案（PARKING TOWER PROJECT）

路易斯·康设计，费城，1956年。展望着费城市中心，以剖透视图呈现在这里的塔式停车场被构想成一个圆柱形停车建筑，四周高楼林立。

菲利普·约翰逊

"我认为真正作为一条线索的是我对行列式空间（processional space）的莫大兴趣，穿行其中才能理解空间。"

　　菲利普·约翰逊以现代建筑清晰的观察者和实践者而著称。他以历史学家的身份与亨利－拉塞尔·希区柯克合著了《国际式风格》，并且担任纽约市现代艺术博物馆（The Museum of Modern Art, New York）建筑部的第一位主任，他为人们对早期现代运动的认知作出了卓越的贡献。

　　约翰逊的政治偏向、尖酸机智以及富有争议的作品使他一直处在建筑浪潮的中心。他井井有条、彬彬有礼的外表以及老于世故的生活方式加强了他那唯美主义的形象。然而我每次经过他位于剑桥的灰街（Ash Street）小住宅时，就会想到他在33岁时为了获得建筑学学位下定决心回到哈佛大学。在他那一代人中，没有很多人会在那个年纪返回学校，开始攻读一个新的专业。没有很多学生会去建造他们的课题方案，并且在里边生活，同时获得他们的学位。

　　我为约翰逊录音，一次是在他康涅狄格州的玻璃屋（Connecticut Glass House）中，还有两次是在他纽约的建筑师事务所里。他的建筑是反映人和时代的一面精确的镜子。作为一名早期现代建筑正统

观念的倡导者，他现在觉得："不再有任何原则。"尽管他正是以他的建筑而出名，然而在他新迦南住宅（New Canaan house）的宁静环境中、在现代艺术博物馆的雕塑广场中，或是在韦恩堡的层叠喷泉中，都展现出他在景观方面的才华，这在现代建筑师中是不常见的。

1995 年

约翰·彼得：*您最初是怎样对建筑产生兴趣的？*

菲利普·约翰逊：我 18 岁的时候在一本旧的《艺术杂志》（*Arts Magazine*）上读了一篇关于建筑的文章。我在大学里主修的是希腊语。我读的那篇文章是拉塞尔·希区柯克论述荷兰建筑的开拓者之一——奥德的作品。那天下午当我读完这篇文章——实际上字迹是模糊的，但是图片还在——我就决定要改变我的专业，我要成为一名建筑师。这一切正好是在 3 个小时里发生的。在那之前我从未想过要当一名建筑师。

1963 年

约翰·彼得：*菲利普，您认为是什么将使您被人们记住？*

菲利普·约翰逊：门德尔松（Mendelsohn）曾经在著述中说建筑师是

玻璃屋

菲利普·约翰逊设计，康涅狄格州新迦南，1949 年。周围的景观提供了一览无遗的视野和私密性，约翰逊著名的钢和玻璃透明建筑是一个单独的房间，一个圆形的壁炉和浴室体块穿插其间，并用柚木储藏物加以分隔。

以他们的单空间建筑（one-room buildings）而被人铭记的。简直太对了！我唯一获奖的建筑就是这种类型的，如以色列的核反应堆和新哈莫尼（New Harmony）的教堂，而不是我设计的宿舍或是办公大楼。不，你是以单空间建筑或单庭院建筑（one-court building）而留下名声，就像埃罗·沙里宁设计的宿舍。那是独特的构想。我的意思是正是这种一生一次的机会使你成名的。当然，门德尔松用的是建筑术语来表达，但也许那也是你巨大的机会，你知道的。

约翰·彼得：一个单空间建筑，比如一个剧院。

菲利普·约翰逊：剧院是一个大众聚拢来提升欣赏水平的场所。如果存在某个时刻建筑将会凝固成音乐，那最好是一个剧院。对我而言，车间式剧院（workshop theater），像剑桥的洛布剧院（Loeb Theater），没什么意思。那里的顶棚太低了，没有电梯，一切都是机械式的。钱都用于使椅子转动，那是典型的美国式畸变（aberration）。如果你使椅子转得很充分，那你就不再是一位建筑师了。那是一根支柱，但它不是我的"现代建筑七根支柱"之一，然而它应该是其中之一。如果你将它全部交给顾问，你就不必亲自去做这些工作了。嗯，电工想要那样而搞照明的却想要这样。那可怜的建筑师该怎么办？让出来吧，回归建筑师的本位。

你必须鞭策你的顾问，用某种方式促使他们从剧院中创造出一个不朽的空间。因为如果你的感觉良好，你觉得衣着讲究，将能更好地欣赏表演。因此对于剧院，如果从一个建筑师的角度能看出点什么的话，那就是诱惑力。而不是取决于是否按下按钮座位就能旋转，你知道的。我觉得去剧院的基本感受来自于幕前装置。我不希望看到某人从戏台上出现并和我讲话，我想要的是幕布升起的那种感觉。对我而言，这是至关重要的。现在我承认这只是个人的反应，但也是如果有机会我并不介意继续坚持的一种反应。

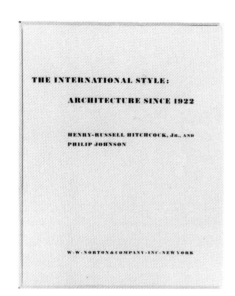

《国际式风格：1922 年以来的建筑》（THE INTERNATIONAL STYLE：ARCHITECTURE SINCE 1922）

亨利－拉塞尔·希区柯克和菲利普·约翰逊著，诺顿出版社（W.W.Norton），纽约，1932 年。这部有影响的著作的出版是与纽约市现代艺术博物馆举办的首次建筑展览联系在一起的。它宣告和见证了新的现代风格的诞生。

林肯表演艺术中心的纽约州立剧院（NEW YORK STATE THEATER, LINCOLN CENTER FOR THE PERFORMING ARTS）

菲利普·约翰逊和理查德·福斯特设计，纽约市，1964 年。气派的国家剧院的设计呼应了广场周围的其他建筑和喷泉。它能容纳 2800 名观众，主要用于芭蕾舞和歌剧表演。

约翰·彼得：*您觉得林肯中心怎样？*

菲利普·约翰逊：我最初的草图就像现在的爱乐乐团（Philharmonic）。我说过："瞧，伙计们，由于没有人打算去建造好建筑。让我们来获得一个模块，让我们来做我们都能坚持的事情。我们采取20英尺宽的单元，并且不断地重复。"嗯，阿布拉莫维茨（Abramovitz）采用了这种方式。我顶头的委员会对我说不行。他们是歌剧院的人士。他们对艺术或建筑不感兴趣。我向他们展示了我的著作中由我所设计的半圆形方案，它是适合那么去做的。他们就是不愿意，因此我们失去了那种外观，但是我得到了一些很棒的房间。

当然，剧院作为一种行列式的事物，还存在其他的问题，在这方面我比其他建筑师付出了更多的时间。和平常一样，它是我的兴趣所在。在我的剧院里，你是以最美妙的方式到达你的座位。你以一种简单而合理的方法到达大厅。巴黎剧院，尽管宏伟无比，还是稍嫌复杂。如果你要对付3000名观众，你想要给他们一段美好的时光。你要考虑到有许多事情他们是必须去做的，比如买票、退票、买饮料、找到座位、离开座位、打的士。所有这些事情他们都必须去做。在我看来，使这些事情尽可能地简单而雅致是建筑师义不容辞的责任。

举例来说，业主试图强迫我使用的一样东西便是电梯。因为，你瞧，你正在对付这批巨大的人流，而且我们拥有了所有这些能转换至不同水平高度的奇妙的新手段。我试图去说这是昂贵的，因为它要耗资10万美元，但是他们说："好吧，我们将增加10万美元。"突然之间他们就有钱了。做其他的事情是没有钱的，然而他们想要这个小装置。

我拒绝了另外一样东西，尽管是他们要求使用的，那就是旋转门。通过一道旋转门是不体面的。如果你必须进入一栋办公楼，你那样做了，但是你不喜欢。你在一个不同的氛围之中，你是在办事，你被推着穿过旋转门。那是一件糟糕的事情。这件事情的整体感觉就是"我在哪里？"。

约翰·彼得：*喷泉是不是您为林肯中心大楼而准备的？*

菲利普·约翰逊：事实上，那个广场将会是非常讨人喜欢的。人们嘲笑它，他们都惊讶它是那么的小。当然，我是非常满意的。因为它恰好和米开朗琪罗的卡皮托林山广场（Capitoline Hill plaza）的大小一样。你看，不管它是好是坏，它就是那么小！但是有谁想要一个大的呢？

约翰·彼得：*我想他们是和威尼斯的圣马可广场进行比较。就以林肯中心广场来看，您提了许多建议，其中之一便是要将前部封起来。*

菲利普·约翰逊：哦，伙计，那应该是一回事。因为这样你就会穿过一个屏幕而进入，就像是你过去进入圣彼得广场那样，那时他们还没有将其前部开敞而使之破坏。我们习惯于穿越柱列。穿越这些柱列来揭秘一个广场，那种半封闭的感觉是美妙的。

现今，我们将在广场的四个边界中开一个不恰当的口子通向城市。这对你的进入是有利的，当你走出去时，你将会身处城市之中。它仅仅是城市之外的一个港湾，而不是城市所固有的广场。甚至在圣马可，除了皮亚泽塔（Piazzetti）这个地方以外，你都要穿过柱廊。假如你穿过我设计的柱廊，你所看到的纽约会是令人惊奇的。然而这就是我通过建筑委员会所表达的想法。将建筑撇在一边，谁会去冒这个险呢？例如，谁会被允许去设计那个柱廊？由于这是我的建议，人人都以为我会去设计，因此，他们理所当然地拒绝了。嫉妒是人的天性，你不能责怪他们。但是喷泉当然会令人惊叹不已。

约翰·彼得：*您已经完成了许多博物馆和展览馆建筑。*

菲利普·约翰逊：是的。博物馆是我作品中的主要部分。我认为它是当下最重要的任务，原因很简单，因为将教堂作为一个社区的标志性建筑的可能性不大了。而标志性建筑是人们一致喜爱的东西。

我注意到在尤蒂卡（Utica）有很多19世纪的建筑，但是没有20世纪的建筑。当我们建造了那个博物馆，它就成了这个小镇的骄傲。你到达那个小镇，他们会说："你看过我们的博物馆吗？"同样的说法用于描述教堂的时代已经逝去了，那样的教堂由于种种原因我们是不能进入的。我想说，那么，市政厅呢？也逝去了。或者甚至那样来描述大学，有些小镇是没有大学的。换句话说，在宫殿中所感受到的那种无与伦比的快乐，这么说吧，你也许会在中欧一个州的小城镇里找到。工厂从来不会被人拿来炫耀："噢，过来看看我们的工厂。"

在美国，博物馆已经成了能被当做城镇重要象征物的单体建筑。现在城市的标志是博物馆，而不再是市政建筑、图书馆、学校、宫殿、市政厅或教堂，这是千真万确的，原因有很多。我认为其中一个奇怪的原因是美国人是教育狂（education mad）。我们在汽车和教育上的花费是毫无限制的。博物馆几乎不属于教育的范畴，所以它并不浪费。你看，美国人不可能浪费任何东西。它并不是反商业的，因为教育被仍然允许作为一种价值，你知道的。出于这种或那种原因，博物馆成了小镇骄傲的本钱。

我生活中的主要乐趣便是建造人们将会为之骄傲的建筑。这样的建筑蕴含着艺术、华丽、纪念性和情感。因此对我而言，博物馆成了最能激起当今建筑师兴趣的工作。剧院可能也是如此，但是剧院在这个国家自从20世纪20年代起便已不再建造了。也许林肯中心将会改变那种情况，现在所有的剧院将会拔地而起。人们喜欢为林肯中心而工作当然是基于同样的理由。那将是纽约人为之骄傲的建筑，不管现在他们对它有何看法。它进入了博物馆的世界，这种类型的建筑是人们喜欢去建造的。

在我成为一个博物馆人之前，我很自然地想要接博物馆这种项目。当然，尤蒂卡是开端。我第一次得到那个工作是在多年之前。设计博物馆的乐趣在于它综合了功能和情感两种特性。当然，我的兴趣同弗兰克·劳埃德·赖特体现于古根海姆博物馆中的一样，是它的纪念性。我以前从事过博物馆工作，我不可能设计出弗兰克·劳埃德·赖特式的建筑——一个古根海姆博物馆。我必

菲利普·约翰逊在他的纽约市事务所中，1995年。

芒森-威廉-普罗克特研究院（MUNSON-WILLIAMS-PROCTOR INSTITUTE，UTICA，NEW YORK）

菲利普·约翰逊设计，纽约尤蒂卡，1957年。用玻璃围合着较低的楼层，这个博物馆的体量呈现为一个花岗石贴面的立方体悬挂在一个巨大的青铜覆盖的混凝土框架上。

须设计一个能正常使用的建筑。古根海姆博物馆很棒，但是在里面你没法挂上画作。现代艺术博物馆，你可以将画挂起来，但是它不够杰出。我的工作，我觉得是让建筑杰出，而且你还可以将画挂起来。

现在我建造的第一个博物馆，位于尤蒂卡的那个建筑，其中有个宏大的中央大厅，已经遭到现代艺术博物馆中职员的批评。例如勒内·德哈农库特（René d'Harnoncourt）在开幕式上俯身在我的肩膀上说："它很华丽，约翰逊，但这是一个博物馆吗？"现代艺术博物馆的工作人员将它与赖特的建筑归属同一种类型，这使我感到震惊，因为毕竟我的建筑是可以悬挂画作的。但是，如果你着眼于总容积与挂画空间的总容积相比，可能他是有道理的。

我非常赞同他们对于纽约现代艺术博物馆的观点，你完全可以在车库里挂画。而这是非常容易接受的，因为我们已经实现了这一点。我们不再需要博物馆成为社区为之骄傲的象征，纽约不需要，他们需要林肯中心。他们需要大都市。他们需要中央公园。他们需要世界上最高的建筑。但是他们不需要另外一个博物馆来进行阐述，然而其他城镇是这样做的。我觉得是这样的，并得到了证实。

例如，尤蒂卡的大庭院用于演讲、音乐会、会议、庆典、魔术等各种表演。你瞧，他们在那里使用台阶来表演莎士比亚。对我来说，它确实成了一个社区中心，这部分是由拥有公德心之市民的责任心所促成的。尤蒂卡藏品的数量和品质无法与现代艺术博物馆相比，我觉得你需要依靠建筑来推销艺术，推销这个词包含着令人讨厌的美国味。因此，对我来说，博物馆就是社区中心，社区中心也是博物馆。

我们离开尤蒂卡，来到了沃思堡，那里建成了我的第二个博物馆。当然，沃思堡的博物馆稍微不同的一点是它是一个纪念性建筑，献给一位伟大的拥有公德心的市民。它建在一个公园里，城市提供了土地，他的家庭提供了这个博物馆项目。当我得到这个任务时，我被告知这项工作是为了纪念阿蒙·卡特（Amon Carter）。你瞧，这是一件非常有趣并且同常规完全相反的事情。他们说：

"我们想要一个献给阿蒙·卡特的纪念碑。"所以我们在一个公园里建造了一个纪念碑。然后，因为那个家族和被纪念者本人的光辉，他们发现博物馆真的成了一个社区服务站。换句话说，这是本末倒置。我们建造了一个外壳，然后发现人们非常喜欢这个外壳，他们必须建造一个博物馆。我们现在所做的是将那个建筑的容积扩大 2 倍以上。我们除了建造一个献给阿蒙·卡特的纪念碑之外，还要从中造出一个博物馆。位于后部的翼部其尺寸比我建造的部分要大。但是，你瞧，博物馆部分极其重要的市民象征意义几乎丧失了。

接下来，我们来看另外一个例子，位于内布拉斯加州林肯市，是我设计的第三个博物馆，那是一个大学博物馆。现在那里是我们国家的中心，是美国的中心地带。内布拉斯加州绝对是美国人口的中心和地理的中心，但是他们感到被严重地忽视了。那里没有石油，没有工业，没有新发现，是农场，是陈旧的美国物资供应站。内布拉斯加州经过了第 20 个世纪的洗礼。通过在那儿创建了一座纪念碑，我们将内布拉斯加州重建为昔日那样的一个开拓式的州，伟大的国会大厦是由古德林（Goodhue）设计建造的。内布拉斯加州可以再一次因其处在设计的前沿而自豪。他们甚至无法获得了不起的收藏品。此外，向大学生，向地处美国中心地带的 15000 名孩子展现除了他们正在研习的科学和书本之外的其他价值是很重要的。为了让他们进入博物馆，我们创建了一座纪念碑。

正像所发生的那样，捐赠者的愿望是把钱全部用在建筑上。他们明确地规定，钱只能用于建筑，不能有一分钱用于别的事物。所以捐赠者确信建造一个标志性建筑是很重要的。当然，事情也完全是这样做的。每一份报纸上都有评述这个伟大建筑的社论，它每平方英尺的造价是任何其他建筑的 4 倍或 5 倍，应该被当做献给内布拉斯加州未来的一份礼物，这不能与街对面休闲建筑的成本相提并论的。当然啦，可能存在争议的情形也是趣味之所在，不是吗？一位立法者居然说大学没有权利接受钱，用在一个奢侈的建筑物上。

阿蒙·卡特博物馆（AMON CARTER MUSEUM）

菲利普·约翰逊设计，得克萨斯州沃思堡，1961 年。坐落在由 5 座雕刻式拱门形成的典雅立面之后，这座纪念博物馆的柚木展廊环绕着两层高的中央大厅，表面覆盖着得克萨斯贝壳石（Texas shellstone），占据着一处阶梯状的秀美场地。

内布拉斯加大学谢尔登纪念美术馆（SHELDON MEMORIAL ART GALLERY, UNIVERSITY OF NEBRASKA）

菲利普·约翰逊设计，林肯市，1963年。博物馆的古典风格适合于它所处的大学校园中心这样的场所，10根石灰华包裹的壁柱和无窗实墙围合着画廊和礼堂。

这是发生在这个国家中的一场伟大的战斗，是锱铢必较的人士和想干大事的人士之间的战斗。在这种情况下，捐赠者把一切都说得很清楚，大学将不得不负责对这栋建筑物的维护。所以立法机关为了学校最终不得不接受这个条件，因为它是一个州立大学，在维护成本太高的情况下有权拒绝这笔钱。但是最终，在颇具远见的校长促使之下，大学同意了。

一个糟糕的建筑将会得到完全相同的维护。我听起来像一个非常浪费的建筑师，不过我认为我自己是一个非常坚强的功能主义者。当博物馆馆长希望用天窗采光时，我在画上做了日光照明。我做了一项空调系统成本的研究，结果发现如果他们采用天窗，空调系统的花费每年会多出4万美元。嗯，那个计划就被取消了，因为投资者不会愿意去维持任何这样的花费。我的观点是创造一个能维持光照（maintenance-light）的建筑，尽管会是非常昂贵的。我没有在大理石的雕琢方面有所付出，其他任何类似的事情也是如此对待的。大理石的雕琢是在意大利完成的，拆成编了号的小块发送过来，在这里组装起来。我们办公室的一位员工去检查。当他发现某一块不适合，他拿起一个锤子，将它砸碎，当然那些完成所有雕刻的人士的眼泪都流出来了。至少，下次他们就不会弄错了。

在这个年代见到它绝对是令人惊讶的，彼得。它看起来像是来自另一个时代，因为现在我们不雕刻大理石建筑，我的意思是它看起来不像是刚刚建成的。你必然会震惊。我认为几年之后当石灰华外面覆盖了一层铜绿后，你根本不会知道它的年代，因为要找到一栋附有雕刻的建筑是不太可能的。

顺着这个房子的思路，我首次尝试在展馆做一个雕刻的拱门，创造一种新的柱子。我一直为我所说的伯鲁乃列斯基（Brunelleschi）问题而困扰，那个问题就是伯鲁乃列斯基从来不知道如何在内庭进行处理。当他面对转角的时候，不知道该干什么。你不可以在角落里设置柱子，柱子消失了。因此你在伯鲁乃列斯基设计的庭院中看到的都是很小的，大约1英寸大小的爱奥尼柱残留在最后一排柱列上。直到巴洛克时期首先由乌尔比诺（Urbino）的劳拉诺（Laurano），创造了能用在角落里的柱子。他将它分离出来，做成了两根柱子。换句话说，你不可能使柱子绕过所有的角落。我的主要目标是将附有拱券的通用式柱子能绕过室外的角落、室内的角落和平面，而且还可以做成壁柱，并且不会改变柱子的形式。我为此付出了好几年的时间。当然，我在新迦南设计的展览馆中便应用了，另外一次是刚刚在达拉斯建成的新住宅，采用了400多根这样的柱子。

第三，迄今为止最好的一个博物馆位于内布拉斯加州的林肯。在那儿我们没有使用混凝土，但是我们雕刻出每一个单独的构件，将其安装在一起。在那里我发现了一些东西。就像某些东西必然会偶然地添加到所有有趣的发明之上，比如四季餐厅（Four Seasons restaurant）中珠帘的摆动荡漾，我不知道接下来会发生什么。发生在这些柱子上的情形是这样的，当你把大理石雕刻成凹形的时候，它便会出现非常有趣的阴影，而你将它雕成凸形的是不会有的。一个凹形的雕刻首先表明的是由手工雕刻的，因为你用机器是无法进去的。第二方面，当阳光和灯光来回移动时，影子会随之改变，阴影赋予建筑一种三维空间的感觉，而这你是无法从平坦的表面或者凹形的表面得到的。即使你在建筑的外面，你会被一种半围合的感觉萦绕着，必须用好的石头才可以，混凝土做不出同样的效果。

然后我在中央的空间里做另外一件事情，我总是将其用于我设计的博物馆中，那就是当你进入一个建筑时给你一种敬畏感。对我来说，如果你想推销点什么，比如建筑本身或者是画作或任何你想推销的东西，那么博物馆里最重要的事情便是让人产生敬畏之感。我的意思是在所有的建筑设计中，那是最主要的原则，就算是闺房，都要尽快获得敬畏感。在那个庭院中，那是一个房间，采用了这样的拱券，产生了被围绕的感觉，地板是石灰华，墙壁是石灰华，顶棚是石灰华，上面刻着金色叶状浮雕，弯曲的角落向你屈身致意，顶棚角落是弯曲的，地板角落是弯曲的，事实上全部是同样的石灰华。我讨厌使用子宫这样的字眼，但你会觉得包裹在里面。我认为你如要换一种感觉来充分体会，你就感觉身处埃罗设计的环球航空公司（TWA）之中。你觉得屋顶垂到地板上，地板融入墙壁、墙壁又融入顶棚。当然，我是从建筑而不是从物理方面来做的。换句话说，我并不是真的让顶棚弯曲下来。然而，它确实会让你感觉被包裹在石灰华里。

这是我所习惯的形式。我将这种形式用于自己的展览馆，我习惯采用预制混凝土。当我来到已经建成的建筑时，给我留下印象不仅仅是规模，实际上是那些美妙的材料。

约翰·彼得：*密斯喜欢精美的材料，不管是大理石还是生丝。*

菲利普·约翰逊：当然，我就是从他那里学到的。

约翰·彼得：*做一个展览建筑，比如纽约世界博览会（New York World's Fair）中的展览建筑，是否完全不同于博物馆？*

世博会纽约州展馆（NEW YORK STATE PAVILION，WORLD'S FAIR）

菲利普·约翰逊和理查德·福斯特（Richard Foster）设计，纽约市，1964年。约翰逊的展馆是世博会中最高的建筑，以三个圆柱形的观望塔升出由16根混凝土柱子支撑起来的半透明悬挂屋顶之上为特色。

菲利普·约翰逊：当然，因为那并不是一个永久性的建筑，只是一个帐篷。在这样的情况下，它就纯粹是一种外在的东西。我又一次对那里的空间产生了兴趣。我设计的空间只有屋顶而无墙体。很多人从不建造那么大的空间。我是说，它大到一个足球场可以舒舒服服地躺在它的中心。它有一个足球场那么大，上面覆盖了屋顶。正是屋顶赋予了它这样的空间感，我希望创造一个令人震撼不已的空间。当然我并不能肯定是否达到了这样的效果，因为我只是在我的脑海里构想过它。模型肯定是什么都体现不出来的。甚至没有人愿意费心去出版模型的照片。他们甚至不想看它一眼，然而一旦它在没有任何其他支撑的情况下盖上屋顶，它的感染力将会增加20倍。所以，我从来没有忧担心过序列的问题，因为它在任何方向都是通透的。

我很期待看到有10万个人从梵蒂冈展览漫步至通用汽车展览，因为每个人都想看看这两个展览。没有人会对纽约州不在意，然而我们有一个很棒的餐厅。在我的大帐篷里，一个可以吃东西的地方应当是非常美妙的，人们不由自主地就会进去。

现在计划编写得很疯狂。有一天纳尔逊·洛克菲勒（Nelson Rockefeller）走了进来说："菲利普，我想要的是博览会中最高的建筑。"我说，"嗯，纳尔逊，那是我的项目。"他说："那你不能把那16座塔中的一个拔高吗？"我看着他说，"纳尔逊……"他说："是的，我明白。我觉得它从审美角度来说是糟糕的。"我认为当你使用美学这样的字眼时，极少有人知道你在说什么。他说："我认为你的方案还是不行，照我说的去做吧，我想要的是博览会中最高的建筑。"我说："好吧，可是展览会是有规定的。"他说："规定？世博会的规定吗？但是，"他说，"好吧，我们代表整个州，我猜想我们可以做我们想做的事。"我们便做了。

我们在博览会中做了最高的建筑物。所以我设计的三座塔显然就没有了空间感。这些塔被雕塑化了，而没有成为空间。建筑师有时会成为一名雕刻师，制作像华盛顿纪念碑或其他任何只能用来观赏的东西。这座塔的里面没有内部空间。毕竟建筑学的定义，正如诺维茨基所说的，建筑是内部空间的装饰。即使你站在巴黎圣母院面前，你也是被人包围的。因此所有的建筑都是内部空间，即使你是从外面观察它。

但是这座塔像针一样形单影只，成了不折不扣的雕塑。现在我们会发现它并不是一个很好的雕塑。但是这些东西在模型中显得更加美妙。此外，还显得幼稚，即使十分低矮。它只有250英尺高，但是250英尺却比会展中其他任何建筑高2倍。有人会说："那是个很有趣的塔群。"而另一个人会说，从另一个角度来说："呀，屋顶有250英尺宽，那真是一个空间啊。"

约翰·彼得：*菲利普，玻璃房中的自由流动空间是怎样的？*

菲利普·约翰逊：大约6年之前我有意要改变一下，想独立地去做事情。我的意思是这个住宅与范斯沃斯住宅不相同。没有这种改变，这个住宅是不可能出现的，没有人说这是可以完成的。两者之间是完全不同的，其差异比我想象的还要大。嗯，当然啦，那时我觉得是相同的。现在我已经看到这两个建筑的空间的差异是非常大的。在那时，我全身心地投入进去，要使它同范斯沃斯住宅一样，那表明人们从来没有意识到自己的动机。

我认为真正作为一条线索的是我对行列式空间（processional space）的莫大兴趣，穿行其中才能理解空间。这不仅仅是一个空间，这是空间体验的次序。这方面我是从密斯那里获得了一些启发。然后，我对复杂的序列产生了兴趣。

你看，在这个房子里，到我们所坐的起居室为止的序列，比范斯沃斯住宅复杂得多。范斯沃斯住宅是一个单一的空间。而这里，在你进入起居室前，有一个非常重要的由烟囱和厨房限定出来的门厅。我觉得我也许更为精心。当你走下汽车，便是房子的入口，你要转好多弯。当然，这是来自于帕提农神庙的理念，你总是会以某个角度进入一个建筑物。那种行进方式极大地影响了我。我希望我的作品中总是会有序列空间的感觉。

现在我在探索一个非常不同的方向。我不清楚具体是什么。你能告诉我，或许其他人能告诉我。但是现在我看待某样东西，和所有现当代的建筑师不一致。

奥斯卡·尼迈耶

"建筑应该直接面向美，面向一种不同的解决方式，一种新颖而有创造性的途径。"

奥斯卡·尼迈耶皮肤黝黑，身材瘦削，神情严肃，出生于卡里奥卡（Carioca）。里约有一条宽阔的大街叫做阿维尼达·尼迈耶（Avenida Niemeyer），是以他的一位杰出的叔叔的名字命名的。

在巴西利亚尘土飞扬的建设基地中的一间用帆布覆盖起来的现场办公室里，我们完成了对尼迈耶的首次录音。他非常客气地用他的奔驰汽车载着我和妻子绕城兜风，他描述着卢西奥·科斯塔（Lucio Costa）的总体规划和他自己的建筑物。这个首都为汽车时代而设计的那些宽阔的大街空空荡荡，我们倍感惬意，因此当他驾车与后座的我们交谈时，可以不时地转过身来。第二次访谈是34年之后在他位于科帕卡巴纳（Copacabana）的办公楼顶层进行的，那里可以一览无余地看到世界著名的里约热内卢港（Rio harbor）。

在访谈时，他会让人觉得他有其他更重要的事情要做。事实的确如此。第一次他正在设计一个完整的城市，第二次他已经80岁了，他的建筑同时在南美洲和欧洲开展。他对评论家大有意见，他很可

能将我也看做其中的一员。

　　尼迈耶还具有强烈的社会观点，但他从事建筑时将其视为艺术。当我问他是如何定义建筑师时，他说："一个建筑师应当对世上的事物和社会问题有所理解并且保持兴趣，还应具备从事这个专业的素养。我认为建筑师天生就应该是建筑师，就像画家天生就应该是画家。"

1955 年

　　约翰·彼得：*跟我略微说说您的背景吧。*

　　奥斯卡·尼迈耶：我出生在里约热内卢，现今的瓜纳巴拉州（Guanabara）。我的父母亲名叫奥斯卡·尼迈耶·苏亚雷斯（Oscar Niemeyer Soares）和德尔菲纳·阿尔梅达·德·尼迈耶·苏亚雷斯（Delfina Almeida de Niemeyer Soares）。我从孩提时起，就一直很喜欢绘画，我认为正是这种对绘画的喜爱让我进入了建筑学院。在建筑学院求学的日子里，我曾在卢西奥·科斯塔的事务所里工作，向他学习这个专业。

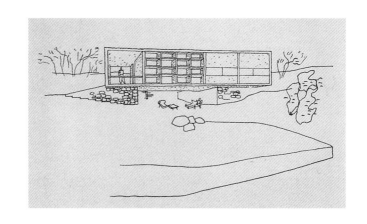

私 人 住 宅 图（PRIVATE HOUSE, DRAWING）

奥斯卡·尼迈耶设计，巴西里约热内卢，1949年。这幢小巧的拥有三间卧室的住宅体现出尼迈耶早期作品纯粹的国际式风格。

总 统 的 黎 明 之 宫（PRESIDENT'S PALACE OF THE DAWN）

奥斯卡·尼迈耶设计，巴西的巴西利亚，1958年。通过一条坡道进入，尼迈耶设计的巨大的二层建筑有一个宽大的屋顶，屋顶搁在一系列令人震惊的富有雕塑感的钢筋混凝土支撑上面。

约翰·彼得：*对您的作品影响最大的是什么？*

奥斯卡·尼迈耶：卢西奥·科斯塔的专业影响力以及勒·柯布西耶的作品，从中我受到了极大的鼓舞。

约翰·彼得：*您的建筑哲学是什么？*

奥斯卡·尼迈耶：我无法理解艺术评论，尽管通常是非常公正与诚实的，但我的观点是建筑师应当依照他从事艺术的方式和艺术的可能性去求索他的作品。无数的例子都证明了这个观点，许多最初未被理解的作品，后来赢得了无上的钦佩和赞赏。它们是属于对形式和建筑问题进行思索的话题，也证明了一位建筑师的思想往往是理论上的。然而它们主要是以他的作品和专业经验为基础的。

我赞成一种持续而可塑的自由。一种不是盲目追求功能主义，而是诉诸想象力与新的美好事物以及凭借其中所蕴含的人类创造力能激起人们的惊叹和情感的自由，一种提供了活动余地的自由。当然这种自由是不能随意运用的。例如在欧洲的一些地方，我完全赞同对建筑进行限制。我赞成抛弃不是真正合适的方案，以保持总体规划的统一与和谐。

在巴西利亚，鉴于我顺带提及的这种观点，为了防止城市像其他的现代城市那样扩散，处在不和谐和混乱的状态之中，限制的范围涵盖了容积、饰面材料等。孤立的建筑被自由空间环绕着，完全的自由是可能的。我们自然尊重比例规则，这一直是建筑所需要的。然而，这种塑性自由很不幸地遭到了现代和当代建筑中某些部门的强烈反对。这样的立场来自于胆小鬼，来自于那些觉得符合规定和限制会更好、更舒适之人。这样的系统容忍他们所采纳的没有幻想、没有妥协、没有矛盾的功能主义原则，导致他们经常毫无抗拒地接受重复而平庸的方案。这些原则在这样的时候是不健全的：涉及特殊的专业问题，其中功能问题是次要的。因此，公共建筑、学校、剧院、博物馆、住宅等，尽管它们的设计程序大不相同，但都有着相似的外观。设计程序应该引导出最大限度关注，尽可能充分利用现代建筑的方案。

我认为建筑师不应该被评论所左右而不能自拔。评论是多年之后才形成的，每个人都应该遵循自己的志趣。如果一个建筑师不去担忧别人对自己工作的看法，并且坚持做自己喜欢做的事情，那么他必然会成功。首先他将会对自己的作品很有兴趣。作出这些评论，我并非同现状唱反调，只是想展示这些得到评论家支持的论断的不足。

我所努力去塑造的项目，从来不会仅仅基于组合式的功能主义，而总是基于新的认识和各式各样的解决方案，尽可能有逻辑性，处在结构系统之内。我觉得形式与技术、功能是不矛盾的，只要确保它们各自使得解决方案是漂亮、美观而协调的。从这种意义上讲，我接受任何建议与任何妥协，确信建筑不仅是工程学，而且是理智、想象和诗意的综合。

举个例子，国会大厦（Congressional Palace）的组成便是根据这个原理设计出来的，重视建筑的需求——体积，自由空间，透视的视觉深度，尤其是着意赋予这个建筑宏伟的纪念性特征，凭借简化元素和采用一些简单的形式。

整个项目以地形为基础，着眼于创造一个雄伟的广场，与侧边的大道在同一水平面上。如果不是要创建广场，而是用学院式精神来设计这个大厦，我们

世博会巴西馆（BRAZILIAN PAVILION, WORLD'S FAIR）
奥斯卡·尼迈耶、卢西奥·科斯塔和保罗·莱斯特·威纳（Paul Lester Wiener）设计，纽约市，1939年。这个展馆自由流动的平面和由罗伯托·布勒·马克斯（Roberto Burle Marx）设计的热带花园将全世界的注意力都集中在现代巴西建筑上。

将会有一个很高的建筑阻碍着视线，而现在这种视线越过了三权大厦（Palace of the Three Powers）之间广场上的建筑物，还越过了其他的建筑元素，并且使得整体景观更加丰富多样。现今在三权大厦里——包括了立法、司法和行政等分支——我不愿意采取相同的标准部件，那将是简单和更加便宜的，但是寻求其他的形式可能与已被接受的功能主义教条背道而驰，但是会赋予建筑以特性。总统宫殿的设计，我仍然关注它们将给三权大厦广场带来的气氛。

通过表达同样的塑性意图、同样的对曲线、丰富而优雅的形式的热爱等典型的殖民式风格特征，从而将老的殖民式巴西建筑和那个时候的普遍元素联系起来，这对我来说是十分重要的。

约翰·彼得：*在您刚才同我们的谈话中，您谈到了在殖民式风格与您在巴西利亚所创造的建筑之间的联系，您能进一步解释这种联系吗？*

奥斯卡·尼迈耶：接下来会谈到。殖民时期建筑师的态度和当今建筑师的态度之间存在着联系。我的意思是，在巴西利亚我们喜欢保留对形式、曲线，换句话说，对美观的建筑的关注。我们知道不可能只有一种联系，因为受到推崇的是——风格就是技术的发展。虽然现在我们在工作中使用不同的材料，我们的工作必须用不同的方式来做。但是我们保持着同样的态度。

约翰·彼得：*巴西的建筑，尤其是您的建筑，是以何种方式来反映巴西的社会和经济状况？*

奥斯卡·尼迈耶：任何建筑，无论建造在哪里，通常都会反映那个国家的技术和社会的发展。正是由于那个原因，巴西建筑呈现出某些不足，那是一种歧视性的建筑，只为富人和政府服务——这是众所周知的。但是我相信这并不会阻挡它拥有创造力，不会阻止它成为优秀的建筑。

巴西问题是非常清楚的。我们的遗产，我们的文化遗产，是贫乏的。我们拥有一点点印第安人的遗产。如果你将巴西的印第安人所做的与秘鲁或墨西哥的印第安人所做的进行比较的话，巴西其实什么也没有。另一方面，更早的巴西建筑是葡萄牙建筑的后裔。实际上，这称不上巴西建筑。这是进入巴西后经过改造的葡萄牙建筑。考虑到这一切，我们苦恼没有丰富的过去，连拉美的国家都不如。另一方面，缺乏过去的负担给了巴西人更大的自由。我们自由自在地去放飞希望。我们自由自在地去判断合适与否。我们手中有混凝土。我们精心发展着我们工程师的技术，凭借那个，在我们的可能性之内，我们努力创造我们自己的建筑。

然而，我不愿意仅仅在技术、对钢筋混凝土的需求或者是计算便利的基础上来做建筑。我想创造让我感觉不一样的建筑，因为我认为建筑超越了这些。建筑应该直接面向美，面向一种不同的解决方式，一种新颖而有创造性的途径。

约翰·彼得：*您最喜欢使用的材料是什么？*

奥斯卡·尼迈耶：在巴西我们用钢筋混凝土，这是我们所喜爱的。这是一种可以用模子浇铸的材料。它很温和，能塑造成我们所需要的任何东西。就以钢筋混凝土为例，如果跨度太长，合乎逻辑的解决办法是做成曲线。换句话说，我们不能作出像采用金属结构所限定的那样呆板的建筑。

建筑物的结构暗示着建筑。当建筑结构改变了，建筑也会改变。所以说风格便是由新材料和新技术决定的。

我认为勒·柯布西耶的作品是最伟大的现代建筑，无论是已经建成的还是没建成的。他与毕加索一样，充满想象而不墨守成规。他全然是我行我素地工作。

约翰·彼得：*您有独特的例子吗？*

奥斯卡·尼迈耶：马赛公寓，朗香教堂。那座教堂倾向于自由，是我喜欢的那种自由，使得事物的形式有着最大限度的自由，不去关注这种形式是否基于专业的论证。他这样去做仅仅因为他认为这是美观的。

约翰·彼得：*您认为建筑的未来是怎样的？*

奥斯卡·尼迈耶：建筑的未来是为所有人服务的，而不是像从古至今这样，作为强势阶层的特权。它应该为全体人民服务。建筑师应该为人们工作，而不是仅仅为那些目前有钱或能支付建筑师费用的人工作。

约翰·彼得：*您的工作变动过吗？*

奥斯卡·尼迈耶：我将自己的建筑师生涯分为不同的阶段。首先，是邦布亚阶段。在邦布亚阶段，我反对直角。我发觉那时混凝土一直暗示着曲线，当提到直角时会让人发疯。正是由于那个原因，我设计的教堂充满了曲线，各种各样的曲线。我也将巴厘岛上的侯爵府（the Marquessa do Bali）做成曲线。勒·柯布西耶喜欢我们的工作。有一天他说我的建筑里藏着里约热内卢的山峰（the hills of Rio）。

阿西西的圣弗朗西斯教堂（CHURCH ST. FRANCIS OF ASSISI）奥斯卡·尼迈耶设计，巴西邦布亚，1943年。这个独特的现代教堂的波浪形式，连同其后方墙上由坎迪多·波尔蒂纳里创作的瓷砖壁画，是现代艺术和建筑的惊人结合。

邦布亚快艇俱乐部（PAMPULHA YACHT CLUB）

奥斯卡·尼迈耶设计，巴西邦布亚，1942年。尼迈耶设计了这个经济而精巧的小建筑，为邦布亚提供了一个船库、游泳池、网球场、篮球场、排球场，以及一个餐厅和休息室。倒置的山墙屋顶提供了该处所需最大高度，并且升高了矮长建筑的屋顶轮廓线。

　　第二个阶段，从邦布亚转移到巴西利亚，我关注建筑的含义。我发现建筑必须成为某种不同的东西。如果你去巴西利亚，你有可能会喜欢或不喜欢那些已经建成的部分，但是你不可能说已经见到过相似的建筑。那些对我们来说就是本质的。那时，我寻求新的解决方案，那些方案将会引起惊讶。我曾经在波德莱尔（Baudelaire）的一本书上读到有人问："什么是惊奇？"多样化和独创性是美观的特征。那就是我们的安身立命之本。

　　因此，当更多的保守主义者，那些建筑理性主义者，大声控诉反对我所开创的自由形式时，我惊呆了。他们认为那样的形式是没有根据的。我想总有一天他们会对互相抄袭感到非常厌倦，从而他们会提升至一种不同的建筑境界。那样的事情正在发生：极端的功能主义，用三角板和尺子画出来的简洁的建筑，仿佛金属结构的建筑一样。如今，它们是现代建筑团体中的一部分，代表一种没有太大意思的冒险。它们正在逐渐消亡。

迪亚曼蒂纳旅馆（HOTEL DIAMANTINA）

奥斯卡·尼迈耶设计，巴西贝洛奥里藏特，1951年。以其特有的想象力，尼迈耶赋予这个小旅馆倾斜的支撑，不仅负载着第二层，还负载着戏剧性的悬挂屋顶，屋顶为前面的房间遮挡着阳光。

奥斯卡·尼迈耶在巴西利亚建设工地上，1955年。

在巴西利亚我的反应是不一样的，我的反应就是赞同形式去超越自身魅力的藩篱。我发现从技术和结构方面来寻求形式是不够的。假如它是美观的，它会给想象留有余地。因此我在巴西利亚尝试一种更加自由的建筑。我作出了选择，举例来说，在三权大厦广场，用细柱来建造结构，好像它们是在广场上休憩。这只是众多选择中的一个。在巴西利亚，至少去过那里的人会对与众不同建筑感到惊奇。

1955 年

我希望三权广场不要呈现那种有时成了现代建筑特征的冰冷感。我希望它拥有更多超现实的外观，更加如梦如幻，就像是在格拉苏托（Grasuto）的画中所见的那样，我认为是不可思议的。举例来说，有时建筑师在国会大厦中揭露谁想要知道为什么曲线被做成那种形状，这里有一个功能上的缘由。曲线的这种形状是考虑到观看。但是我不关心那个答案。我认为本质的东西是美观。当我们站在过去的一件非常重要的作品前面的时候，比如沙特大教堂（the Cathedral of Chartres），那是遗留下来的艺术杰作，我们不知道这些作品是否基于功能需要，因为它们太古老了，但我们会为之动情。面对美我们只会感到激动不已。

1989 年

然后我离开了巴西利亚，巴西利亚对我来说已经结束了。军队来了，我同他们难以相处。我在"左倾"阵营，他们在"右倾"。因此我去了国外。在那里我使用更大梁柱以使建筑更加接近大地，我也想要突出工程技术的重要性。

约翰·彼得：*您的建筑外部和内部之间有何联系？*

奥斯卡·尼迈耶：我发现这两者是联结在一起的。内部是供人使用的，同时建筑的外壳也会完成自己的任务。我发现建筑必须首先表现出技术。我们参与的巴西建筑要充分展现出目前的技术。我们不用混凝土来做小楼梯间。我们意在征服巨大的空间。

我不赞同建筑被教条所束缚，用概念和规则去构想。我发现建筑是想象的产物，探求着美。我发现当一种建筑形式是令人愉悦的时候，它便蕴含着自身意义之美。因此我们对所从事的领域认为是必需的那种自由一定要展现在我们的从业方式、态度和作品之中。以技术为基础去发现美：那是我们的目标。

约翰·彼得：*您完成了现代建筑师最伟大的梦想——建设一个完整的现代城市。您觉得现今的巴西利亚怎么样？*

奥斯卡·尼迈耶：在巴西利亚我仅仅是位建筑师。我只是为巴西利亚的建筑而工作，但是我很欣赏巴西利亚作出了有意思的选择。我发现这个现代城市所作的现代性选择比巴西其他城市都要好。巴西利亚是卢西奥·科斯塔的成就。

巴西利亚大教堂（BRASILIA CATHEDRAL）

奥斯卡·尼迈耶设计，巴西的巴西利亚，1959 年。21 根收敛式的曲线形支柱在光环状的顶部发散开来，以接纳惊人的精神性的光之锥。

他以杰出的才华建造了这个城市。他决定赋予城市不同的特征。他想要创造一个与汽车相连的城市。他创建了巨大的道路。他将标准规划分成几个区域，并使其具有纪念性，这种纪念性特征是它应该具备的。他使得居住区颇有吸引力，与街道、公园、学校、俱乐部联系在一起。我发现巴西利亚是现代城市的典范……一个运行良好的城市，一个没有污染的城市，到达便捷，车行的距离短，是一个有重要意义的城市。假如你去巴西利亚与当地的人们谈话，你会发现没有人想要离开。我不想谈论我的作品，而是谈论卢西奥·科斯塔的作品。

尼迈耶住宅（NIEMEYER HOUSE）

奥斯卡·尼迈耶设计，巴西里约热内卢，1953 年。尼迈耶将这个亭子隐藏在曲线形屋顶之下，开放的起居区域和厨房朝向大海和周围的群山，一览无遗。

1955 年

我无意采用纯粹的直线使巴西利亚变得冷酷而技术化。相反，我想让它的形式丰富多彩。我关心的是梦想和诗意。

何塞·路易斯·塞特

"我总是对建筑作为人类问题的延伸有兴趣，不仅仅是技术的，而且是人类的问题。"

何塞·路易斯·塞特是一位在三个大洲都有作品的国际性建筑师，但是他从来没有在精神上偏离他的西班牙根源。他敏于言辞，身材短小，肤色黝黑，穿着深色西装，戴着细黑领结，在加泰罗尼亚的路边咖啡馆中，非常悠闲地喝着咖啡。

我在他位于剑桥的别致小公寓中为他录音，那里离他担任院长的哈佛大学建筑研究院（Harvard's Graduate School of Architecture）不远。房子设计成地中海风格，朝向内部，空白墙壁对着街道，房间向草木茂盛的天井开敞。塞特解释道："必须发明一种新的居住模式，使人们能够生活得更加紧密，能够享受阳光、树木和天空，而不会看到邻家院子的杂乱无章以及繁忙街道上的车水马龙。"室内展示着艺术品，有感人的 15 世纪西班牙绘画装饰品，还有他的朋友毕加索、米罗、考尔德、莱热和尼沃拉（Nivola）的作品。

事实上，他对艺术和艺术家保持着永恒的兴趣。他为 1937 年的巴黎世界博览会设计了西班牙馆，毕加索为其画了作品《格尔尼卡》（*Guernica*）；他在法国的圣保罗旺斯（St.-Paul-de-Vence）设计了

梅格基金会博物馆（Fondation Maeght museum）；还设计了马略卡岛（Mallorca）的米罗画室和巴塞罗那的米罗博物馆。

　　尽管他热爱的是艺术，倾心的却是城市。塞特是一位狂热而坚定的城市规划倡导者。他告诉我："每次我去南美，都会发生一些变革，导致城市被毁，因此我们能够过来重新规划，这成了我们朋友之间经常开的玩笑。我不得不多次向他们保证，这些事件纯属巧合，我什么也没干。"然而，塞特绝不允许他那为数众多的夭折的城市计划所带来的失望，摧毁他乐观、奔放的个性。

1959 年

约翰·彼得：*能告诉我一点您的背景吗？*

何塞·路易斯·塞特：我出生于加泰罗尼亚地区的巴塞罗那，靠近西班牙与法国边界，穿过比利牛斯山脉（Pyrenees）就能直接到达法国。我母亲来自西班牙的北部，我父亲来自加泰罗尼亚地区。家族的名字是加泰罗尼亚的名字。我父亲的家族从事纺织业，直到现在我的家族仍然操持祖业。我母亲的家族拥有一家西班牙汽船公司——跨大西洋运输公司。

我从小就对艺术很感兴趣。最初我对绘画和雕塑的兴趣比建筑更加浓厚。我的家族中出了一位画画之人，壁画家何塞·玛丽亚·塞特（José Maria Sert）。我当然见过他的作品。我很小就开始收集艺术书籍，观赏图片。

巴塞罗那是那个时候真正的艺术中心。法国印象派的影响极为深远，尽管在我很小的时候毕加索已经在作画了。实际上，当时他已经结束了他的蓝色时期（Blue Period），正在创作他最好的立体派作品，这些作品在巴塞罗那已经可以看到。他离开巴塞罗那之前的创作，使得他比以前更为出名。

通过我的叔叔和其他的家族成员，我认识了不少画家。我熟悉了我所出生的这个城市中的那些热爱艺术的人士和艺术资助者。与此同时，一些重要的博物馆比如早期罗马风和哥特艺术博物馆（the Museum of Primitive Romanesque and Gothic Art）在巴塞罗那建成。我有幸见证了这一幕。我记得在我很年轻的时候，观看过佳吉列夫的芭蕾舞（Diaghilev ballets）和由最好的印象派画家和一些后印象派画家参与的现代法国绘画展，他们于第一次世界大战期间来到了巴塞罗那。由于那时巴黎的战争环境，巴塞罗那成了非常重要的文化和艺术中心。

我大约 12 岁时第一次去了巴黎，那时正值第一次世界大战开始。战争结束后我又去过巴黎几次，1928 年开始我去巴黎住了一段较长的时期。

在我十八九岁的时候，通过一些我认识的朋友，我开始对建筑产生兴趣。起初我从来没有想过我会成为一名建筑师。我对绘画的兴趣仍然比建筑更浓。我在 20 岁出头的时候开始学习建筑。影响我最大的一件事情是我在 1924 年或 1925 年到巴黎时发现了勒·柯布西耶的书籍，那些书籍才刚刚发行。这两本书是勒·柯布西耶最早出版的《住宅与城市规划》（L'Urbanisme）和《走向新建筑》。

我在巴黎获得这些书之后以及在巴塞罗那结束我的学业之前，我们一群年轻人共同成立了西班牙第一个建筑团体。那是 1927 年左右的事。我们在后来米罗和达利也去办展览的画廊举办了我们的第一个展览。

在加泰罗尼亚海岸有一个社区，我们是以现代风格，或者说是以我们在那个时候所了解的现代风格去规划的。坚持用现代的方式去设计建筑导致了我在建筑学校的几次失败。我在巴塞罗那学校中的第一个现代设计是一个穹顶建筑，因为这些非常薄的穹顶在加泰罗尼亚并不新鲜，它们很古老。这些薄薄的砖砌穹顶在巴塞罗那已经由当地工匠发展得非常完善了。

约翰·彼得：*这可能是摩尔人的影响吗？*

何塞·路易斯·塞特：它曾经可能是。它的确是一种东方的影响。有多少直接来自东方，以及有多少是跨过比利牛斯山受到哥特式高明建造者的影响，已经很难分辨了。但是它最初的确是来自东方。这种处理砖石的独特方法，我相信主要是从东方国家引入的，在那里他们处理这些事情几乎不用脚手架。就算是在今天，这也完全是建筑中的一个壮举。

何塞·路易斯·塞特在他的马萨诸塞州剑桥的事务所中，1959 年。

从那以后，这个团队繁荣起来了，并在年轻人中取得了巨大的成功。当我们完成学业，我们在巴塞罗那成立了一个现代艺术中心。起初我们仅仅展示建筑，接着是绘画和雕塑。我们让两者共同发挥作用。这个团队其实是一个小型俱乐部，正好是西班牙共和国宣告成立的那些日子开始运作的。那是1931年4月，我记得非常清楚。

然后我们开始编辑一本小杂志，全球发行。该杂志仅仅是一本学生杂志。我们获得了那些有兴趣在杂志中打广告的行业人士。我们开始刊登文章，不仅仅有建筑方面，还有现代艺术以及建筑与城市规划之关系方面的。

这个团体中的一些成员在一份马德里报纸上看到一则预告，说是勒·柯布西耶将会过来发表演讲。我们听后都非常激动。我们做了一个野心勃勃的计划，设法让他来巴塞罗那。那是1927年或是1928年。当然作为学生，我们没有太多的钱去支付一个已经非常著名并且演讲报酬很高之人的费用，尽管那时他还没有建成太多的建筑。但是我们让他来到了巴塞罗那。因为我们都是年轻的学生，所以勒·柯布西耶非常感兴趣。他过来，做了演讲，我们与他长谈。

他那时问我："当你完成学业后，为什么不来我在巴黎的工作室工作？"我立刻接受了。甚至在完成巴塞罗那的学业之前，我就去工作了，干了好几个月。然后于1928年、1929年、1931年再次回来工作。

约翰·彼得：*那时勒·柯布西耶正在干什么？*

何塞·路易斯·塞特：当我到他工作室的时候，他正在为国际联盟（the League of Nation）做第二个方案。第一个方案被拒绝了。他同时在做好几个项目，瑞士的一幢大楼，同样也是一个非常大的项目，还有萨伏伊别墅与工会大厦（the Palace of the Trade Unions）。苏维埃宫的设计完成了，但是未能建成。当然在我的职业生涯中，那是一段有趣的时光，因为勒·柯布西耶的工作室是由业余制图员组成的。我认为在职员中只有一个人有薪水。我们这一群人来自世界上不同的地方，比如捷克斯洛伐克、德国、荷兰和斯堪的纳维亚国家。还有一位俄罗斯人、一位希腊人、一位土耳其人。我则代表伊比利亚半岛（the Iberian Peninsula）。我认为没有法国人。我相信有一位美国人但是没有法国人。就算是接受勒·柯布西耶的百分之五十，法国人也花了很长的时间。他们接受勒·柯布西耶是最晚的。

我记得我们度过了一段非常美妙的时光。后来我见到了那些我闻名多年的人士，比如奥斯卡·斯通诺霍（Oscar Stonorov）、阿尔伯特·夫赖（Albert Frey）和当时他的合伙人皮埃尔·让纳雷。还有一些日本人，那些日本人很棒。离开勒·柯布西耶的工作室之后，他们做了许多建筑。我们现在分散在世界各地，但我们那时在一起工作，满怀激情，亲密无间。

然后通过我叔叔以及爱德华·维亚尔（Edouard Vuillard），我认识了费尔南德·莱热，在此之前还认识了毕加索。在这个巴黎团队中，我获益良多。我回到巴塞罗那，并往返于巴黎与巴塞罗那之间，然后在巴塞罗那开始工作。我们的团队从 1931 年开始兴旺，当时它开办了这本杂志，直到内战才中断。

约翰·彼得：*那本杂志的名字是什么？*

何塞·路易斯·塞特：杂志叫《AC》，意为当代建筑（*Arquitectura Contemporánea or Contemporary Architecture*）。它是一本图解杂志，也是一本批判性的杂志。我们不只一次地由于批评建筑、批评那些在我们城市中刚刚建成的标牌式新建筑而陷入困境。杂志在那段时间中发达起来了，因为那时由于西班牙共和政府——独立的加泰罗尼亚政府——和巴斯克州的到来使西班牙发生了巨变，我们非常感兴趣。那时国家发生了一大堆的事情。杂志变得活力四射，建筑和城市规划进入到照片之中。当时我们对巴塞罗那的城市问题感兴趣，并与当地政府协同工作。

我们做了一些公共住宅。接着我们参与巴塞罗那的一个总体规划。我们与勒·柯布西耶一起工作，他说愿意与我们一起为这个项目而工作。我们在巴塞罗那做了一次展示，将国际会议，也就是 CIAM——国际现代建筑协会（*Congrès Internationaux d'Architecture*）带到巴塞罗那。那是在 1932 年。

约翰·彼得：*您是在什么情况下加入国际现代建筑协会的？*

何塞·路易斯·塞特：我是在国际现代建筑协会成立之后加入的，因为它是 1928 年在瑞士成立的。我参加了 1929 年在斯图加特举办的第二次会议。从那以后，我去参加了布鲁塞尔的会议，我成了第二位西班牙代表。最后，我成了会议中的西班牙首席代表。接着，我通过 1933 年在雅典的会议以及 1937 年的会议继续同他们一起工作。那时在巴黎召开了一次大会，我被提名为会议的副主席。我还与勒·柯布西耶一起在他们 1937 年所造的那所大宅子里工作，国际现代建筑协会一个有关不同时期之城市的研究分会就设在那里。

同时，我正在巴黎为西班牙共和政府效力。我们在玛德莱娜大道（the Boulevard Madeleine）上有一个小房子，我们在那里组织陈列和展览。为了安全起见，加泰罗尼亚博物馆的珍品被带到巴黎。因此，我还为展示加泰罗尼亚艺术而忙活。我那时同巴勃罗·卡萨尔斯（Pablo Casals）和毕加索一起加入了一个委员会。我们为杜伊勒里宫（Tuileries）中的国家影像美术馆（the Jeu de Paume Museum）的展览而工作。

自那以后，我被邀请去为共和政府设计 1937 年巴黎世界博览会的西班牙馆，那是非常有趣的工作。场馆不大，相对来说是比较小的，然而由于在西班牙发生的所有那些事情而变得极富活力。特别值得一提的是我们同画家与雕塑家的合作非常有趣。由于西班牙的情况和那些正在对付的事情，使我们得到了两位人士的注目。毕加索对这件事情很有兴趣，米罗也同样很有兴趣。他们都愿意为场馆画点东西。

约翰·彼得：*他们都是自发提供这种服务的吗？*

世界博览会西班牙馆（SPANISH REPUBLICAN PAVILION, WORLD'S FAIR）

何塞·路易斯·塞特设计，巴黎，1937年。两层的展览建筑是用预制部件建造而成的，它在世博会中代表着战争时期西班牙共和国的斗争。

何塞·路易斯·塞特：是的，是自发的，为西班牙政府作出这种姿态以帮助西班牙人吸引观众来到这个场馆，在那里人们会了解西班牙所发生的事情。这可能是第一个政治性的场馆，尤其是对一个小国家来说，因为苏联馆和德国馆位于我们的下方不远处，都是庞然大物，气势逼人，但气韵全然相异。

我们的小场馆有着漂亮的树木和一个庭院。由于除了西班牙艺术家毕加索、米罗和冈萨雷斯（González）——一位雕塑家，完成了一件很了不起的作品——的加盟之外，我们还得到了非西班牙籍人士的帮助，这使我们倍感荣幸。

约翰·彼得：告诉我，毕加索知道他的画将放在什么地方吗？

何塞·路易斯·塞特：他来到场馆，我们共同讨论这件事情。他就色彩和材料向我询问。我向他说明这将如何去做。他对墙的尺寸和物品的位置研究得异常细致。这是为那个空间而特别设计的，空间、光线和其他条件都需要仔细考量。当然啦，毕加索的一个出众之处便是他的不可预见性。因此你永远不会知道，他可能今天干这个，明天又放弃了。他那时在做，是因为我们非常合拍。我常常看到每天晚上毕加索与一群朋友在咖啡馆里。他来过场馆几次。每次我们都谈论这些事情。画作完成得极为出色。《格尔尼卡》获得了巨大的成功，也许在任何时期都是一件伟大的画作，可能是他所绘制的壁画中最伟大的。画作的反响极大，一直在场馆中保留到最后几天。

有人建议应该用一副更加写实的画作来代替。我不愿提这人的名字，不过他在当时是非常著名的作家。到如今，他也许已经改变了主意。我们不想改变它，因为我们意识到它是这个场馆中最伟大的元素之一。

有一群人立刻认识到了这件事情的伟大，并且作出了回应。它成了举世瞩目的焦点。很多人起初也许不相信，但是当他们看到了公众的关注之后，便相信了，感到震惊并且信服了。

在设计阶段，我被要求在作品《格尔尼卡》前面开阔空间的中心放置一个水银喷泉。当看到那个喷泉时，我吓坏了，这是一个用假石头作出来的极其普通毫无设计的奇怪玩意儿，丑陋无比，你甚至看不到水银。我非常了解亚历山大·考尔德，我认为他应该是完成这项工作的最佳人选。颇费了一些周折才使人们相信应该是由桑迪来担任，没有一位西班牙人能够胜任。他创造了一件辉煌的作品。这件作品获得了巨大的成功，并且会在之后于纽约的另外一个西班牙馆中被复制出来，但是没有实现，那是 1939 年的事情。因此，那是一个非常激动人心的时刻，是对我和在那里工作的一群人士的一次尝试，探索各种艺术如何结合在一起。

约翰·彼得：*告诉我，在展馆完成之后发生了什么事情？*

何塞·路易斯·塞特：好的，在那之后我继续留在巴黎工作，完成几项任务。但是在那里已经出现了第二次世界大战的预兆。我在那时回了几趟西班牙。当然，西班牙的情况非常严峻，城市不断地遭到轰炸。当 1939 年 3 月初西班牙战争结束时，我决定去美国。我一直想去美国。我认为那是成行的最佳时机，因为我已经从巴塞罗那"拔根而起"了。我不想回西班牙，处在持续的战争威胁之下的法国，是没什么可做的。

世界博览会西班牙馆室内（SPANISH REPUBLICAN PAVILION，WORLD'S FAIR，INTERIOR）

何塞·路易斯·塞特设计，巴黎，1937 年。值得纪念的艺术作品——毕加索的《格尔尼卡》、琼·米罗的《加泰罗尼亚的收割》（*El Segador Catalan*）和亚历山大·考尔德变化的水银喷泉——使塞特的西班牙共和国馆闻名遐迩。

约翰·彼得：*您觉察到这些是在巴黎吗？*

何塞·路易斯·塞特：哦，是的，我们绝对是当时在巴黎感受到的。我记得当毕加索草拟他的想法时我和他在一起，那是在签订慕尼黑公约（the Munich pact）的前夕。我们全都感到一些伟大的世界性事件正在酝酿之中，以致于我们无法继续那种一直在沿用的工作方式。1939 年的早春，我离开了巴黎。

《我们的城市能幸存下来吗？》
（CAN OUR CITIES SURVIVE?）

何塞·路易斯·塞特著，马萨诸塞州剑桥哈佛大学出版社，1942年。在这部有影响的著作中，塞特清晰地阐述了现代建筑与城市规划之间的关系。他分析了现代城市的4个基本功能——居住、娱乐、工作和交通——从现实和人性的视角。

我来到了这个国家，接着哈佛大学邀请我去演讲。我与瓦尔特·格罗皮乌斯是老相识，我是于1929年在德国法兰克福举办的国际现代建筑会议上认识他的。那时我不会说德语，现在还是不会。他不会说英语，现在会了。在那之后我在巴塞罗那见过他。他参加了我们1932年的国际现代建筑协会，我们共同度过了一段非常美好的时光。

我带着一份6个月的旅游签证来到这个国家，但是在这6个月尚未结束前——1939年9月——战争爆发了。我那时一直在哈佛大学设计研究生院（Harvard Graduate School of Design）的图书馆工作，正在撰写一本书《我们的城市能幸存下来吗？》。这本书尽可能将所有的城市设计因素结合在一起。我觉得在那个方面，本书同勒·柯布西耶的一些书籍一样，都是属于拓荒性质的。它不仅仅包含着通常所理解的那些城市规划因素，还涉及我从一开始就一直感兴趣的建筑和城市设计因素。那是我在这个国家的第一份工作。没过多久这本书出版了，我记得是在1941年末，由哈佛大学出版社出版的。自那之后，我开始在纽约的一个工作室里工作，为战争生产委员会（War Production Board）做预制建筑，那是在1941年、1942年、1943年的战争期间。

那时，由于我与格罗皮乌斯和布劳耶的友谊，我又认识了莫霍利－纳吉，我在这里遇见了阿尔伯斯和瑟奇·切尔马耶夫（Serge Chermayeff）以及一些包豪斯的人士。有趣的是巴黎群体的人士也开始来到纽约。所有人都准备去美国。在我到达之后1周或1个月，巴黎来的沙加尔（Chagall）来到了纽约，我对他只是略有所闻，在纽约我对他有了深入的了解。来自巴黎的朋友雅克·利普希茨（Jacques Lipschitz）到达了纽约。乔治·迪蒂（Georges Duthuit）、伊夫·唐吉（Yves Tanguy）和老朋友费尔南·莱热来到了纽约。那时奥藏方也在这个国家。我们在这里共度了一段美好的时光。

蒙德里安是我的密友，实际上住在第59街我们所住的房子的顶楼，我经常见到他。我们经常一起走在麦迪逊大街上。因此实际上巴黎群体的残存者在纽约又聚到了一起。

我们在长岛（Long Island）上租的小别墅里过得逍遥自在。我们在周末有加利福尼亚州葡萄美酒相伴，在那里惬意地谈天说地。这样情形以前出现过，现在只是延续过往，可能看起来有些奇怪。然而与此同时，我们当然变得更为熟悉美国的境况和在这里结识的朋友。我们有了美国朋友，比如从巴黎来的桑迪·卡尔德（Sandy Calder），我们就是在美国结识的。我们经常在这里看到他，我们在他康涅狄格州的家中待了一段时间。我来到格罗皮乌斯的自宅中逗留过一些时日。因此，对于我们来说，这是我们一生中非常有趣和激动人心的时期。那种情形在战争期间一直持续着。

就像我之前说的，我在为战争生产委员会设计能够轻易建造和拆卸的建筑。有些建筑还要出口到海外。我认识了保罗·莱斯特·威纳，他在纽约有一个工作室，我们成立一个叫做"城市规划协会"（Town Planning Associates）的团体。于是我们进入了城市设计和城市规划的领域。不久之后，就进入战争时期，我们致力于预制建筑，之后我们去了南美洲。

约翰·彼得：*您在南美洲完成了大量的建筑和规划。*

何塞·路易斯·塞特：在战争结束前，我们就为南美洲开启了这项工作。最初是为巴西，后来在1946年是为秘鲁。1946年3月，战争刚刚结束后，我们去了巴西，在那里工作了一段时间，并且熟悉了那个国家。在那之后的1947年年底，我们返回，并经过尤卡坦半岛（Yucatan）和中美洲到达了秘鲁，并在那里工作了大约6个月。

1946年，我在巴西。那是我的第一次旅行，但是不久后，在1947年年末和1948年年初的时候，我去了秘鲁。从那以后，我在哥伦比亚工作了很多年。我首先是为麦德林做规划，接着是为卡利做规划。

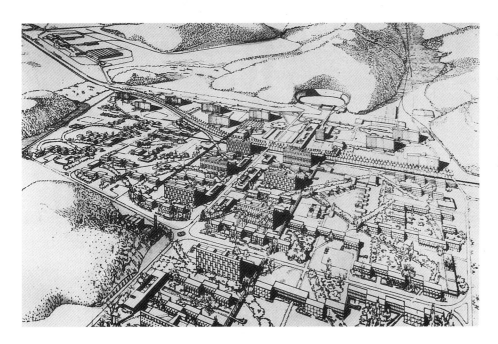

莫托里斯市计划（CIDA DE DOS MOTORES, PLAN）

何塞·路易斯·塞特和保罗·莱斯特·威纳设计，1947年。巴西的一个人口为25000的城市规划，展示出一个市民中心、工厂地带和住房，是塞特为中、南美洲所制订的众多没有实现的规划中的典型。

勒·柯布西耶被期望到波哥大（Bogotá）来工作，我们一起做波哥大规划。因此，那成了再次和勒·柯布西耶一起工作的机会，我已经有许多许多年没有和勒·柯布西耶一起工作了。那是一次非常愉快的经历。我们一起在波哥大工作，一起从纽约旅行去南美。他和我们在长岛待过一段时间。我们在法国南部他的住宅中相遇，并且在那里做兼职，还在纽约和波哥大做过兼职。那种状况持续了好几年，在波哥大的工作结束之后，委内瑞拉政府和美国钢铁公司让我们和委内瑞拉的一个团队去设计一些它们的新社区。委内瑞拉的任务完成之后，我们开始为古巴工作，是在去年的7月份结束的。

我总是对建筑作为人类问题的延伸有兴趣，不仅仅是技术的，而且是人类的问题。我对这方面很感兴趣，因为这表达的是一种生活方式和某种生命之路。和我的同事相比，也许我对较少地用抽象的方式去表达建筑更感兴趣。就建筑作为一件艺术作品来说，这无疑在某种程度上是令人满意的。我总是支持那种观点，也为它与绘画和其他艺术等视觉世界之间的联系而辩护，但我是从这个更为广泛的视野来看待的。我还对建筑将会怎样改变很有兴趣，不仅仅是因为新的材料正要进入市场，而且是因为新的需求呼唤着新的材料。那意味着出现了新的生命之路和新的生活方式，城市正在转型。我在建协中与一群年轻人一起工作。我们都意识到建筑中的问题，这么说吧，从单体建筑到大规模生产的问题再到建筑的工业化。不过接下来，我们意识到那也同城市和社区的发展联系在一起。一件事会引起发另一件事。不存在真正的边界，没有限制，所以我们对人类问题、社会问题、经济问题、技术问题和美学问题越来越感兴趣。它们共同使得我们对建筑的兴趣更加浓郁了。

哈佛大学霍利约克中心
（HOLYOKE CENTER，HARVARD
UNIVERSITY）
何塞·路易斯·塞特、赫森·杰克逊和罗纳德·古尔利设计，马萨诸塞州剑桥，1960年。连接了两条繁忙的街道，这个H形的多功能大楼仔细地退离两条大街。

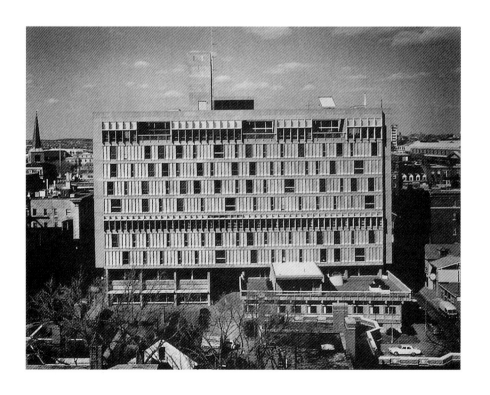

当然，经历了西班牙的改变，见证了欧洲的战争，看到了战前和战后这些年发生的事情，以及南美国家的发展……我在这种个体建筑和城市建筑（容纳着更大问题的建筑）之间的领域中沉浸得越来越深了。那就是我过去几年所做的工作。尽管我继续设计单体建筑，而且只要有机会我就会去建造。我花了很多时间在如今我们称之为城市设计的问题上面。对我来说非常有趣和激动的是那时我开始在这个国家谈论这些被绝大部分人士所忽视的事情。建筑师认为这不是他们的事情，而规划者对这种实体世界（physical world）不感兴趣。现今建筑师拓展了他们的视野，不仅包括了建筑物，还包括了邻里环境和城市局部，特别是包括了城市重建的问题。规划界觉得他们需要一些受过设计训练的规划师。

我必须说同我第一次在哈佛大学做演讲的时候相比，现今的情形已经完全不同了，那时在那里我试图在几场演讲中总结我的著作《我们的城市能幸存下来吗？》的内容，采用了书中的图片。我认为现今所出现的一种意识在那个时候是不存在的。没有人意识到那一点，他们更关心的是细节问题和其他一些不属于这个广阔视野中的事物。今天，我认为他们已经意识到要兼顾两者。你不能忽视的细节，它们和其他东西一样重要。建筑一定会成为一种现实，然而我认为一种通盘考虑的意识是当时所没有的。

我认为就公众、新闻媒体和流行杂志而言，这种意识已经大为增强了。我意识到这个国家在那时比欧洲有着更多的回应。我记得《我们的城市能幸存下来吗？》中的一张插图是我用美国报纸中有关城市问题的头条拼贴而成的。我还记得有一天去伦敦的一个大图书馆试图获得一些关于这个主题的资料，他们不知道该怎样对待我的问题，因为这些问题是与建筑和建筑物联系在一起的，同时也不太关心城市本身的结构。

哈佛大学的皮博迪已婚学生联排公寓（PEABODY TERRACE MARRIED STUDENTS HOUSING, HARVARD UNIVERSITY）

何塞·路易斯·塞特、赫森·杰克逊和罗纳德·古尔利设计，马萨诸塞州剑桥，1962年。3幢22层的塔楼置于许多低矮的有露台的单元之中，这个查尔斯河畔的漂亮建筑群是这种类型的现代住宅发展中最为成功的实例之一。

美国大使馆（UNITED STATES EMBASSY）

何塞·路易斯·塞特设计，伊拉克巴格达，1955年。环绕着棕榈树花园、水池和沟渠，塞特设计了这个3层的钢筋混凝土办公楼和住宅建筑。

约翰·彼得：*您是如何进入教育界的？*

何塞·路易斯·塞特：起初，我一点都不想进入教育领域，因为我有自己独立的职业，以及我希望一生都能自由自在地工作，但是最终格罗皮乌斯让我确信教育是很重要的。当哈佛大学校长科南特（Conant）来见我的时候，我对他说我希望确立学院的方向，为建筑和规划找到一条新的途径，但同时我希望能获得相当的自由来干自己的工作，把教学作为兼职。

我是在1953年来到剑桥的。同时我在为米罗设计马略卡岛的工作室。我为驻巴格达大使馆做了一个很大的策划。我为哈瓦那规划做过设计，这个规划我们现在正在公示，它在几星期之后就会公开。我还在研究哈瓦那的总统府。现在研究的是博物馆和法国南部的麦格基金会（Fondation Maeght）。

总统府模型（PRESIDENTIAL PALACE, MODEL）

何塞·路易斯·塞特设计，古巴哈瓦那，1955年。这个没有实现的府邸是位于一个混凝土伞形薄壳之下的一群相连的建筑。该建筑综合体使用了许多传统古巴建筑的元素，如彩色玻璃、上釉瓷砖、阳光反射板以及周围的院子、露台和水池。

我对第 4 年与格罗皮乌斯一起主持的所谓的大师班感到兴味盎然，因为你得到的英才不仅仅是来自这个国家的各个学校，实际上还有的来自全世界的各个学校。这一小群人到这里来是为了探索建筑规划的解决方式和哲学途径。那就是我们试着做的事情，同这群年轻人一起工作是极富刺激性的，能使人紧紧跟上世界的步伐。然而在个人的工作室中，他会变得守旧并且会忘记周围正在发生的事情。如果你同一群学生在一起工作，你必须跟上时代。

麦格基金会

何塞·路易斯·塞特设计，法国圣保罗旺斯，1964 年。为了最大限度利用了蔚蓝海岸（Côte d'Azur）这块场地，塞特设计了一个明朗的用白色混凝土、清晰的玻璃、石头建成的建筑，还有一个向上倾斜的反光屋顶。这是一个卓越的现代博物馆设计。

贝聿铭

"我认为依据风格去设计是一件事，但是依据心中的风格去设计则是完全不同的事情。"

我第一次知道贝聿铭的时候，他正在为罕见的不动产代理人比尔·泽肯多夫（Bill Zeckendorf）工作。我们的工作室彼此相邻，位于公园大道（Park Avenue）附近老马格丽公寓酒店（the old Margery Residence Hotel）的顶层。后来，在这些采访期间，他穿着订制的双排扣深色西服，戴着圆框眼镜，洋溢着迷人的热情，随着岁月的流逝他并没有发生太大的变化。只有极少数没有觉察力的人才会将他那轻松的微笑或常见的笑声错误地当成缺少严肃性或者缺少对目标的坚持。

一位法国批评家曾经对他说："你是美国人，所以你不尊重传统。"贝聿铭回答："不过我也是中国人，我们中国人尊重传统。"在某种程度上，这也代表了他在现代建筑中的地位。他创造的现代建筑作品独树一帜，并且没有抛弃建筑革命的基本原则。这个方面的一个佐证就是他对早期现代建筑强调关注社会的尊崇。这导致他早年涉足公共住宅——纽约市基普斯湾（Kips Bay in New York）的和费城协会山（Society Hill in Philadelphia）的——以及他在波士顿政府中心（Boston Government Center）和纽约布鲁克林的贝德

福德·斯泰弗森特区（Bedford Stuyvesant of Brooklyn, New York）所做的城市规划，他告诉我在那个时候的纽约："社区（community）是我们的顾客。"

多年来，他有意识地依次探索各种主要的建筑类型。他说"这家公司已经完成了各种各样数量极为惊人的工作，部分是靠选择，部分是靠机遇。"他认清了在人与建筑的事情中机遇与时机的实质。贝聿铭明了建筑就像政治那样，是可能性的艺术，但是他能将许多人认为是不可能的事情变为可能的。同一些重要的第二代现代主义建筑师一样，他的作品没有那种一眼就能辨认出来的风格，而是以一贯的品质和想象力而受到赏识。

纽约大学的大学广场（UNIVERSITY PLAZA, NEW YORK UNIVERSITY）贝聿铭设计，纽约市，1966年。这个令人钦佩的城市居住综合体聚合了两幢纽约大学公寓大楼和一幢配套的政府提供的中等收入住宅塔楼。它们被灵巧地并置在一块景色优美的场地上，巴勃罗·毕加索创作的一个沙磨混凝土雕塑提升了其品质。

1956 年

约翰·彼得：*让我们从您在哈佛大学建筑学院毕业后开始教书谈起吧。*

贝聿铭：约翰，顺便说一下，我是阴差阳错地卷入到教学里面去的。我完全是误打误撞进来的，那并没有经过计划。那是在第二次世界大战快要结束的时候。我准备回中国，想在中国多呆几个月。我并不想要一份非常固定的工作，你瞧，那会在一段时期内束缚我，而教书恰好能提供那种灵活性，我就接受了。

其实，我没有任何教学经验。我从未想过我会做一个好老师。我必须说我在这三年的教学工作中所得到的比我之前这么多年的受教育生涯还要多。我知道我教书学到的比我当学生的时候学到的要多。

可以这么说，那正是合适的时候用来掂量自己的分量，也就是我学到了什么，我将走向何方。我认为说教书是非常重要的关键原因是那时候我可以避免急切想回家的渴望。我想回家，我想在那里一展身手。然而我知道那段时间是不适合回家的。教学是唯一我可以做的事情，因为我不可能走进某家公司，对人家说："我要为你工作，不过6个月之后我可能会离开。"而从事教学，你可以这样。

你瞧，我打算回去。我没有放弃过，即使在我为泽肯多夫工作的时候也是如此。我一直想回去，因为这是人的天性。我的家在那里，我的妈妈也在那里，那时候我的未来一定也是在那里的。直到20世纪50年代早期，我想应该是1954年或1955年，我断定已经没有机会了。

约翰·彼得：*您在那里不能做你想做的工作，对吗？*

贝聿铭：你说得对。即使我回家也还是要工作的。所以这是一种自我挣扎，什么时候回家，最后变成了我应该回去吗。教书给了我那样的时间，使我能够待在这里，进行思考并等待政治形势稳定下来。

约翰·彼得：*您读到过什么能称得上是对您的设计思想产生了重要影响的东西吗？*

贝聿铭：有的。我下了很大的工夫阅读老子，尤其是我从学校毕业之后。当我在大学的时候，我确实不具备阅读老子的才智，尽管我小时候就读过。我读得快，忘得也快。但是从那以后，我反复地阅读过老子，我认为他的著作对我建筑思想的影响是超过其他任何事物的。我认为许多的现代建筑师会告诉你相同的回答。我会毫不犹豫地推荐老子的著作，虽然阅读起来非常困难。我一次只能阅读一页。当你看完那一页的时候，你会感到些许疲惫。它不是那种在轻松愉快的时候你愿意阅读的书籍。是的，我强烈地推荐他的著作。

约翰·彼得：*何种技术或者什么样的社会发展一定能使建筑发生巨大的变革？*

贝聿铭：嗯，如果可以的话，我想对这个问题稍做修正。如果你将建筑从设计中分离出来，建筑意味着一个单独的建筑物或者是一群建筑物，那么你将会得到一个答案。但是当你考虑到设计，那将会是另一回事。举例来说，我相信原子弹爆炸的威胁不会对我们的城市设计产生任何影响。但是我认为城市本身的持续扩张或是集中化，如果允许其持续如此的话，将会极大地影响设计。

举例来说，交通就是一个非常严重的问题。当我们建设曼哈顿岛（Manhattan Island）时处处碰到这个问题。我想说交通是一个非常重要的问题，同样会对

贝聿铭在他的纽约市事务所中，1955年。

设计产生重大的影响，并且会影响到建筑群。同样，我认为它的影响可能会传播得更加广泛。

约翰·彼得：*建筑有前途吗？*

贝聿铭：答案只会是肯定的。我喜欢这样来表述：我认为那些期望看到一次巨大变革的人士将会失望。我认为不会发生巨大的变革。建筑已经走完了这种改革时期，而且我认为未来、建筑——让我们不要称之为建筑之未来——可能同现今正在建造的建筑不会有什么两样。在技术方面肯定会有所提高。动力装置也许在抽屉里，不再占用一个非常大的地下空间。像这样的事情可能会发生，然而建筑本身，外部表现和建筑形式，可能与我们今天正在建造的建筑类型非常相似。我不希望在未来的几十年中会发生很大的变革。我认为我们有许多东西需要消化和完善。

现在我期待未来会更加丰富。我指的不是大量的颜色和大量的形式等等，而是更加丰富。我期盼那样的情景会出现，尤其是大众对现代建筑的接受。一旦他们接受并理解了现代建筑，他们会在其中投入更多的资金，会对现代建筑提出更多的要求和追求更高的品质。我认为你将会发现在建筑的那个方面出现了更大的变化，而不是更加新奇的建筑类型或是会彻底改变建筑的形状和样式的新型建造方式。我不期待那样的事情，至少在不远的未来是如此。

约翰·彼得：*您如何看待空调系统或者其他的发展？那些东西改变了建筑吗？*

贝聿铭：空调系统当然对建筑的表现和设计有着巨大的影响。为此我们只要看看利弗住宅和马赛公寓就行了。毫无疑问的是空调系统没有什么好处，所以他们不得不关注自然的因素，比如阳光之类。他们不得不拒绝空调系统。然而在其他一些建筑中，你可以忽略阳光，你进入了一种完全不同的建筑结构和建筑设计之中。

螺旋形公寓模型（HELIX APARTMENT, MODEL）

贝聿铭设计，1949 年。这个没有实现的螺旋形公寓是贝聿铭应对变化的家庭需求的解决方案。

1987 年

谈到空调系统，我想起了一些事情。联合国总部大厦项目进行期间，勒·柯布西耶在这里。我认为大约在 20 世纪 50 年代早期。我正在设计螺旋形公寓，你记得的，同泽肯多夫合作的。当然，泽肯多夫对这个螺旋形公寓感到非常自豪。他打算将其展示给勒·柯布西耶，并让他来和我见面。他将设计拿给勒·柯布西耶看。勒·柯布西耶看了又看。嗯，事实上他看起来对我留下了印象。他没有显露出来，便对这个设计不予理睬了。他看起来非常强硬，最后他说："你明白的，阳光在哪里？"

"阳光在哪里？"因为这个螺旋形建筑是没有方向性的。为什么？因为有空调系统。它不同于巴西，对于我们这些在美国做设计的人士来说，空调系统不再是一个重要的考虑因素。如果你要设计一栋公寓，重要的东西是视野，实际上比阳光更加重要。当然如果有阳光，那会更好。为什么要抵制阳光呢？让阳光进来吧。因此这就是不同的地方。然而他问的那个问题使我震惊，我从来没有思考过。我差不多接受了它。但是那个问题使我震惊，那个问题也是非常重要的。有时候，你甚至到最后都可能不会接受某个看法，而事实是它促使你思考，并且由于接下来你会有所改变而使你成长起来。然后你会作出反应。那仅仅是其中的一个例子。

约翰·彼得：*在未来，是否会更少地关注单体建筑而更多地关注复合式单元（multiple units）？*

贝聿铭：的确如此。让我给你举个例子。我非常有限的一些经验就使我对这一点确信不已。几年以前，大概是五六年前，我们正在设计小型建筑，并且每次只设计一个。今天，仅仅相距 5 年时间，我们绘图板上的项目中有百分之八十包含了一个城市街区，或是许多城市街区。你明白的，这种类型的设计当然不会在另一个 5 年或者 10 年中就会有成果。我确定在遍及这个国家的许多绘图板上你会体验到与我相似的情形。从现在开始的 10 年间，如果我们被允许或者有幸看到我们的计划实现，你可以想象那些项目对城市做了些什么。我认为城市首先进行规划，这是我们今天压根儿就没有的。

洛克菲勒中心可能是螺蛳壳里做道场的一个非常好的例子。我们中任何一个人穿梭在这个建筑群中都可能对它的建筑风格等等颇有微词，但是当你走进这个复杂的建筑群时仍然会有某种满意的感觉，因为其中存在着一种关联性。这些建筑同其他建筑有联系，并且每个建筑都与开放的空间有联系。我认为那将是最重要的东西，在我看来就是如此。

先驱者们没有真正获得那样的机会。我认为机会是一个恰当的词汇。他们没有机会。我认为我们将会继承它，同样地，我们应该尽可能做到最好。

在目前的情况下，我认为对建筑作为社会性艺术的强调是不够的。我不是这样的，我对这一点的强调是足够的。我一直认为我在 20 世纪 50 年代和 60 年代所做的城市更新工作是非常重要的，因为处理的是城市住宅问题。但是作

基普斯湾广场（KIPS BAY PLAZA）
贝聿铭设计，纽约市，1956 年。这两个公寓新颖的现浇蜂窝形混凝土墙是对联邦住宅管理局（Federal Housing Authority）限制性需求的一次建筑上的突破。

为一种艺术形式，它们是有限制的，他们的确是有限制的。从建筑角度来谈，又没什么好谈论的。我的意思是这种方式太简单直白了。基普斯住宅大楼必须放到时代的背景下去看待。它是于20世纪50年代早期构想出来的，完成于60年代初，是我和泽肯朵夫合作的第1个项目。由于对租金的以及其他所有迫使降低建造成本的因素，使得人们不会将太多的资金花在公寓上。如果你还能记得，基普斯住宅大楼的先行者是彼得·库珀村（Peter Cooper Village）和施托伊弗桑特镇（Stuyvesant Town），由大都市人寿保险公司（Metropolitan Life Insurance Company）建造。它们是放置在棋盘格局中的开着小窗的砖建筑。那种方式及其结果就是美国联邦住房管理局（FHA）想要的。那时我们继续跟随着这个背景，我们需要美国联邦住房管理局的资助。不过我们设法去做一些与已接受的准则不一样的东西。我认为在那个背景下我们有了新的突破，由于上述的原因而彰显了其重要性。实际上我们用非常少的资金去建造，这本身算不上是胜利，仅仅是我们采用了不同的方式去建造，用极为有限的手段仍然完成了。换句话说，我们发现一种可供选择的方式去建造开着钢制小窗的砖建筑。我们发现了一种可供选择的方式，并且这种方式在那个时候没有遭到排斥。

公共住宅是令我非常满意的。我们在费城建造过，我们在纽约闹市区的大学广场（University Plaza）也以同样的原则来建造。从那以后我们没有做过太多的公寓设计，因为我们转到其他领域去了。基普斯湾的是基于我必定会采纳的方法和组件所能完成的最佳实例，其中还有来自美国联邦住房管理局的协助。但是它没有给我同样的满足感，这让我满意的是我能够提供像样的住房，但是你的目标、你的成绩必然会受到限制。建筑作为一种艺术形式，我认为你在公共住宅中是找不到的，因为它的限制是非常大的，大到了极点。而这并不会削弱它的重要性。由于为人们提供廉价的住房是很重要的，这使得公共住宅越发显得重要了。同样地，为城市生活创造一个环境，一个物质环境，是非常、非常重要的。

形式的探索、空间的探索是你必须到其他建筑类型中去寻找的，比如说博物馆。因为那个原因，我进入到公共建筑领域，它们是另外一个维度上的社会，

协会山公寓和塔式住宅（SOCIETY HILL APARTMENTS AND TOWN HOUSES）

贝聿铭设计，费城，1962年。贝聿铭设计的31层混凝土公寓塔楼和费城市中心原有的3层弗兰德砖砌住宅之间的敏感关系，使之取得了一个成功并且广受褒扬的城市复兴成果。

你瞧，另外一个维度。它们的限制少多了，可以使建筑师更深入地去探究艺术方面的表现。这是不同的，但是这也不会使得一者要比另一者重要。

约翰·彼得：*您也涉足了城镇规划，像波士顿。*

贝聿铭：我们为埃德·洛格（Ed Logue）做了政府中心的规划，已经实施了。我们没有做任何的建筑物，但是我们做了总体规划。我想说我们从中得到了很多的满足感，不是因为别的原因，就是保护了法纳尔山（Faneuil Hill）的尺度。在市政厅的设计竞赛计划中，我们取消了一幢高层大楼，并明确说明它必须是一幢水平的建筑。我们将其推荐给埃德·洛格，他接受了。它首次被写进了美国的一次竞赛计划中。计划书说基于围绕的原因，这栋建筑不能是塔楼。我们需要围绕物去给法纳尔山一个环境，一个景观，那在尺度方面是恰当的。

我遭到了许多参加了竞赛的建筑师朋友的严厉批评："你怎么可以那样干呢？你怎么能将那样的限制写到计划书中呢？"嗯，我对我们做的感到高兴，因为那样做的一个结果是我们在巨大的区域里创造了两种不同的空间，即前边的市政厅广场和法纳尔山，两者尺度不同，但彼此相得益彰。那是我们在规划方面作出的最伟大的贡献，而不是在建筑方面。

我们被要求在巴黎拉德方斯（La Defense）设计一个建筑，结果只完成了一个规划。我们重新规划了拉德方斯，是为了给建筑找一块地方。这个地方就在拉德方斯的端部。那时候他们希望这个地方是空的。因为他们希望在那个地方是可以通过的，像林荫大道一直通到圣日耳曼街（Saint Germain）。我说不可能，如果你不终止这样的计划，你们将永远得不到空间，得不到生活的焦点。他们买下了那块地，但是他们不能买到事实。那时候，一个美国人来了，在拉德方斯做最重要的轴对称式建筑。坦率地说，这就是蓬皮杜（Pompidou）所说的："这就是法国伟大的轴对称式建筑，一定要由法国建筑师来完成。"我认为那是记录在案的。

我认为规划是非常重要的，并且建筑师应该为此多做点什么。但也是很耗心血的，某些方面你没有得到应有的满足。让我们这样说吧，很不幸，因为它应当是重要的，它应当是重要的。

约翰·彼得：*我们知道在更早的时期里，艺术已经被融入到建筑里面，作为修饰的元素，装饰的元素，诸如此类的美化之物。当然，在现代建筑革命中，他们将它剔除得干干净净。公众已经觉得它不如以前有人情味，或是不如以前丰富了。那一点有任何正当性吗？*

贝聿铭：噢，当然有，由于人们总是渴望丰富，颜色常常吸引着人们。我认为现代建筑扫除了许多那样的东西，我认为有很好的理由。因为我们再也不会有石匠像他们在大教堂里那样去雕刻石头了。实际上，这样的事情在希腊时期或者更早的时期就开始了。我们再也不会拥有了，如果我们尝试去做的话，我们做的会不如前人好，不是吗？因此，你显然不想去做那些比不上1000年

政府中心总体规划（GOVERNMENT CENTER MASTER PLAN）

贝聿铭，波士顿，1960年。贝聿铭和他的合伙人为市政厅竞赛和政府中心确立了这个再开发计划，66英亩的场地位于波士顿有历史性却被忽视的中心区。

拉德方斯模型（LA DÉFENSE）

贝聿铭设计，巴黎，1966年。贝聿铭为这个卫星城发展所做的没有实现的计划是围绕孪生的办公大楼而构思的，保留了通向卢浮宫——协和广场——星形广场（Louvre-Concorde-Étoile）的视觉轴线。

前甚至 50 年前的古人的事情。你必须继续前进，我们必须与时俱进。正如你剔除了装饰，你不必去做所有这些事情。我认为现代运动试图将所有这一切剔除出去。然而，它有一样好东西，它确实做了某些事情，引起了对建筑师的关注以及训练我们这一代人去考虑装饰以外的东西——空间。空间不需要装饰，空间其实是一个表面，是你如何安置墙。我认为那可能是一件非常抽象的事情。事实上，即使你没有颜色，可能只是一种颜色，全部是白色，全部是蓝色。你要去处理空间。你拥有形式，装饰或有或无，也会获得漂亮的形式。比如说，看看现代的艺术，全部是形式。建筑学应该处理好它的精髓，而不是处理那些虽然我们喜欢但已不再适合于我们时代的东西，而且我们也没法做了。这不意味着我们不应该去做，我认为复兴正在进行。装饰没有被剔除殆尽，其可能性是存在的。但是我认为在现代运动的初期我们必须剔除装饰，关注没有装饰的形式和空间的可能性。

1956 年

约翰·彼得：*现在很多人觉得现代建筑是缺乏色彩的，或者说是过于质朴，也可以说是调色板的限制过于严格了。*

贝聿铭：嗯，当然啦，形式比色彩重要得多。色彩的任何一种使用方式，如果能净化或者表现建筑的形式，那么就应当去使用。只有当它开始危及到形式的时候我会采取不同的立场。当你想到就建筑的单色而言——公众对此特别担心，尤其是当你看到湖滨大道（Lake Shore Drive）上的现代建筑时——不要忘了天空是有颜色的。蓝色的天空将建筑的玻璃染成了蓝色，那也是一种色彩，所以人们一定不要忘记背景。通常一座相当简单甚至过于简朴的建筑坐落在一个合适的地点，会是最吸引人的。

1987 年

约翰·彼得：*每一次我开车路过剑桥那个肯尼迪图书馆（Kennedy library）原本要坐落的地方，我总是对它没有建在那里伤感不已。*

贝聿铭：这我认为于环境有关，于时间也有关。我开始这个项目是在 1965 年。1964 年我被选为这个项目的建筑师，当时哈佛大学在河的两边为我们提供了很多场地。最终，我们，即当时的肯尼迪夫人、她的顾问还有我，都强烈地觉得这个车库的地址是合适的场地。它位于生活区的中心。它的交通便捷，这是要紧的。这块场地再合适不过了。然而不幸的是，当我们着手安排、设计这个建筑的时候——是在 1968 年——项目才刚刚开始，越南战争对它造成了很大危害。人们的力量，就公众和学生而言，在那个时候变得非常突出。他们都想要个说法，当然，他们都非常反对现存的体制。肯尼迪的光环在那时褪去了，在一定程度上，是因为他认为应当加入越战。在那时我们必须对抗所有这些政治和社会的力量，那是不可能胜利的。

除此之外，你还必须考虑到在大学、在波士顿以及在剑桥的其他一些观点。

许多力量全部与我们对着干，全部在对着干，当然，还有交通问题。人们认为这会耗费难以计数的人力。因此，它肯定会毁坏哈佛广场。当然，它不会是这样的。那对于我来说是个巨大的遗憾。

约翰·彼得：*这便是那个建筑的设计吗？*

贝聿铭：我们没有到达那个程度。我们对一个设计的思考从未达到那个程度。我们做了很多设计，但我认为剑桥地区的公众或者普通人士不会对这个设计太感兴趣，他们更感兴趣的是总统图书馆建在那里的想法以及将会来到这个地方的小汽车数量。那就是为什么我会说你必须在正确的时候拥有好运。

约翰·彼得：*办公大楼有着一种幸运的元素。今天您对汉考克大厦（Hancock）的感觉怎样？*

贝聿铭：我依然认为这是一个好建筑。我告诉你为什么，因为首先我认为亨利·科布（Henry Cobb）对这个建筑的影响比这家公司里的其他任何人都要多。因此我会赞扬他。这是一种极少主义的方式，但是接下来，它展现了没有雕刻、没有山墙、没有各式各样的花岗石也能获得丰富的效果。它不必拥有所有那些东西，仍然是一座丰富的建筑，极少但仍然丰富。因为他运用了形式，运用了光，运用了错觉或者玻璃的反射能力。这些就是你能在现代建筑中运用的元素。

现在你不可能建造出在雷蒙德·胡德（Raymond Hood）时代那样的建筑。你不能够。如今我们营造建筑的阴影，比如雷·胡德（Ray Hood）。雷·胡德造的建筑比我们好。为什么？因为技艺。如今已经没有了。我们认为那些建筑是伟大的，我们尽力去模仿。但是我们怎样才能成功？没有办法获得成功。

从另一方面来说，洛克菲勒中心是一个胜利。它与建筑的风格无关，它是一个高品质的城市综合体。我会说这是唯一重要的作品。如果你让我将城市设计包含在我对现代建筑的评价之中，我会将洛克菲尔中心考虑在内。它是非常重要的，那个时代也是非常重要的。它建造在那个时代，建造在经济大萧条（Depression）时期，事实上，当时的建造费用相对低廉。因此洛克菲勒有条件做很多今天大部分开发者无法负担得起的事情。

约翰·汉考克塔楼（JOHN HANCOCK TOWER）

贝聿铭和亨利·科布设计，波士顿，1966年。这座60层塔楼的体量被它优雅而纤细的形体以及具有反射性并能映出周围城市景观的玻璃幕墙缩减至最小。

269

约翰·彼得：*现代主义建筑是一种风格吗？*

贝聿铭：我认为建筑师在设计中有意识地保持风格是很危险的。我说这是一件很危险的事情，因为这不仅仅只是开端。我认为依据风格去设计是一件事，但是依据心中的风格去设计则是完全不同的事情，对后者我是不会赞同的。我认为作为一个建筑师，他像诗人、作家那样拥有一种风格，并且那些风格来源于他自己做事的方式。但是如果他想要有意识地运用风格去设计一个建筑，我认为他会失败。另一方面，如果他是一位好的建筑师，他的工作必须要有风格。

即使在某个运动中，各种风格之间会很不相同，单个作品也会彼此相异，就像画画一样。画作是很不一样的，但是你仍然可以区分出布拉克和毕加索。他们都加入了早期的立体派，但是我能将他们区分开来。立体主义是时代的常见元素吗？或者是风格使得毕加索和布拉克不一样？我认为是个人的风格使然。

约翰·彼得：*您想对现代建筑所取得的成就说些什么吗？*

贝聿铭：我认为这是设计方面的一次重大的转变——看待建筑的方式。鲍扎传统是很久以前在法国开始的，如果不是在 18 世纪，就是在 19 世纪早期，非常古老，而且不再与我们的时代有关。因此，这个建筑革命必须发生，必须会发生是因为它已经酝酿得太久了。你建造房屋，不知何故你觉得建筑同我们的生活没有关系。

所以建筑革命发生在第一次世界大战之后，尽管在这之前由于历史的延续性革命已经启动了。很难说是否正当其时，但是我想说德国在第一次世界大战之后向现代建筑的转变开始了。包豪斯碰巧在那时出现在那里。不过当然不是只有德国的人士正在思考这个问题。然而那仍然是一次非常重大的变化，达到了如此惊人的程度，以至于我们说这是一场革命。

现在当你想改变思考的方式，你必须过分地去简化，像选定标语一样。共产主义做到了，法西斯主义做到了，现代建筑也能做到。我不是将建筑和政治这两者等同起来，然而"形式追随功能"是一个过分简单化的术语，但是，不过，作为口号很有效。"用于居住的机器"（Machine for Living）。勒·柯布西耶是否最终为曾经说过那样的话而后悔？我认为不是这样的。在那个特别的时期，这句口号使人们震惊，他们不得不开始思考一栋房子不应该被看做是一把舒适的摇椅，它成了别的什么东西。他们应该对房子进行简化。他们必须使房子像宣言那样有力量。很多人可能并不是真正地相信所有的这一切。但是，这还是满足了他们的目的。

约翰·彼得：*您能就那一点再阐释一下吗？*

贝聿铭：当然可以。我认为那里存在着缺陷，但我不会说这是运动缺陷。只是这个缺陷特别需要引起人们的注意。

约翰·彼得：革命结束了吗？

贝聿铭：我看到了连续性。我们才刚开始。我认为那个假设，更确切地说是我们现在所定义的现代主义建筑，是完全合理的。它在时间背景中有着巨大的限制。我认为是巨大的限制，但限制并不会使它站不住脚。它出现在某个时期，当整个……建筑景象被鲍扎传统所统治，突然间出现一种看待建筑的新方式。这就是为何它被称之为革命。即使我们继续去找茬说，噢，天哪，它单调乏味，你瞧。这太固执己见了，你怎么继续去辩解"形式追随功能"作为口号是有效的？你不可能再去那么做，但是不要介意。那个假设是合理的。时代已经改变了，但是建筑并不会随着时代而改变，有些事情必定做完了。那么现在的问题是不断地去发展、改进和丰富。这个过程正在进行，然而我认为变化的基础是不容置疑的，是有效的。它延续着，它仍然在那里，只不过它会继续地演变和发展。

至于那些处在变革最前线的人士——赖特、勒·柯布西耶、格罗皮乌斯和密斯——这些促使革命发生的人士。他们会继续奋战在那里。随着时间的推移，他们的名字将越来越闪亮，肯定会越来越闪亮。

伯鲁乃列斯基和米开朗琪罗，在当时他们之间是有差异的。为什么米开朗琪罗是重要的，我认为是他推动了文艺复兴风格转向巴洛克风格。然而仍然是同一种设计的复兴传统。米开朗琪罗改变了它。由于他和伯尔尼尼（Bernini）还有一些别的人士，建筑的发展进入了巴洛克时期。因此，另外一群大师出现了，博罗米尼（Borromini），伯尔尼尼等等，接下来是手法主义。所以出现了这种改变，不过它们仍然属于同一种传统。然而那些变革的先驱者往往会比那些对传统进行缓慢地演变、丰富的人士享有更大更久远的名声，你知道的。他们在那里，他们最先到达那里，他们是第一批吃螃蟹的人。我认为事实是他们最先到达那里，及时地出现在那个时代。他们的名字将永放光芒。

在现代主义建筑的名义之下，突然出现了许多非常乏味的建筑，然而那不是他们的错。我认为这个运动还会继续开展，就像文艺复兴是对14世纪的增进与丰富。它在15世纪达到了高峰，在16世纪和17世纪进入了巴洛克时期，但是这具有相同的连续性。它仅仅是在继续发展和前进。

华 盛 顿 特 区 西 南 部 计 划
（SOUTHWEST WASHINGTON D.C.,
PROJECT）

贝聿铭设计，华盛顿，1953年。贝聿铭为华盛顿特区一处被忽视的区域所做的出色的城市改建计划，中央是一条300英尺宽的商业街。这个项目被拒绝了，但是后来建造了其中的重要部分。

评 价

当今的建筑都是现代建筑。我们可以有把握地说那场革命已经结束了。建筑一直在进化和革命。记录在本书中的是革命阶段，书中涵盖了现代运动的肇端和确立，20世纪60年代中期的终结，以及被下一个进化阶段所代替。这个阶段指的是被人们所广泛接受的用来描述当代建筑的"后现代主义"。美国建筑师罗伯特·文丘里于1966年由纽约现代艺术博物馆出版的著作《建筑的复杂性与矛盾性》Complexity

and Contradiction in Architecture），确立了后现代主义的到来。他在紧随这本书之后于1972年出版了《向拉斯韦加斯学习》一书，这是耶鲁大学建筑学院所做的一个研究，是与丹尼斯·斯科特·布朗（*Denise Scott Brown*）和史蒂文·艾泽努尔（*Steven Izenour*）共同撰写的。这两部著作清楚地表述了对现代建筑颇具影响力的反应，提倡更大的自由、增加多样性、认可本土特色和运用历史象征。

新国家美术馆
路德维希·密斯·凡·德·罗设计，
柏林，1966年。

在《建筑的复杂性与矛盾性》一书中，文丘里宣称：

建筑师再也不用为正统现代建筑那种清教徒式的道德语言而担惊受怕了。我喜欢元素的混杂胜过纯粹，妥协胜过"纯净"，扭曲胜过"率直"，暧昧胜过"清晰"，既反常又客观，既乏味又"有趣"，因袭胜过"特意"，随和胜过排斥，冗余胜过简单，既退化又创新，矛盾与含糊胜过直接和清晰。我赞同杂乱的活力胜过明显的统一。

人们普遍认为对后现代主义的描述是含糊的，在有些人不同意文丘里的理论的同时，早期现代建筑的明显不足也遭到了怀疑和改造。然而，这些提出挑战的人士并不是最早认识到现代建筑之弊端的。这本《现代建筑口述史》中随处可见现代建筑的一些最忠诚的拥护者和开拓者的批评。像其他任何的革命一样，会有早期的支持者质疑现代建筑的一些宗旨，也会有那些后来对其结果感到苦恼之人。其他人认可了现代建筑的失败，找出原因，并且看到了一个依旧光明的未来。属于后者之一菲利普·约翰逊让我们分享了他的观点。

菲利普·约翰逊：   1955 年

建筑是一个极为愚蠢的职业。我认为大多数学生都是知道的，至少，我经常同他们讲的。但是我认为我们应当来谈谈建筑艺术的未来。

当然，我是非常乐观的。我觉得我们正处在建筑的一个黄金年代中。从我浅薄的知识中，至少在绘画方面，或者在戏剧方面，甚至在写作方面，由于我对这些知之甚少，我都不会那样说，我也不想那样说。但是我知道在建筑方面我们已经达到了或者说开始去达到一个非常棒的能在其上进行建造的风格背景，这也就是你为什么能够就未来进行言说的原因。想象一下，假如我不得不在 75 年前去实践，我必须为每一个我所建造的建筑发明一种新的风格，就像理查森或可怜的沙利文那样，对他们来说每一个建筑都是一次挑战。他们必须从零开始。现在，我可以运用密斯的所有成果，勒·柯布西耶的所有成果。我不能运用赖特的，这是至关重要的。赖特属于当下，活在当今，但是他的作品不属于当今。我认为他的作品给予我们的震撼也许堪比帕提农神庙，然而这仅仅是有关同等的信息量而言。它与我们工作之间的关联仅仅是同帕提农神庙一样。但是密斯的全部成果，所有的国际式风格，用一个短语来说，即是面粉之于磨坊。我们就从那儿起步，运用我们的眼睛。你读的杂志越来越多，就读的学校越来越多，那就是建筑的实践、教育和出版的过程。不完全的现代作品，同鲍扎妥协，再也没有人严肃对待这个问题了。

建筑的未来是确切无疑的，因为无论怎样遭受戈夫之流和古典主义者的两面夹击，在这 30 年过去之后，现在看来主流已经流行起来了。我相信我们已经来到了这一个时期，自从 18 世纪巴洛克式综合风格以来这是第一次，我们拥有了一种属于我们血液中一部分的风格化背景，在此之上我们可以开始设计。

现在我不会对你说，你必须去做国际式风格的作品。如果可以的话，让他们放弃吧。甚至让他们去尝试将形式弄得弯曲，像弄弯他们的手指一样，像沙里宁正设法去做的那样，也是我设法去做的。所有称职的建筑师都在设法去挣脱。这就是在你所获得的和你从密斯那儿继承下来的规则之间的张力。对于沙里宁、贝聿铭或者我来说，我们试图从那儿开始发展，试图站在那些巨人的肩膀上。让人惊异的是我们最好的作品受到的约束是最大的。这在直线条风格中是最具代表性的。我认为需要花上好几年的时间才能弄清楚沙里宁的路德学院是否比通用汽车大楼更优秀。

历史当然会成为最终的裁决者。但是我觉得作为一名不完全的历史学家生活在某个时期，获得了接受一种建筑风格之后的宁静，该是多么的美妙！第一次是从 18 世纪开始，那时每个人都知道窗户的设置是好还是差。在雷恩时代（Wren's time），他们知道厚薄门框之间的差异。现在我们知道恰当布置的柱子与特大而笨重的柱子之间的差异，或者在一个应当承受压力的地方你是否运用了砖。

在这个意义上，风格将会是一个语料库（corpus）——我使用那个奇怪的词语只是因为它能帮助我——理解设计的概念和原则的通用语料库。这只是一组线索，比如，我们每个人在建造一栋诸如西格拉姆大厦、860 号湖滨大道公寓、利弗大厦和马赛公寓这样的高层建筑时，都是从平地向上建造的。那才是风格的基本感受。

现在，不管拉塞尔·希区柯克是否于 25 年前在他的书里表达过，这是关于体积（volume）的感受，而不是关于体量（mass）的，或者不管原因怎样，在我们身上是天生的感受。我们不会觉得我们是在抄袭任何人，因为我们展示了第二层楼的底面部分，那完全是我们的风格特征。另外，相同的情况出现在处理对称性和设计立面的方法上。我们采用了希区柯克所谓的一致性原则。那是一种地基，布满密密麻麻的柱子。比如，许多人注意到在利弗大厦地下室的密集柱网中有一根柱子放错了，这根柱子对那些与一致性合拍的元素造成了干扰，而一致性在建筑的发展中被当做了一个基本的主题。

还有另外一个我们没有谈论过的特征，但是我们都实践过：我们中没有一个人使用装饰。赖特和戈夫使用的装饰要多于沃尔顿·贝克特（Welton Becket）和我，这绝不是偶然的，因为在那件事情上我和沃尔顿·贝克特的观念是相同的。我们都信奉同一种风格。他的解释自然稍微有些不同，那很好。我认为越多越好。

实际上，我认为沙里宁正在经历的斗争，是他灵魂中一种真实的挣扎。他那芬兰式的北欧气质使他的确难以摆脱这种他认为是来自密斯·凡·德·罗的影响。如果我认为自己挣脱了困境，就像我在自己的住宅或犹太教堂中所做的那样，历史将我拽回来，或者我会找到回归之路，如果回归是被拽回来，这些都会让我觉得更加高兴。但是如果有任何一个人可以改变这种风格，或者改变这种风格的状态，去利用一种风格中的细小分支，让他们去尝试吧。

毫无疑问，在哥特时代，哥特风格也在改变。尤其是在英格兰，出现了3种样式，尽管还是属于哥特风格，风格也并不像早期英国式的。当今的现代建筑并不是像20世纪20年代的那样，看起来像一个开了一圈窗户的粉刷盒子。

就以卡塔拉诺的新住宅来说吧，一个用胶合板做成的双曲抛物面和一个纯粹的塑料屋顶，所以当你接近那栋住宅时，你会看见在端部用层压结构支撑，这种结构的跨度极大。玻璃墙布置在双曲抛物面的中轴线上，其平整度堪称完美。你看不到混凝土与玻璃搭配时常见的那种粗俗。无疑，那让我着了迷。我不想做这些。这也许不是我的兴趣所在，但是我的眼睛依旧为其所吸引。卡塔拉诺处在推动风格边界的主流之中。我对采用双曲抛物面和薄壳穹顶的伙计们表示欢迎。他们没有让任何一个基本的命题变得无效。他们还没有开始运用装饰。他们没有说让我们不采用常规的柱间距（column-spacing），并且将柱子掩盖起来。没有，常规的序列依旧在那里——所有的基本特征。正在改变的是它变得丰富了，正如所有的风格一样。

看看罗马风在发展过程中的不同吧。希腊，当然是个例外。它们没有发展，变得差不多接近密斯了。密斯是现代风格的希腊。他提炼，提炼，不断提炼，直到他最终的建筑成为他最完美的建筑，从严格的意义上来说这是非常希腊的。沙里宁更加外向，而勒·柯布西耶，异乎寻常地最富巴洛克精神，终结于朗香教堂。它应该用喷浆和玻璃建造，成为一个光亮而轻盈的笼子，拥有神奇的塑形能力。但是现在的技术人员简直是白痴。他们无法跟上勒·柯布西耶天才式的想法。朗香教堂建造起来了，不过用喷浆是无法完成的，只能用碎石、砖石和他们能够找到的任何老材料放在一起，然后在上面抹灰。换句话说，理念比技术超前了一点，这是合适的。西格拉姆大厦和朗香教堂都是极端的例子。它们仍然彼此钦慕，这不是偶然的。

回过头去看看1923年这种风格的诞生是很有趣的，现在已经过去了32个年头。我认为任何人，甚至是比我年轻的建筑师，都会去回溯密斯设计的向各个方向伸展的砖宅或者是勒·柯布西耶的奥藏方住宅（Ozenfant House）这两个不同的实例，从而感到熟悉无比并且极为敬佩。

这个方面的一个更好的没有人能够否定的例子，是一把精彩的椅子。我们时代最伟大的椅子是在1928年由密斯·凡·德·罗设计的巴塞罗那椅。每当我们都需要一把有重大意义的椅子时，现在我指定的就是那把椅子，所有追随我的年轻建筑师均是如此。没错，这是一把年龄为27岁的椅子。当你处在那把椅子诞生的1928年，再回溯27年去看椅子。新艺术运动，曲线型的椅子也许成了凡·德·费尔德的一些作品的美学目标。或者你可以看看艺术与手工艺布道式风格（Arts and Crafts Mission style）所采用的方形杆状后背，或者你可以看看弗兰克·劳埃德·赖特的，那是时代的使命，运用钉子、方形和板状支撑，你感受到只会是："嗯，伙计，历史在那里，我们打算去做什么？"但是谁会对巴塞罗那椅有那样的感受呢？谁会觉得："那些过时的碎片毫无价值？"

没有人会那样说。我们拥有一种风格。现在我并不是说那是最后一把好椅子或第一把好椅子。不是的。埃姆斯已经改进了这些流行的观点，从技术和美学方面着手，通过使用细的线材，像伯托埃和其他人所做的那样。这是非常合理的，但是依旧不能否定巴塞罗那椅的效力。巴塞罗那馆、斯图加特和布劳耶椅（Breuer chair）完全否定了布道式和新艺术运动椅的效力。

你站在1923年，然后向后回溯。回看两年，你看不到什么，更不要说回看十年了。甚至在1913年没有任何建筑是值得认可的，无论是对我们还是对1923年的人来说均是如此。

当然，所有法则都有例外。何为例外！我脑中迅速浮现出历史上的两个例外：一个是米开朗琪罗，另一个是弗兰克·劳埃德·赖特。弗兰克·劳埃德·赖特发现的是风格（style），而其他人发现的是手法（manner）。他每次转向时都会开创一种新风格。当1923年他到达加利福尼亚时，他采用了另外一种风格。这次战争结束后，他又开创了另外一种，采用了圆形和圆柱体。毫无疑问，如果假以时日他还会去开创新风格。然而1900—1908年是他的时代。你追溯到里弗赛德俱乐部（Riverside Club），那时他简直是独自一人创立了1923年的风格，迅速给它命了名，之后创造了许多其他的建筑。然而那就是他所捕获的一个，那就是由于某些原因成了试金石的一个，现在我们知道从中引爆出来的便是现代建筑。

当然，存在许多差异，存在许多手工艺方式。存在一个巨大的屋顶，非常厚重，是有意的，你知道的。飞跃必须由这些伙计来完成：格罗皮乌斯、密斯、奥德和勒·柯布西耶。创造了这些发展。那次飞跃不是在这里完成的。

但是，假如你想分析是什么使其在1923年汇聚起来，你必须从弗兰克·劳埃德·赖特这儿开始。你不可能指定其他的建筑师。几乎正好是弗兰克·劳埃德·赖特，然后你必须进入现代绘画，进入现代技术，进入水晶宫和其他新奇的事情来解释为何会发生在1923年。世界大战中，中欧战败。迄今为止，现代绘画是最重要的。

然而，你瞧，非常相似的是米开朗琪罗时期意大利的手法主义者（Mannerist）。米开朗琪罗对伯拉孟特（Bramate）的经典文艺复兴风格极不耐烦，如果他打算遵从这些法则，他会对其进行完善。他的确引爆了整个事情。如果不是米开朗琪罗，手法主义和巴洛克会很不一样，虽然他不是巴洛克建筑师。在圣彼得大教堂的后期，他几乎是孤军奋战，开创了一种大型的秩序，运用奇特的对比，小窗和巨柱后来演变成为巴洛克风格。所以弗兰克·劳埃德·赖特的确创立了现代建筑，而他对当今没什么贡献。相反，他作出的贡献倒是堪比帕提农神庙或水晶宫。

并不是说你不能像误解赖特那样误解密斯。但是你对他的误解不能太过分。这还需要讨论，因为答案在风格的范围之内。

现在，大型建筑的赞助者恰好始于通用汽车公司和西格拉姆公司，建筑没有风格是不可能的，他们见证了风格的来临。那些公司的一些人发现基本风格的共同特征既不昂贵也不荒谬，通向纪念性的途径既不自负也不愚蠢。这使得赞助是可能而可行的。现在已经到达了那个节点，一个非常棒的节点，因为当今的赞助者将是企业，就像佛罗伦萨是由美第奇（Medici）家族在赞助一样。

我们每个人都在说，我知道我变了很多。这让我们可以停一下。但是我注意到，我照样在做。我们是得不到休息的。我们正在努力奋斗——我不知道为什么。可能这整整一代人都将被勾销。我认为我们只好去等待这本历史书。

现代建筑从一开始就有一些固有的矛盾。比如说，为了与平等主义的社会目标相符，团队实践便被强烈推荐为恰当的建筑组织方式。尽管，洛克菲勒中心、联合国总部和其他无数的项目都是建筑团队努力的产物。在大部分建筑师事务所中，格罗皮乌斯所倡导的平等的团队实践并没有流行起来。

马克斯·比尔：   1961 年
格罗皮乌斯的这种团队实践是一个特殊的例子。协同工作的哲学对我来说有一点矫揉造作，不过也许这种联合是很有用的。在苏黎世，我们与黑费利、莫泽和施泰格尔联合起来。他们在一起工作。他们曾经跟其他人一起工作，使得建筑的表达可能不会很有表现力。然而在某种意义上，它是清晰而理性的，从这一点来说，也许的确是对的。就我个人而言，我喜欢与足够强大的团队合作。当这个团队不是非常优秀的时候，个人单干会更好。

威廉·杜多克：   1961 年
我想说一个好的城市规划师基本上是建筑师。柏辽兹（Berlioz）或瓦格纳曾经被人问道："最好的乐器是什么？"他回答："最好的乐器是管弦乐队。"同样，我说最好的建筑是城市。明白我的意思吗？那么城市就是一个建筑问题了。当然，这必须是工程师、不同的商人和金融家等人士共同协作。然而指挥是建筑师，因为这是个建筑问题。

卡尔·科克：   1956 年
我们大肆鼓吹团队合作，然而对个人和艺术家的训练仍旧是非常多的。作为团队成员，我们还不够优秀。第一件事乃是找出团队的性质是什么。然后，如果建筑师可以挂帅，噢，很好。但是如果他挂了帅，却不理解这个游戏，他会发现很难招徕任何玩家。

我认为当建筑师谈到团队时，特别不容易想到建筑师团队。取而代之，他们想到的团队是建筑师扮演部分角色，而制造商、商人、政客、政治家等等都是团队里的其他成员。我们往往从建筑角度来考虑，一个团队就是一群人聚集在一起，因此变得更加强大了，能够对抗该团队里的其他成员，我们倾向于称之为对手。就建筑师而言，如果他们能显著地扩大其视野，他们将在其中扮演一个角色。我们仍然将单个建筑物视为某个建筑师的最终产物。

我们讨论城市规划或区域规划等等。然而即使在那些领域，我们也仅仅着眼于技术方面。我们需要那些让建筑建造得足够好的必要条件，怎样与团队里的其他成员产生共鸣。怎样很好地理解他们的问题，以便我们可以提供帮助。那就是我们大多数人没有迈出的第一步。政客就是政客，我们的想法就是你与他不可能有共同语言。结果是他不在乎我们，也不觉得理解我们有多么重要。一些人不得不跟其他人交谈，以便向市政当局介绍方案。尽管建筑是由一个团队建成的，团队中才俊云集——业主、投资者、工程师、承包人和建造者——新的原则自然而然地将建筑师指派为团队的首领。

现代建筑经常遭受的一个主要的严厉指责便是实践和理论脱节。这并非是个不寻常的指责，但是对现代建筑而言，它的意义重大，因为正是这种精神热情才宣告一个新时代的到来。形式不是必然跟随功能。这种思想是纯净的，但一个特定的建筑可以用许多不同的形式来实现。最终所选择的形式可能更多地与艺术、风格、经济、合法、技术和其他因素——包括简单的偏爱——有关。

勒·柯布西耶：   1950 年

"功能的建筑"是新闻工作者的用词。这句话是多余的，因为建筑的定义就是功能的。否则，建筑是什么？废物。我定义了建筑，建筑是形式在阳光中科学、正确而壮丽的表演。这是我写下的关于建筑的第一个句子。那意味着你必须是塑形者（plastician）、诗人，同时还是见多识广的技术员。这打开了局面，使创造成为可能。

前川国男：   1962 年

当我于 1928—1930 年在勒·柯布西耶的事务所学习时，我记得欧洲现代建筑将希望寄托于所谓的机械化。人们非常乐观地期待机械化将会拯救人类和人类的生命，然而那个希望似乎在二三十年之后被辜负了。人们生活的环境变得没有人性。不幸的是，这种机械化不仅影响了人类生活的技术层面，还将更广阔的人类社会领域置于它那巨大且失掉人性的机械网络之内。这种科层化（bureaucratization）在我们的社会中已经蔓延开来了。因此，整个人类都经历了艰巨的困境，不仅是在建筑中，还在我们的社会中，以及我们所生存的整体环境中。如何克服是我们最重要的难题。现代建筑也应该处理这个难题。

我对经济方面的问题最有兴趣。不管技术发展到何种程度，如果社会总的来说是贫瘠的，或者没有足够的财富去利用技术，那么新技术也不会结出果实。在这种背景之下，就技术和设计两者而言，我非常感兴趣的是社会能否负担得起技术的费用。

鲁道夫·斯泰格尔：   1961 年

我认为建筑在所有的时期里都是非常复杂的。我记得文艺复兴时期阿尔伯蒂的一封信，是他写给一位朋友的："我们这个时代没有建筑师和艺术家，真是让人惊讶。"那是在文艺复兴时期。我们觉得当今是建筑师最重要的时代。那就是人们活在当下常常浮现出来的感受。

重要的是建筑师的眼界要尽可能地开阔。我今天下午说，我的照相机是否有长焦镜头，这区别可大了。这和专家类似，从远处看一小块领地，或者是用中焦镜头去看，这对应的是一般的建筑师，但我们必须以广角镜头为目标，去掌握尽可能宽广的领域。这就是不能让人满足的发展，这就是建筑师职业过度的专业化。

奥德：   1961 年

如果我必须用寥寥数语表述一种建筑哲学，那么我打算用我在事业初期所做的描述。寻求清晰的形式来清晰地表达出需求。隐含在这个准则里的是必须赋予作品一个清晰的美学形式。

后来，这个片面的抽象概念之僵化震惊了我，我将这个原则发挥成以下四句话：追求抽象需要争取旋律来促成；纯粹的抽象如同没有人性的宗教；人性是日常存在之不息川流中的生命；日常存在的过程和韵律需要建筑学的旋律。

目前，我们在建筑学中对这一点的认识还不能令人满意。当今的建筑缺乏的，首先便是与众不同的高品质标志，然而这是现代建筑不可或缺的。当然，现今存在一种现代形式。然而它更多的是一种风尚，缺少深度和信仰。目前，差不多每个人都能设计出一个好建筑。但是我们想要更多的东西，我们想要能够感动我们的建筑。

针对现代建筑的另一种主要批评是其缺少人性。也许一些负面回应是不可避免的，但昔日的建筑师甚至已经成功地赋予庞大的建筑以人性的温暖和感染力。

费利克斯·坎德拉：   1961 年

关于纪念性建筑这件事情是非常有趣的，因为这是在这个时候所要去完成的最为困难的事情之一。我的意思，说得明确一点，是因为我们没有这种用于表达自己的装饰性风格，你知道的。我的意思是所有这些装饰性元素都拥有一种象征意义，我们来不及让它们成为标志。

根据许多现代建筑评论家的说法，关于丰富性最好的做法莫过于运用自然材料——大理石和其他的石材石头、木头等等——种类繁多的肌理和纹样。

山崎实：   1960 年

引起 20 世纪早期的现代建筑产生反应的一样事物，正在使我们在各个领域的视野变得狭窄。流行的是简单、缺少色彩、所有事物都在精简材料。比如，暂时你在任何地方都不能使用石材或大理石。我想，所有这些都倾向于抹去其本身，现在我们开始扩展视野，包括我们整个的调色板。天知道我们的调色板是不是足够丰富到可以高雅地运用，因为我觉得人类需要多样化。

现代建筑否认过去的装饰，并且从不发展自己的。曾经在整个历史中丰富了建筑的其他艺术——雕塑和绘画，也变得抽象了。除了极少数的例外，抽象绘画和雕塑给现代建筑的抽象形式中添加的温情和人性是微不足道的。

威廉·杜多克：   1961 年

在我看来，建筑的毛病可以同样地推广至其他艺术——音乐、绘画、雕塑、诗歌。我们对此无须惊讶，因为所有的艺术均反映社会。这个社会以一种惊人而可怕的速度发展着，然而我们社会文化的关注点并不是人类的需求。人们没有为文化的发展付出太多时间。看来，他只是表面上接受了所有被当做艺术的东西。他知道那些伟大的艺术家总是处在时代的前沿，他害怕如果没能紧跟他的时代，就会掉队，不够摩登。这是一种社会势利行为，在安徒生的著名童话《皇帝的新衣》中，通过不朽的手段加以讽刺。

我必须更深入地阐述这个问题。艺术是一种交流。这无论如何是艺术的一个重要部分。这是一种人与人之间，也就是艺术家与门外汉之间，美妙而充分的交流。每种艺术都有一种自己的语言。没有一种哲学能解释为什么一段旋律会如此动人，一座建筑会如此感人。但这种现象是对永恒价值的存在而言的，对此每个人似乎都很容易被感动。艺术家能够对价值进行表达。所有时代的艺术家确实都改变了边界以便用他们自己的方式来表达。这一切都以能使艺术被任何时代所理解的价值为基础。没有限制是混沌，是堕落。

当然，图像艺术或雕塑艺术不需要具备描述性，更不用说摄影艺术了。抽象艺术能感动人们当然是可信的。然而图像是消除笔迹后在纸上胡涂乱抹，雕塑像垃圾，音乐像是猫跌落倒钢琴上——那一切对我来说是堕落。我之所以直爽地说出来，是因为我宁愿被当代人认为是一位过时的现代主义者，而不愿意被后代认为是一个傻瓜。

饶有讽刺意味地的是，在早期现代建筑付出最为热切并取得最初成果的住宅领域，这种缺乏人性的呼吁是最厉害的。

爱德华·德雷尔·斯通：   1963 年

嗯，首先，在美国，实际上只有少得可怜的私人住宅是由建筑师建造的。

它们都是由投机的营造商建造的。这是个简单的算术问题，无论是业主还是建筑师都无法负担得起由建筑师设计的房子。因此最终，尤其是在最近二三十年里，这个国家所有的私人住宅都是由投机的营造商建造的，导致我们的城郊全部都是这些小方盒子，这恐怕是世界上最不切实际的建造方法了。这意味着，首先，我们的土地被消耗了。它们对广为人知的"城市蔓延"（urban sprawl）作出了最杰出的贡献。我们开始见证一些城市绵延 100 英里的奇观，比如洛杉矶。甚至预示着我们将得到一个从波士顿蔓延至波托马克河（Potomac）的城市。我们几乎已经拥有了这样的城市。

如果这个国家最初定居的是法国人或西班牙人，我们将会继承一种完全不同的传统，或者定居的是意大利人——则会是完全不同的建筑传统。如果你注意到，法国乡间是由一个个紧凑的小村子组成的。房子被建成是墙挨着墙的形式，有一个用墙来分隔的私家庭院。在这里，你的确可以从你的窗户向外同隔壁的邻居握手。你失去了所有的私密性。在那里，他们拥有私密性，也拥有便利性。他们获得了紧凑建房的经济实惠。然而还不止这些，他们的每个小村子之间都是开放的区域。

这是拉丁传统。意大利、法国、还有西班牙都是这样建立起来的。嗯，这是地中海传统。如果你到庞培（Pompeii）去旅行，你就能看到这些。现在的庞贝人建造的房子也是墙挨着墙，这些全然是无名的。你在一扇门的引导下进入你自己的地方，你会面对坚固的墙体。当你进入后，首先来到一个美丽的前厅（atrium）之中—— 一间顶部采光的房间，然后你来到第二个房间——开放性的庭院——房间都围绕着这个庭院。你获得了彻底的私密性。哪怕是最富有的人都是这样生活的。

所以这不是，你瞧，你去参观一个郊区—— 一个奢侈的郊区，就像你在休斯敦和其他城市找到的那样，你进入到一大堆身份地位的象征之中。有人有一栋很棒的殖民地样式住宅，有四根柱子。另外有人拥有一间英国都铎式住宅——都是非常做作的，时代错位的。

那么根据这些，我认为，在相当长的一段时间里，我们都应该建造，而不是戏弄我们自己，认识到土地是宝贵的，我们应该更好地在土地中建造，将我们的房子用回廊隔离起来，以获得珍贵的有价值之物——私密性。你应该在建筑中有效地运用墙体。你可以用墙围住一块更小的土地，居住在其中，这样你就隔绝了外界世界的纷扰，并获得一些平静和安宁。这意味着一个社区看起来会非常不同。你应该进入这样的一栋住宅，坐落在市郊。它应该坐落在很小的死胡同里面。我们可能不会将它们建造在交通干道上。

施泰格尔：   1961 年
建筑中各种各样次要的考虑因素都消失了。此时，在我们的建筑中创造了一个有点悲观的时期，因为我们看到越来越多的时候纯粹是物质方面的事物在起决定性作用，比如土地的价钱、不动产的利用、尽可能高的投资回报，所有这些因素都是建筑的负担。这种状况，特别是对于年轻建筑师而言，是非常艰难的。很多人想知道现在是否还有可能在建筑形式、方法和理念方面取得进展。

胡安·奥戈尔曼：   1955 年

现代建筑中的方盒子很有可能表达的是日用品的重要性高于人类的。在我们的时代，人是像商品一样被估价，因此他住在房子里像一件商品。当你不得不将许多苹果或铅笔或一些像这样的货物堆起来的时候，你把它们放到一个盒子里。现在，大量的思考都是围绕着这样一个想法——我们生活中所有重要的东西都是商品，包括人类本身。当然是极其错误的。

然而，住宅只是建筑师展望现代建筑的未来所关注的问题之一。

马克·索热：   1961 年

我们现在处于过渡阶段。在过去的几十年中，我们见证了古典主义或者说建筑中陈规陋习的支持者和提倡随着生活方式的改变而进行激进式改变的人士之间的激烈争论。在这两种极端中，我们看到了其他可能的方式像一棵正在生长的树那样一点一点长出来了，甚至还有折中的方式。我认为我们已经到达了一个综合了当代创造的所有思想的阶段，从这个阶段出发，我们将会走上不同的道路。我想建筑学应该少些概略、少些冷酷、少些，我该怎么说呢，少像一件武器。在新的阶段，建筑应该更多注重人的行为、让生活变得轻松、能更快地适应生活中的困难。

拉多：   1956 年

赖特先生说，现代建筑正穷困潦倒。嗯，我不会说我们恰好是穷困潦倒。今天的社会发生了一些事情，我们看起来过于重视物质价值。我们的进步主要在科学和技术领域。我认为我们有点失衡，建筑反映出来了。但是我认为有迹象表明钟摆正在摆回来。现在我不知道真正摆回来是否要花上 5 年、10 年还是 1000 年。但是我们必须为那种平衡而努力。

马塞洛·罗伯托：   1955 年

当今建筑有个毛病，便是过度的创造性。创造，在希腊语中意思是一个过程或一种技术的持续改进，然而在我们时代的建筑中，创造就是创造。建筑师经常感受到压力要去创造新事物，不同的事物，那众多的持续变化从品质和作品的重要方面转移开了。我认为责任不在于建筑师，而在于现代世界的焦虑，总是要求不同的东西，苛求改变。建筑师只不过满足了那些夸张的主张而已。改变事情并不由建筑师做主。只要世界处在这样一个不安且需要经常创造的阶段，建筑师就不得不勉为其难。

马丁·维加斯：   1955 年

在建筑界可能存在某种的困惑，其缘由是持续而兴奋地寻找新事物，而没有考虑到结果。我相信在城市环境中，现在肯定是有点混乱的。城市失去了和谐。这里，每个建筑师对于每个作品都努力使之成为一件你所谓的杰作，而没有考虑他的作品周围的环境。结果，我感到城市环境的质量急剧下降。

何塞·米格尔·加利亚：   1955 年

我同意我的搭档马丁·维加斯的意见。我相信我可能会说同样的内容。我认为建筑中存在的是一种移注方式，而不是创造。你不可能每天都在创造。我相信最好让事物安定下来，那就是，沿着一条路走下去。如果过了一段时间，1 年，5 年，你的思想改变了，你有了其他的想法，追求某种东西，但不是为了追求而追求，不是因为 3 个月前我用这种方法在做，而现在我必须换种方法去做。

埃德加多·孔蒂尼：   1956 年

古往今来，建筑的脚步一直受制于经济因素和发展的缓慢步伐。我们整个当代的图景是，在不止一个领域里，我们所面临的新发展的速度以及人们还无法应对这样的速度所产生的消极影响。对正在改变的环境的承受和觉察能力基本上是保持恒定的。

建筑总能及时地出现。现代建筑一直在表达这样的时代。但是我认为我们有理由更多地根据其对一个社会的表达，去关注现代建筑在过去的 25 年里是怎样的，在接下来的 25 年里将会是怎样的。这种对社会的表达，所表达的只是社会的一部分，因为设计者、建筑师和工程师们要迅速地面对新材料、新技术和新方法。我们无法充分吸收这些新技术，以使它们成为我们手中生产真正建筑的一把工具，而不是一些用来游戏和实验的东西。我们的建筑负载的东西实在太多了，不同的形式，不同的方向，否则这种关于一个时期试验性的折中品质也许对人类来说是非常有意义的。

因此，我深切地关注着建筑的未来。这可能是因为我们都在更加广泛的意义上深切地关注着我们自己的未来，建筑表达的犹豫不决和紧张不安反映出在我们人类问题上更加明显的优柔寡断。

杜多克：   1961 年

建造技术为我们提供了无限的自由，这个事实已经不止一次地导致形式看起来更容易实现了，因为它们以前从未出现过，而不只是对建筑提供一个示意性的说明。

建筑是美妙而严肃的空间游戏。这条陈述对很多现代建筑来说是不适用的。我们观察到教堂看起来像展览建筑，学校看起来像工厂，政府建筑像办公楼，没有哪怕是一点点的尊严。甚至著名的同行有时也让我失望，当我发现他们作品中的噱头，让人目瞪口呆。仅仅为了让这个世界惊奇而去建房子，并不是通往美妙发展之路。我们每个人都期盼着独创性，这是永恒不变的。他是有创造性的，以一种最自然的方式，得到极为简单的解决办法，引出料想不到的新形式。这样，建筑可以成为冷酷实践的反映。

坎德拉：   1961 年

当今建筑最糟糕的事情之一也许就是我们过于关注独创性了。我的意思是每个人都想独创，在某些情况下这看起来几乎是可悲的。为了得到建筑，我相信我们必须拥有一种人们能够理解的共同语言。如果你改变了这种语言，这种语言中的习惯用语，人们就不能理解发生了什么。然后你就不能获得一种风格，一个固定的词汇表，我认为这是建筑中必须具备的。这样，不仅仅在建筑中，而且可能在大部分艺术中，我们就能做到画家画画，建筑师盖房子，音乐家创作音乐。

吉村顺三：   1962 年

我觉得当前的建筑太概念化了。为了解决这个问题，我们必须为建筑找到真正的意义和目的。然后它才会成为人类真正需要的，将不再是古怪而不切实际的东西。换句话说，如果我们基于必须去设计单体建筑，建筑将不再远离人们的生活。我想当今全世界的建筑都是为了自己的存在而设计的。我们必须为人类的使用而设计建筑。我想这才是建筑将会保留下来的东西。

保罗·鲁道夫：   1960 年

我们真正需要的是意识到建筑类型的层级。做礼拜的场所、宫殿、政府建筑和城市入口向来是受到重视的。它们被建造得富有艺术性，拥有最多的装饰、光影效果最为精彩。它们坐落在你从最远方都能看到的地方。而商业建筑和居住建筑等等可以说只是背景。它们相对来说不显眼一些。这建立起建筑类型的整个层级体系，并由此构成了整个有意义的整体，即所谓的城市。

如今这些已经颠倒了。工业建筑的建设经费最多，所以成了主要的建筑。教堂往往在混乱中被遗漏了。在墨西哥大学有栋统领整个校园的建筑，仅仅容纳了一台机器。我们整个的象征意识颠倒了。现今，相较于其他任何单个的事物而言，也许我们更需要的是建筑类型的层级体系，这套体系应该运用于最先进的建筑。最引人注目、最先进的建筑应该是托付给真正重要的建筑。并不是每个热狗摊位都应该是双曲抛物面的，或诸如此类的事物。任何一个诞生了值得我们去讨论的建筑的时代，都有其自身的一套建筑类型层级体系，然而现今我们没有。我想说这与建筑的整个环境氛围有关。

山崎实：   1960 年

如果我们将视野禁锢于一点，使得我们对于整个环境只有一种建筑、一种解决方法和一种材料，那是沉闷而乏味的。这的确会是一个让人生病的环境，单调而无聊。

从某种意义上说，应聚焦于我们的思想，建筑中任何时期的早期阶段必然是简朴的。在罗马风时期，在哥特时期，同样是如此，当它成熟之后会变得更加丰富。我认为我们必须注重让建筑回归到简单而基本的事物。

但是，因为我们的文化非常复杂，因为我们现有的材料数目大得惊人，因为我们的技术和方法，所以我们确实拥有了极为开阔的视野。我认为你用一种想法、一种建筑将自己限制起来，这对社会来说是错误的。我们社会的丰富将会由我们用现有的材料做出的产品来证明，规格（gauge）非常雅致，我们能将此完成得非常妥帖。

拉尔夫·拉普森：　　　　　　　　　　　　　　　　　　　　　1959 年

我们取得了公认的科学和技术进步，意味着要去创造一个真正出众的环境。我们几乎有能力去随意控制建筑形式。我们的难题是生活在文化的真空之中。我们只是看起来不能吸收不断在扩张和发展的科学技术革新，以及将这些全部吸收到我们的日常生活中。就像我们为生活方式添加了越来越多的小器具一样，我们经常是在文化幻想的名义下做的这些事情。我们奉承自己说这是真正的进步，而往往只是在逃避。更确切地，正如弗兰克·劳埃德·赖特说的，它是一件按小时付款的廉价文化替代品。技术手段总是实现并丰富环境的方法，除非被真正的文化价值所鼓舞，我们极为便利的条件将毫无价值。

我认为如果我们的时代将要创造出意义重大的建筑，意义重大的环境，以与我们时代高速发展的技术水平保持一致，同时也与我们创建更美好世界的努力保持一致。然后我们必须以合理而有序的研究为基础建立一个新的价值衡量体系。知识被创造性地运用于当今的技术。价值以创造性的思维、美和秩序为基础。让我提醒你秩序与使用的恰当、技术的可靠运用和纯正的美学价值分不开的。所有价值都应该基于对协调与美丽的环境的真诚追求，源于对人类尊严的深刻理解和无比感激。

戈登·邦沙夫特：　　　　　　　　　　　　　　　　　　　　　1956 年

我希望我们倾向于建造好的建筑，每一个都不是特立独行的，也不是刻意求变的，而是力求越来越适应建筑的统一、比例和其他类似的事物。我希望当我们的现代运动更加成熟的时候，我们会意识到我们不必让每一个产品都是一个全新的概念。换句话说，我更相信进化而不是革命。我宁愿看一条由整洁简单的建筑构成的街道，而不愿意看到一条街道混乱地充斥着 9 个古怪的天才所做的建筑。

威廉·沃斯特：　　　　　　　　　　　　　　　　　　　　　1955 年

我觉得建筑已经扩大了自己的地盘。在过去的岁月里，当我还在学校里，强调的是个人表现。我认为现在已经变成对整体环境的强调，其重要性远远超过以前了。唯一能够将建筑和规划区分开来的理由便是所做工作的分量。这就像心理学从哲学中分离出来，统计学从数学中分出来一样。知识的分量变得如此强大，以至于你不能再笼统地对待它，这就是唯一的理由。这就是你所寻求的整体图景。

阿丰索·爱德华多·里迪：   1955 年

建筑学的未来不在孤立的建筑中。建筑学的未来交织在城市规划中，因为建筑的最大问题是城市化。城市化被遗忘了，被极大地转变成一个单纯的科学对象。必须为城市规划赋予人性。

城市化必须得到建筑师更多的帮助。这不仅维持了规划中不可缺少的理论方面，还能感受到作为城市人性赋予者的建筑师的创造性影响。在解决住房问题上，建筑师必须创造实用的空间、体积和好的环境，还要使之美观而怡人，让人们感觉舒适。

现代建筑革命与所有革命共同拥有的一个显著特征是对未来感到非常乐观。这种极为重要而持久的信仰，连同相关的事物一起，在早期奠基者和当前实践者的言论中暴露无遗。

奥德：   1961 年

如果我不乐观，我就不会成为建筑师。

弗兰克·劳埃德·赖特：   1957 年

我关心的不是未来，而是现在。当你对你所爱的未来悲观的时候，噢，那么你就干好分内之事。

路德维希·密斯·凡·德·罗：   1964 年

我是绝对乐观的，因为我认为力量，经济的力量太强大了。我认为你总是受到你所处环境的影响，你知道的。

勒·柯布西耶：   1950 年

我总是说些会让你惊讶的话。我从来没有自称比其他人更聪明。我只是作出个人判断，反对所有不平等的事物，并试图在我的实践生涯中对我自己作出清晰的判断。我的头脑思路明确。尽管我是自学的，我有着永不知足的好奇心，我是一名学生，激情更胜往昔。

瓦尔特·格罗皮乌斯：   1955 年

我对未来绝对乐观。让我念一下这个，这是我准备好了的：

我们可以看到经由急速的发展我们已经成功了。我猜想那出现在我一生所遇到的实际问题及其背后的哲学问题之中，其改变是自耶稣基督开始的整个历史中最大的。所以我认为如果我们回看过去三四十年里我们所取得的成绩，我们会发现艺术家式的文雅建筑师差不多已经消失了，他们用所有现代的便利条件建造出迷人的都铎风格的建筑和文艺复兴式的摩天楼。这种我所谓的实用考古学正在迅速地消失，融化在极度的确信之中，确信建筑师可以构想出这样的建筑——不是当做纪念碑而是当做他们必须经历的生命流动之容器。他的思想必须足够灵活以创造一个背景，以适合去承受我们现代生活充满活力的特征。

现代建筑不是老树上分出来的枝丫，而是正好从根上新长出来的。然而，这并不意味着我们见证了新风格的突然出现。我们看到和经历的是一场不断在变化的运动，这场运动创造了建筑学上完全不同的前景。它潜在的哲学与现今的科学与艺术趋向紧密地编织在一起，持续地与试图妨碍其发展和思想成长的力量相抗争。

评论家抑制不住地坚持将仍然在变化的当代运动分类并将它们整齐地放进贴着风格标签的棺材中，这种坚持增加了在理解建筑和规划新运动的动力中所普遍存在的困惑。我们寻找的是一种新方法，而不是新形式。试图分类从而将尚处于成长阶段的建筑和艺术固化成形式或主义，更加像是扼杀而不是刺激创造性的活动。

钢或混凝土骨架、带形窗、悬臂式板或者支柱上的杆件只是当代非个人式的手段，是原材料，可以这么说，运用这些可以创造出富有地域特征的不同建筑表现形式。哥特时期的结构成就，它的墙、拱券、飞扶壁还有尖塔，同样成为普遍的国际经验。现今在不同的国家中，建筑表达丰富多彩的地域性就是由此产生的。

但是相较于结构的经济性和对功能的强调，更加重要的是使新的空间想象成为可能的知性成就（intellectual achievement）。然而建筑的实践部分是关于建造和材料的，建筑的本质使它依赖于对空间的驾驭。建筑又成了我们生活中不可或缺的部分，不断变化而不是静止的。它活着，改变着，通过有形表达无形。它通过将无生命的材料同人类联系起来以获得生命力。

吉欧·蓬蒂：   1961 年

当今，建筑什么毛病也没有，因为它们都是不可思议的。建筑中的毛病是糟糕的建筑师，这在过去也是如此。没有一个评论家或其他什么人要求变革，因为我们的建筑之丰富程度是全世界从未有过的。

无论什么地方，城市规划都是可能的，有些极大的可能性以前是不存在的。随着勒·柯布西耶、密斯·凡·德·罗、格罗皮乌斯、阿尔托、诺伊特拉、丹下健三等人的出现，还有去世的，比如荷兰人，叫什么来着，凡·德·费尔德，和弗兰克·劳埃德·赖特。以前从来没有涌现出这么多的杰出人物，我还遗漏了不少。奈尔维的作品是我们所能建造的作品中最大的，我们的确可以建造了不起的钢筋混凝土、钢和塑料建筑。庞大和特殊问题创造出一种属于它自己的建筑类型。比如，所有的核电站在建筑师想到之前已经创造出一种建筑。这是一个神奇的时期。

我的建议是珍惜未来，绝不回顾。过去的辉煌是别人创造的。我们拥有未来，这个最伟大的未知，我们前面的神秘。我们的建筑必须仅仅为了不辜负过去的重负而回顾过去。

布鲁斯·戈夫：   1956 年

我们的文明不同于我们已经经历过的，自然地，我们的建筑相应地必须跟以往的不同。我们听到这样的说法，如果我们努力去做点什么事情，那么我们将走得太远，但是如果我们倒退一点点，没有人会走得太远。没有建筑师、创作者或其他任何人想走得太远。在我看来，现在我们可以做任何事，我们现在也需要去做，现在也确实能实现，这一切都不会太远了。这是我们能够融入自己文化中的一部分，无论这看起来与所谓的文化落后有多么不同。

爱德华多·卡塔拉诺：   1956 年

现代建筑基于一个动态的概念，没有偏见地发展着。尽管我们的思想和社会结构在发展，它从来不会达到顶点，因为顶点意味着衰落和随后的死亡。我认为现代建筑将永远是摩登的，将会改变。改变是我们的世界中唯一不变的事情。

现代建筑基于一个动态的概念。在很长一段时间里，我们都将拥有现代建筑。我指的不是目前的现代建筑，而是现代时期的现代建筑，表达着现代时期的观点、现代时期的社会结构、现代时期的技术，等等。关于建筑的表达，我希望我们永远都不要有国际化式样。它将拥有许多式样，并且总是不相同的。

埃罗·沙里宁：   1958 年

让我们稍微回顾一下，看看发生了什么。让我们回到 1900 年前后。1900 年，有几位先驱者用他们自己的力量打破了过去的惯例。这些人之中有彼得·贝伦斯，还有我的父亲，还有麦金托什，还有贝尔拉格和其他许多人。那些都是伟大而坚强的人士，他们用自己的力量脱颖而出。

然后是在 20 世纪 20 年代——社会意识上的 30 年代——以及 30 年代 40 年代，具有社会意识的建筑随着功能主义和关于国际式风格的喧闹而诞生。所有事物其实都归为一种风格了，不允许越那种风格的雷池一步。实际上，这是极端错误的。在现代艺术博物馆中的展览，你知道，在那儿是根据你是否背离了那种风格来对你进行评判。如果你没有，你就能参展。

然后有一个人，密斯，真正取得了进展，将所有的尝试都整理为漂亮的线条，然后这些成了信条。它变成了一条直线，是漂亮而清晰之物。它向所有人开放，如果他们想复制，都是可以的。上帝啊，那就是他们所做的，有时候做得非常出色。但那是事物在1950年的情形。

自那以后，发生了一件奇怪的事情。新的一批先驱者出现了，他们必须尽力从单一的惯例中解脱出来，因为正如我尊敬的——我是密斯的狂热崇拜者——但如果一件事情被别人以一种生吞活剥的方式在运用，它就成了惯例。

我们现在对于施加在建筑问题上的攻击有了完整而清晰的线索。在这方面尽是些折叠屋顶一样的试验，这种试验将事物同周围的建筑联系起来。到处都是隔栅试验。到处都是结构实验。对混凝土不同的应用方式和装饰产生了新的热情。

实际上每个人都在没有结果的路线上努力跋涉，试图扩展，但随后我们必须质问："我们确实希望建筑成为那个样子吗？"我认为如果我们将每个人所做的当成是一次拓展实验，那么它就是正确的。但如果我们这么想："啊，现在的建筑学就是如此"，那就不对了。由此应该生长出什么？当然，那就是问题所在。这是我现在非常感兴趣的事情。

在更早的时候，19世纪晚期的大规模变革产生了一种新建筑。这种建筑对人们头脑中新的看法作出了回应。它承认了一种工业化的经济体制，它回应并塑造了不同环境，20世纪的人们在其中工作和生活。在一个变得更加全球化的社会里，它成了一种国际式风格。

这场现代建筑的革命创始人宣告彻底与过去决裂。他们接受技术是通过运用新材料——钢、玻璃、塑料、钢筋混凝土——以及电气和机械的革新而实现的。受到现代艺术的影响，他们创造了一种建筑美学，基于抽象的形式、空间、光线以及经常使用醒目的原色。这些先驱者下决心求索改良的社会目标，致力于使机器时代变得有民主价值。纵观历史，他们的成就将远胜今朝。

现代建筑师的热情和无畏不仅展现在建筑中，而且展现在现代城市中，他们设计的现代城市取代了过去的世代所积累起来的建筑。创造新城市的梦想在昌迪加尔这样的地方实现了一部分，在那里勒·柯布西耶在一个传统城市中设计了一座现代化的卫城。但只在一个地方获得了彻底的实现——由卢西奥·科斯塔规划和奥斯卡·尼迈耶设计的巴西利亚。巴西利亚引发了这一章中的许多批评——过分的独创性，不够丰富，缺乏人体尺度——但毫无疑问的是它与以前的风格明显不同。

在19世纪和20世纪之交，当这本《现代建筑口述史》刚开始的时候，还没有现代建筑。60年之后，整个文明世界建造的只有现代建筑。在这些年头中，一种现代建筑风格被创造出来了，以其无与伦比的品质和异常的美丽同过去的伟大风格相提并论。

传　略

阿尔瓦·阿尔托（ALVAR AALTO）（1898—1976 年）

阿尔托出生于芬兰的库奥尔塔内，就读于赫尔辛基理工大学。毕业后的第二年，他在自己的图尔库事务所里完成了第一个独立的作品，即坦佩雷工业展览中的一个展览综合体。他是国际现代建筑协会（CIAM）早期的一位活跃成员。他设计的珊纳特赛罗市政厅和帕米欧结核病疗养院获得了建筑界的赞誉。他还是一位知名的家具设计师，尝试运用了成型胶合板。阿尔托敏感而合意地使用自然材料，将人性元素融入到纯粹的国际式风格里，从而被举世公认为现代运动的一名重要创始者和领导者。杰出的作品包括：芬兰的维普里图书馆；芬兰诺尔马库的玛利亚住宅；1939 年纽约世界博览会的芬兰馆；美国麻省理工学院贝克学生宿舍；芬兰珊纳特塞罗市政中心；芬兰科特卡苏尼拉纸浆厂和工人住宅，德国沃尔夫斯堡文化中心，赫尔辛基国家养老金协会大楼。

彼德罗·贝卢斯基（PIETRO BELLUSCHI）（1899—1994 年）

贝卢斯基出生于意大利安科纳，毕业于罗马大学，在美国康奈尔大学获得了一个土木工程学位。在俄勒冈州波特兰市的 A·E·多伊尔事务所中担任首席设计师，后来他成了事务所的一位合伙人，并且这个事务所后来重组时以他的名字命名。他的公平储金和借贷大楼是一个先驱性的建筑，然而他的教堂和住宅是以西北风格建造的，这种风格受到过日本本土木制民居的影响，这使他名扬世界。身为麻省理工建筑学院院长和一名活跃的顾问，贝卢斯基在教育和建筑职业方面有着重要影响。杰出的作品包括：俄勒冈州波特兰艺术博物馆；俄勒冈州卡蒂奇格罗夫市的第一长老会教堂；波特兰市的中央路德教堂；罗得岛的朴次茅斯小修道院；作为顾问，其作品还有福蒙特州本宁顿大学图书馆；马里兰州陶森古彻大学中心；明尼苏达州明尼阿波利斯市北方国家电力公司大楼。

马克斯·比尔（MAX BILL）（1908—1994 年）

比尔出生于瑞士温特图尔，在包豪斯学习时师从瓦尔特·格罗皮乌斯和汉内斯·迈耶。他的建筑，比如德国乌尔姆的设计学校，证实了他的非凡建筑天赋。除了在乌尔姆教过几年书，他基本上生活在苏黎世。他既是雕塑家、画家、设计师，还是重要的教育家，这说明他在现代艺术方面的广博才华和广泛影响。杰出的作品：包括苏黎世的比尔工作室住宅；1936 年米兰三年展的瑞士馆；无线电苏黎世工作室和苏黎世的政府大楼。

奥斯瓦尔多·阿瑟·布拉特克（OSWALDO ARTHUR BRATKE）（1907—1997 年）

布拉特克出生于巴西圣保罗，在麦肯齐大学学习土木工程。作为一个建筑工人盖了 400 多幢住宅之后，他成为了一名职业建筑师。他在其职业生涯中致力于开发建筑中的人性元素，强调简练的设计和易于保养的材料。从他受人称赞的圣保罗自宅到亚马孙河全新的城镇，例如巴西阿马帕州的亚马孙维拉斯工业区。布拉克特因他所创造和谐的建筑环境而享有国际声誉。杰出的作品包括：巴西小瑞士大酒店；圣保罗的莫伦比儿童医院和圣保罗立法议会。

马塞尔·布劳耶（MARCEL BREUER）（1902—1981 年）

布劳耶出生于匈牙利佩斯，在魏玛的包豪斯学习，然后在德绍的包豪斯成了一名大师。在那里，他创造出了影响力极大的钢管家具。在柏林开了一家事务所之后，他游历了四年。布劳耶在英格兰工作之后，去了美国。在那里，他在瓦尔特·格罗皮乌斯所在的哈佛大学建筑学院任教。最初与格罗皮乌斯在马萨诸塞州的剑桥，后来在他自己的"纽约市"实践中设计了一系列著名的融合现代和传统美国影响的住宅。在重要的国际性委托项目中，他的表达异常清晰并且注重细部，采用混凝土营造厚重而有雕塑感的形式。由于他的教学和建筑作品，布劳耶在包豪斯第一届学生中是最为著名的。杰出的作品包括：同格罗皮乌斯合作的马萨诸塞州韦兰的张伯伦住宅；位于康涅狄格州新迦南的布劳耶住宅；马萨诸塞州威廉斯敦的罗宾逊住宅；与 R·F·格特耶一起设计的法国格拉斯国际商用机器公司研究中心；同皮埃尔·路易吉·奈尔维、贝尔纳·泽尔菲斯合作设计的巴黎联合国教科文组织大楼；H·史密斯合作设计的纽约惠特尼美国艺术博物馆。

戈登·邦沙夫特（GORDON BUNSHAFT）（1909—1990 年）

邦沙夫特出生于纽约州的布法罗市，毕业于麻省理工大学，拿到了建筑学学位，并且获得罗奇旅行奖学金，得以在欧洲和非洲继续学业。在美国工程军队的服役结束之后，他加入了"纽约市"公司，也就是后来著名的斯基德莫尔、奥因斯和梅里尔。作为SOM负责设计的合伙人，他以一贯的创新精神和高质量的作品赢得了国际认可，其作品范围从单独的建筑比如纽约市利弗大厦，到大型项目如科罗拉多斯普林斯的美国空军学院。邦沙夫特技艺高超，是第二代现代建筑师中最为杰出的一位。杰出的作品包括：宾夕法尼亚州匹兹堡的 H·J·海因茨公司大楼；纽约市的汉诺威信托大楼；弗吉尼亚州里士满的雷诺兹总部大楼；康涅狄格州布卢姆菲尔德人寿保险办公大楼；康涅狄格州纽黑文市耶鲁大学贝尼克古籍善本图书馆。

费利克斯·坎德拉（FÉLIX CANDELA）（1910—1997年）　坎德拉出生于马德里，毕业于那个城市的建筑大学，他在大学里专注于数学和结构理论。他参加了西班牙共和军，被俘房了，后来去了墨西哥城。他和他的兄弟一起加入了墨西哥国籍，成立了一个建筑和施工公司。他设计了 900 多个圆顶薄壳结构，充分利用了混凝土的抗拉强度。从低收入家庭的住宅到墨西哥市的神奇圣女大教堂，坎德拉将工程技术科学转变为建筑艺术。杰出的作品包括：墨西哥大学城的宇宙射线馆；墨西哥市交易大厅；墨西哥莫雷洛斯州特米斯科市的库埃纳瓦卡礼拜堂。

爱德华多·卡塔拉诺（EDUARDO CATALANO）（1917—）　卡塔拉诺出生于阿根廷布宜诺斯艾利斯，毕业于费城的宾夕法尼亚大学和马萨诸塞州剑桥的哈佛大学，获得了建筑学学位。在布宜诺斯艾利斯经营了一个独立的建筑事务所之后，他去了美国。卡塔拉诺在罗利市的北卡罗莱纳大学任教，后来到马萨诸塞州的麻省理工学院任教。他的建筑展现了他独特的技术天赋和作为建筑师广泛关注社会的职责。杰出的作品包括：北卡罗莱纳州的罗利住宅，麻省理工学院的朱利叶斯·亚当斯·斯特拉顿学生中心。

马里奥·钱皮（MARIO CIAMPI）（1907—）　钱皮出生于旧金山，就读于马萨诸塞州剑桥的哈佛大学和巴黎美术学院。他的建筑作品如旧金山的科珀斯克里斯蒂的罗马天主教堂和许多重要的学校建筑，包括加利福尼亚州戴利城的威斯特穆尔高中和旧金山的奥希阿纳高中，除此之外，他还为大学校园、学区和私人开发设计总体规划。同时他还担任旧金山城市整体恢复项目的顾问。钱皮与众不同的职业生涯强调和提升了现代建筑师作为城市设计师的角色。杰出的作品：包括加利福尼亚帕西菲卡圣彼得罗马天主教堂。

埃德加多·孔蒂尼（EDGARDO CONTINI）（1914—1990年）　孔蒂尼出生于意大利费拉拉，在罗马接受教育，然后在意大利空军中当工程师。后来他去了美国，加入了阿尔伯特·卡恩在密歇根底特律的事务所。他负责给海军基地、防御工程和工业厂房设计钢筋混凝土结构，孔蒂尼发明了美国第一个薄筒形拱顶工程。战时做工程师为美国军队服务获军功勋章。后来他成了格伦事务所负责工程技术的合伙人，监督世界范围内的公共和私人项目的设计。作为洛杉矶加利福尼亚大学城市设计专业的讲师，他结合了其建筑天赋和对环境的敏锐判断。杰出的作品包括：纽约罗切斯特的中心广场和洛杉矶的中部威尔希尔医药大厦。

威廉·杜多克（WILLEM DUDOK）（1884—1974年）　杜多克出生于阿姆斯特丹，毕业于布雷达皇家军事学院，当了一名工程师。在军队里工作了十年之后，他被任命为荷兰希尔弗瑟姆市的城市建筑师。任职数十年，他使城市成形并设计了该市的主要建筑。他担任海牙、费尔森、瓦塞纳和兹沃勒的城市设计师，还在他的私人实践中设计了很多建筑。杜多克那采用简单几何形式的未经修饰的巨大砖块建筑，为他作为一名国际式风格的建筑师赢得了早期声誉。杰出的作品包括：希尔弗瑟姆的市政厅；鹿特丹的蜂窝百货商店；希尔弗瑟姆的冯德学校；巴黎大学城的荷兰学生住宅；荷兰韦斯滕韦尔特的火葬场；鹿特丹的伊拉兹马斯住宅。

巴克明斯特·富勒（R. BUCKMINSTER FULLER）（1895—1983年）　富勒出生于马萨诸塞州米尔顿，在剑桥的哈佛大学短暂地学习过。在第一次世界大战中，富勒参加海军，负责实用工程和全球战略，开始了他"广受期待的设计科学"。富勒是个地道的美国人。他不是一位建筑师，然而他被视为这个时代的建筑革新者之一。他在全世界许多重要的大学和建筑学院演讲。他为轻型结构开发了一种纤维建筑材料，并且发明了圆形极限住宅和极限汽车。他最重要的贡献是网格穹顶，该穹顶以空间骨架为基础，可以运用各种各样的材料来建造，包括胶合板、铝和预应力混凝土。最著名的一些大型建筑的实例为：莫斯科索科尔尼基公园的美国馆；密歇根迪尔本的福特圆形大厅；南北极的远程预警网雷达考察站，路易斯安那州巴吞鲁日的联合罐车汽车公司穹顶。

何塞·米格尔·加利亚（JOSÉ MIGUEL GALIA）（1024—） 加利亚出生于阿根廷瓜莱瓜伊丘，与朱利奥·维拉梅约一起在蒙特维多大学就读。在委内瑞拉的加拉加斯，他作为马丁·维加斯的搭档，设计了一系列重要的建筑，促进委内瑞拉采用了国际式风格。杰出的作品包括：加拉加斯的极地建筑；加拉加斯的商业和农业银行；加拉加斯的孪生莫罗乔斯公寓。

布鲁斯·戈夫（BRUCE GOFF）（1904—1982年） 戈夫出生于堪萨斯州奥尔顿（Alton），没有受过建筑学科班教育，但是从12岁开始就在俄克拉何马州塔尔萨的拉什、恩迪科特和拉什公司做学徒，后来他成了那家公司的合伙人。在第二次世界大战时他加入了美军修建营，他以运用临时性材料进行设计而得到赏识。后来，他被任命担任俄克拉何马大学的建筑系主任，他以独特而创新的设计课程而引起了广泛的关注。在很多非传统的独户住宅中，戈夫探索试用了很多新奇的建筑材料和独创的建造技术。他采用自己特殊的风格设计了一系列大型建筑。杰出的作品：包括俄克拉何马州塔尔萨的波士顿大道联合卫理公会教派教堂；旧金山的鲁德住宅；诺曼的莱德贝特住宅；伊利诺伊州奥罗拉福特住宅；诺曼的贝温格住宅。

查尔斯·古德曼（CHARLES GOODMAN）（1906—1992年） 古德曼出生于纽约市，在芝加哥伊利诺伊理工大学就读。他在华盛顿成立了查尔斯·古德曼事务所，在住宅领域赢得了全国性的声誉。古德曼众多的住宅开发和他在预制住宅方面的开拓性工作，以其获奖的规划和设计为标志。杰出的作品包括：弗吉尼亚州亚历山德里亚的霍林山；华盛顿特区的河边公园；印第安纳州拉法叶的国家养老院。

瓦尔特·格罗皮乌斯（WALTER GROPIUS）（1883—1969年） 格罗皮乌斯出生于柏林，就读于柏林夏洛滕堡技术工业专科学校。同路德维希·密斯·凡·德·罗和勒·柯布西耶一样，他在开设自己的事务所之前，以助手身份在彼得·贝伦斯的柏林事务所中任职。他和阿道夫·迈耶合作设计了著名的德国阿尔费尔德法古斯工厂，在这里他超前而出色地运用了玻璃幕墙。格罗皮乌斯积极宣传新的社会、艺术和建筑目标，受聘担任魏玛两所艺术学校的校长，后来被他合并成包豪斯。学校搬到德绍之后，他继续担任校长，在那里他设计了包豪斯著名的钢和玻璃建筑。希特勒上台后，格罗皮乌斯离开了德国，途经英国去了美国，在那里他受邀担任位于马萨诸塞州剑桥的哈佛大学建筑系主任。他还与马塞尔·布劳耶一起恢复了私人开业，随后成立了TAC，即建筑师合作事务所，与他笃信的团体设计理念保持一致。在他漫长而活跃的职业生涯中，格罗皮乌斯是20世纪影响最大的国际性教育家和建筑师之一。杰出的作品包括：德绍城市就业大楼；英国剑桥郡英平顿乡村住宅；哈佛大学研究生中心；雅典美国大使馆；纽约市泛美大厦。

维克托·格林（VICTOR GRUEN）（1903—1980年） 格伦出生于维也纳，就读于那里的建筑学校和艺术学院，然后开设了自己的事务所。他于1938年去了纽约市，后来去了洛杉矶。他开创了一个新的建筑综合体，即大型购物中心，还开创了一系列典型的实例，以色彩、带有花园雕塑和咖啡吧的多层室内空间为特色，并且能解决交通和停车等城市问题。他将他的理念运用到城市规划中，比如得克萨斯沃思堡，虽然没有实现，但是有着广泛的影响。格林在事业上，孜孜以求的是创造一个舒适便利的环境，而不是时髦的建筑。杰出的作品包括：纽约的莱德勒商店；密歇根底特律的北部购物中心；明尼苏达州明尼阿波利斯的南戴尔购物中心；印第安纳州埃文斯维尔的艺术和科学博物馆；纽约罗切斯特的中心商业广场。

赫尔穆特·亨特里希（HELMUT HENTRICH）（1905—2001年） 亨特里希出生于德国克雷菲尔德，就读于弗里堡大学和维也纳工业大学。他在柏林工业大学获得建筑学学位。在巴黎的埃尔努·戈德芬热事务所和纽约市的诺曼·贝尔·格迪斯等事务所工作后，在杜塞尔多夫和一些伙伴开了自己的事务所Hpp，即亨特里希–佩彻里尼格及合伙人事务所，以仔细地修复历史建筑而闻名。但亨特里希声望最隆的则是大量杰出的写字楼和行政办公楼，这些建筑将美国的企业风格建筑引进到正在进行战后重建的德国。杰出的作品包括：德国路德维希港的巴斯夫塔楼；杜塞尔多夫的蒂森大楼，诺伊斯的霍腾部门商店；柏林的欧洲中心。

阿恩·雅克布森（ARNE JACOBSEN）（1902—1971年） 雅各布森出生于哥本哈根，就读于哥本哈根艺术学校，毕业于皇家学院。他早期的宿舍和公寓追随国际化风格。战争时期他在瑞典工作，受到埃瑞克·冈纳·阿斯普伦德的影响。战争结束后他回到哥本哈根，他的设计创作受惠于密斯·凡·德·罗。他通过对细部谨慎而敏感的美学处理，从而发展出他自己独树一帜的风格。雅克布森广受赞誉的丹麦洛德维尔市政厅开启了一系列著名的国际性项目。雅克布森以用光和精致的室内而驰名，他遵循整体设计的理念，创造的家具和陈设使丹麦设计举世闻名。其他杰出的作品包括：丹麦奥尔胡斯市政厅；丹麦索霍尔姆的行列式住宅；哥本哈根皇家 SAS 饭店和候机楼；哥本哈根芒克嘉德学校；英国牛津的圣凯瑟琳学院。

菲利普·约翰逊（PHILIP JOHNSON）（1906—2005年） 约翰逊出生于俄亥俄州克利夫兰，毕业于马萨诸塞州剑桥的哈佛大学，获得古典研究的一个学位。他被任命为纽约现代艺术博物馆新开创的建筑部的主任。在那里，他和建筑史学家亨利-拉塞尔·希区柯克一起举办了一次里程碑式的现代建筑展览——国际式风格。这次展览和配套的目录是由希区柯克和约翰逊合作编写的，将 20 年代的欧洲的前卫建筑介绍给美国。约翰逊后来返回哈佛攻读建筑学学位，然后在纽约现代艺术博物馆重新得到了他的位置。在私人实践中，约翰逊与几位伙伴一起工作，设计了许多住宅，包括他自己的位于康涅狄格州新迦南的著名的玻璃住宅，和其他重要的文化建筑和办公建筑一样，发展了现代建筑风格。作为一位历史学家、鼓吹者、批评家和有才华的实践者，约翰逊是现代建筑中受到的赞誉最为广泛的人物之一。其他杰出的作品包括：新迦南的霍德森住宅；纽约尤蒂卡的芒森-威廉-普罗克特研究院；纽约林肯中心的纽约州立剧院。

路易斯·康（LOUIS KAHN）（1901—1974年） 康出生于爱沙尼亚的萨拉马岛，和他的父母一同移民到美国。他就读于宾夕法尼亚大学，在院长保罗·菲利普·克雷特门下接受了鲍扎艺术课程体系的教育。由于在绘画方面的卓越才华，他最初做了一名绘图员，然后担任费城许多设计公司的主要设计师。他后来成为设计评论家和康涅狄格州纽黑文耶鲁大学的建筑学教授，随后接受了他母校的类似聘任。在一系列从博物馆到实验室的出色建筑中，他追求一种对现浇混凝土和砖的设计基本原则的直观研究。他未能实现的城市规划显示出来的不仅是他对社会问题永久的焦虑，还有他卓越的创造能力。康以他的教学以及他的建筑的杰出力量和美影响了现代建筑的发展，他被公认为 20 世纪的一位建筑大师。杰出的作品包括：纽黑文耶鲁大学美术馆；费城米尔克里克重建规划；宾夕法尼亚大学理查德医学研究中心；纽约罗切斯特的唯一神教派第一教堂和学校；加利福尼亚州拉荷亚市索尔克研究中心；孟加拉国达卡国民议会厅；得克萨斯州沃思堡的金贝尔美术馆；新汉普郡艾克赛特的菲利普斯·艾克赛特学院的图书馆和餐厅。

卡尔·科克（CARL KOCH）（1912—1998年） 科克出生于威斯康星州密尔沃基，毕业于马萨诸塞州剑桥的哈佛大学，然后开始在波士顿成为设计豪华住宅的设计师。不久他涉足廉价住房这个更大的社会问题，指出答案就是工业化住宅。他以马萨诸塞州维斯顿的可折叠橡木预制房成了预制房方面的先锋。而这栋折叠预制房成了工会和当地建筑法规所的反对目标。然后他设计了一系列采用现代技术建造的住宅，运用了工厂生产的模数化部件。科克终生关注的是将人文价值注入高密度的住宅之中。其他的杰作包括：马萨诸塞州剑桥的伊斯特盖特公寓；马萨诸塞州菲奇堡的公共图书馆；波士顿的刘易斯码头。

勒·柯布西耶（LE CORBUSIER）（1887—1965年） 生于瑞士小镇拉绍德封，原名夏尔·爱德华·让纳雷。他以该用的名字勒·柯布西耶而闻名。他在当地的艺术学院就读，受到几次欧洲游历的刺激。他首先是为法国钢筋混凝土结构先驱奥古斯特·佩雷工作，然后是为柏林的彼得·贝伦斯工作。在巴黎，和画家阿梅代·奥藏方和诗人保罗·德尔梅一起，创办了革命性的设计评论刊物《新精神》。他的著作《走向新建筑》和其他的著述对建筑思考产生了世界性的影响。勒·柯布西耶在巴黎和他的堂兄弟皮埃尔·让纳雷合伙开设了事务所，按照他的城市规划理念做了很多城市计划。这些方案和展览建筑，比如新精神馆和新时代馆，为他赢得了国际声誉。他在法国普瓦西设计了众多住宅，包括最出名的一个——法国普瓦西－休尔－塞纳的萨伏伊别墅，戏剧化地融合了新建筑的理性和美学形式。勒·柯布西耶的重要理论和杰出作品在不同的方面使他成为这个时代最具影响力的建筑天才之一。其他的杰出作品包括：斯图加特魏森霍夫展览上的住宅；巴黎大学城的瑞士学生宿舍；马赛公寓；法国朗香的圣母教堂；印度昌迪加尔旁遮普邦国会大厦；法国埃维－苏尔－阿布里斯勒的圣玛利亚拉图雷特修道院；哈佛大学卡彭特视觉艺术中心。

前川国男（KUNIO MAYEKAWA）（1905—1986 年）

前川国男出生于日本新潟，毕业于东京大学，之后在法国师从勒·柯布西耶，在东京师从安东尼·雷蒙德。然后他和丹下健三合伙成立了私人事务所。他的第一个大型建筑是大胆的现代神奈川县音乐厅和横滨的图书馆，紧接着是晴海的工人公寓。前川国男为 1958 年布鲁塞尔世博会设计的日本馆将日本的现代建筑介绍给世界。在设计了一些重要的混凝土建筑之后，前川国男继续探索国际式风格的一种独特的日本表达。其他杰出的作品包括：东京的日本崇光银行主办公楼；与坂仓准三和吉村顺三一起设计的日本国际住宅；京都文化厅，东京文化厅；东京学习院大学。

路德维希·密斯·凡·德·罗（Ludwig Mies Van Der Rohe）（1886—1969 年）

密斯生于德国亚琛，就读于教会拉丁学校，从他做石匠的父亲那儿学会了尊重手工艺。在柏林，他在权威的家具师布鲁诺·保罗那儿当学徒，后来去了彼得·贝伦斯那里。他有很多职业性的活动——包括卷入德意志制造联盟——他为柏林腓特烈大街上极具魅力的玻璃办公塔楼画的草图和模型，以及为乡村住宅所设计的受风格派影响的方案使他成了第一次世界大战之后德国现代建筑运动的领导者。他是斯图加特由制造联盟主办的魏森霍夫区展览的主管，并且为这次展览设计了一座重要的公寓建筑。而让他得到世界认可的作品是他为 1929 年巴塞罗那国际展览会设计的杰作德国馆和捷克斯洛伐克布尔诺的图根哈特住宅。在纳粹恐怖而反现代的氛围中，他出任包豪斯的最后一任校长。1933 年，他离开德国去了美国，在

那里他接受了现在的伊利诺伊理工学院管理者的职位。他为芝加哥大学校园设计的总体规划和结构清晰的建筑以及他的湖滨大道公寓很快为他在美国确立了位置和声望。密斯扩展了这种有创造力的建筑，在这个科学和技术的时代里，显示出他在建筑艺术上的天赋。其他杰出的作品包括纽约市西格拉姆大厦；芝加哥联邦中心，得克萨斯州休斯敦美术博物馆；加拿大多伦多多米尼中心；柏林新国家美术馆。

皮埃尔·路易吉·奈尔维（PIER LUIGI NERVI）（1891—1979 年）

奈尔维生于意大利松德里奥，毕业于博洛尼亚大学，获得土木工程学位。他在一个混凝土承包公司工作，积累了经验。第一次世界大战时，他在意大利军队的工程兵中任职。他在罗马成立了自己的工程和承包公司。作为佛罗伦萨市市立体育场的设计者和建造者，奈尔维以该建筑的悬挑屋顶吸引了国际上的关注。他为第二次世界大战时意大利空军在奥维多和奥尔贝泰洛建造的预制飞机库直接引向了他在都灵的大展览厅和罗马的运动馆。他和一些建筑师一起承担了下述建筑的设计任务：巴黎联合国教科文组织议会大厅；米兰的波雷利塔和蒙特利尔的维多利亚高塔。由于他流畅的写作以及他卓越的作品、他在罗马大学担任技术和结构教授，奈尔维被公认为一名大师级建造师，他将钢筋混凝土壳结构增加到现代建筑的语汇之中。其他的杰出作品包括：唯一的桥梁作品——意大利维罗纳大桥；意大利那不勒斯的一座电影院；旧金山的圣玛丽教堂。

理查德·诺伊特拉（RICHARD NEUTRA）（1892—1970 年）

诺伊特拉出生于维也纳，就读于那里的工业技术学校，在瑞士短暂地工作后，他去了埃里克·门德尔松的柏林事务所，之后去了美国。在洛杉矶他设计了贾定内特公寓，运用了钢筋混凝土和金属框架的窗户，它们成了美国国际式风格最初的典型实例之一。洛杉矶的轻钢结构的洛弗尔住宅所用的混凝土、玻璃和金属板师从一位建筑师的供应住宅目录上收集来的，确立了他的国际声望。众多的住宅、公寓和令人赞赏的居住项目，以及一个先锋性的学校，诺伊特拉足以展现他运用可互换的预制部件的艺术才能，以及他对现代建筑基本原理的热情奉献。这些作品包括：洛杉矶的内斯比特住宅；加利福尼亚州棕榈泉的考夫曼沙漠住宅；加利福尼亚蒙特西托的特里梅因住宅；洛杉

矶科罗娜大街小学；加利福尼亚州圣佩德罗的查内尔高地住宅。

奥斯卡·尼迈耶（OSCAR NIEMEYER）（1907—）

尼迈耶出生于巴西里约热内卢，在国立美术学校获得了建筑学学位。他加入了他的老师卢西奥·科斯塔的事务所。作为主要建筑师，他和科斯塔以及勒·柯布西耶共同完成了著名的里约热内卢教育和卫生部大楼。他的第一个独立设计作品是一组娱乐建筑和巴西潘普利亚的阿西西的圣弗朗西斯教堂。当科斯塔赢得巴西新首都巴西利亚规划竞标时，尼迈耶负责主要的建筑。这些建筑——所有的重要政府建筑、大教堂、大学、剧院和住宅综合体——以它们的可塑性和戏剧化的空间运用而著称。1955年，他自愿接受流放去了法国，在那里他完成了首批国际性项目。1960年代末期，他回到里约热内卢。尼迈耶大胆的形式结合了自由的巴西巴洛克风格和新技术，使他成为南美最著名的建筑师。其他杰出的作品包括：1939年纽约世界博览会的巴西馆；巴西贝洛奥里藏特的邦布亚游乐城和快艇俱乐部；里约热内卢的尼迈耶住宅。

埃利奥特·诺伊斯（ELIOT NOYES）（1910—1977年）

诺伊斯生于波士顿，毕业于哈佛大学，获得建筑学学位。在瓦尔特·格罗皮乌斯和马塞尔·布劳耶的事务所工作后，他被任命为纽约现代艺术博物馆的工业设计部门的主任。他在康涅狄格州新迦南的私人实践中设计了许多住宅、学校、展览建筑、办公建筑，并且为国际商业机器有限公司（IBM）、威丁豪斯电气公司和美孚石油公司等企业设计产品。诺伊斯是在商业和工业中推行整合建筑、产品和图形设计的明确拥护者和有才华的实践者。杰出的作品包括：佛罗里达州霍比桑德巴布住宅；康涅狄格州纽卡纳安的诺伊斯自宅。

胡安·奥戈尔曼（JUAN O'GORMAN）（1905—1982年）

奥戈尔曼出生于墨西哥城，在墨西哥国立大学建筑系就读，在何塞·维拉格兰·加西亚的事务所里工作。他最初受勒·柯布西耶影响，但随后他却深受弗兰克·劳埃德·赖特的影响。他设计的住宅和学校是国际式风格在墨西哥的最初的实例。他与古斯塔沃·萨维德拉、胡安·马丁内斯·德·贝拉斯科一起设计了著名的墨西哥大学国家图书馆。奥戈尔曼作为墨西哥的一位重要建筑师，寻求将前哥伦比亚元素融入到现代设计之中，以此来表现祖国的社会、文化和环境传统。其他杰出的作品包括：墨西哥市圣安琪英的奥戈尔曼自宅；墨西哥市圣安琪英迪亚哥·里维拉住宅和工作室；墨西哥市的电工联合大楼。

奥德（J.J.P. OUD）（1890—1963年）

奥德出生于荷兰皮尔默伦德，在阿姆斯特丹凯兰尼亚斯应用艺术与手工艺学校和代尔夫特技术大学求学。在德国短暂停留之后，他去了莱顿，和威廉·杜多克一起设计了莱德罗普的工人住宅综合体。他加入了风格派团队，该团队包括画家特奥·范·杜伊斯伯格，皮特·蒙德里安、乔治斯·万顿吉罗和巴特·范·德·莱克。不久之后，他被任命为鹿特丹市负责住宅的建筑师。他在荷兰胡克二层联排住宅和他在斯图加特的魏森霍夫展览会上的5间平顶排屋使他成了新国际式风格的先锋实践者。他在海牙的贝壳办公大楼和其他商业项目中，他试图去恢复建筑中的纪念性和装饰。作为现代运动中最有影响和确切的先驱者之一，奥德创造了一些出色的早期建筑。其他杰出的作品包括：荷兰的斯庞恩和伍德–马特恩尼斯住宅群；鹿特丹的基夫赫克开发项目。

贝聿铭（I.M.PEI）（1917—）

贝聿铭出生于中国广东，在上海长大，毕业于麻省理工大学，在哈佛大学师从瓦尔特·格罗皮乌斯学习建筑，后来他成了那里的一名教员。同纽约市房地产开发商威廉·泽肯多夫一起工作的时候，他设计了数量惊人的大型项目。他在纽约市自己的事务所里，为纽约市、波士顿、华盛顿和巴黎设计了城市规划。在这些城市规划和他范围极广的建筑作品中，他展现出令人称赞的才能，设计的每一个项目都与环境相适宜。贝聿铭始终如一地将他伟大的天赋、想象力和品质注入每一个作品之中。杰出的作品包括：科罗拉多丹佛市的哩高大厦；纽约市基普斯湾广场；麻省理工学院的格林地球科学中心；宾夕法尼亚州费城的协会山公寓和塔式住宅；科罗拉多州博尔德国家大气研究中心；纽约市纽约大学的大学广场；波士顿约翰·汉考克塔楼。

恩里科·佩雷苏蒂（ENRICO PERESSUTTI）（1908—1973年）

佩雷苏蒂出生于意大利平扎诺–奥尔–泰格里亚门托，在米兰建筑综合理工学院学习建筑学。作为建筑设计团队 BBPR 中的一员——班菲、贝尔吉欧约索、佩雷苏蒂和罗杰斯——第二次世界大战期间的项目引起了世人的关注：运用了立体构架的集中营意大利遇难者纪念馆，以及米兰的斯佛扎·卡斯特博物馆内部的重新设计。这个团队设计的托雷维拉斯加塔，一座上部是更加宽大的公寓的办公建筑，在建筑界引起了广泛的争论，正如他们为 1958 年布鲁塞尔世博会设计的不循常规的意大利馆一样。佩雷苏蒂具备在团队工作中并不丧失他个人的想象力和杰出的设计才华。

吉欧·蓬蒂（GIO PONTI）（1891—1979 年） 蓬蒂出生于米兰，就读于米兰综合理工学院。他单独以及与其他人合作设计了不少建筑，包括米兰的皮雷利摩天楼。他是米兰综合理工学院建筑系的活跃分子，美术高级理事会的一员，3 年展理事会成员，还是《住宅》杂志的编辑。在他的著作和作品中，蓬蒂提升了战后意大利设计复兴的水准，并且将意大利对国际建筑的贡献展示出来了。其他杰出的作品包括：米兰的意大利银行联盟；罗马大学数学学院；米兰的蒙泰卡蒂尼办公大厦；米兰的意大利广播电视公司办公楼。

拉多（L.L. RADO）（1909—1993 年） 拉多出生于捷克斯洛伐克，在布拉格的技术大学学习建筑，之后在马萨诸塞州剑桥的哈佛大学深造。他和安东尼·雷蒙德在纽约市成立了一个建筑公司，当雷蒙德回到东京去开业后，拉多掌管了这家事务所。他们合作设计了一系列引人注目的建筑，设计感强烈，材料运用大胆。拉多还在迈阿密的佛罗里达国际大学担任建筑学教授。杰出的作品：包括康涅狄格州老格林尼治的电工大楼和娱乐中心；与安东尼·雷蒙德合作的东京读者文摘大楼；东京的美国大使馆；纽约市戴格·哈马斯卡约广场；日本高崎的郡马音乐中心。

拉尔夫·拉普森（RALPH RAPSON）（1914—） 拉普森出生于密歇根阿尔马，毕业于安阿伯的密歇根大学。在匡溪，他师从埃利尔·沙里宁，后来在沙里宁的事务所里工作。他执掌了芝加哥设计学院的建筑系，接着被任命为剑桥麻省理工学院建筑系的副教授。他对教学和建筑的奉献都表现出对社会目标、新的建筑技术和创造性的功能设计的强烈兴趣。杰出的作品包括：与埃罗·沙里宁一同设计的密歇根威洛拉恩的一些学校；斯德哥尔摩的美国大使馆办公大楼；明尼苏达州明尼阿波利斯的蒂龙·格思里剧院。

安东尼·雷蒙德（ANTONIN RAYMOND）（1888—1976 年） 雷蒙德出生于捷克斯洛伐克的克拉德诺，毕业于布拉格技术学院。他加入了弗兰克·劳埃德·赖特的塔里埃森社团，后来跟随赖特去东京协助建造帝国饭店。雷蒙德在东京开了他自己的事务所，他以敏感的技巧将欧洲现代建筑的技术与日本的精神和传统结合起来。然后他在印度开了一家事务所，第二次世界大战结束后，他在纽约市和拉多设立了一家合伙事务所。接着他回到东京去开展他的国际业务。尽管他的工作室遍布全球——有吉村顺三和前川国男这样的助手——他的著述、展览和功能式建筑为国际式风格的全球蔓延作出了重大贡献。杰出的作品包括：东京的雷蒙德自宅；日本轻井泽的圣保罗教堂；印度庞迪切里的戈尔康达宿舍；东京圣路加医疗中心；东京美国驻日本大使馆；和拉多一起设计的东京读者文摘大楼；名古屋南山大学校园。

阿丰索·爱德华多·里迪（1909—1964 年） 里迪出生于巴黎，就读于巴西里约热内卢的国立美术学院，他是南美洲现代建筑的一位主要贡献者。里迪是卢西奥·科斯塔成立的巴西规划青年建筑师团队里的一员，勒·柯布西耶为顾问，创作了著名的里约热内卢教育和卫生部大楼。他被委任到公共住房部工作，他在里约热内卢的佩德雷古罗居民区设计了巨大的低收入者住宅项目。这个建筑综合体包括公寓群、一所学校、体育场、诊所、洗衣店和商店，顺应了山地的风向。里迪的市民作品从加维阿公共剧院到现代艺术博物馆，都坐落在里约热内卢。在他富有影响力的城市规划计划和广受赞誉的创新建筑中，他力求达到更高的社会目标。杰出的作品包括里约热内卢的善意之家和圣保罗的视觉艺术博物馆。

马塞洛·罗伯托（MARCELO ROBERTO）（1908—1964 年） 罗伯托出生于巴西，毕业于里约热内卢的国立艺术学校。与他的兄弟弥尔顿和毛利西奥一起开了一家组织严密的事务所。他们赢得了第一个建筑竞赛——巴西媒体协会大楼，他们设计的是巴西第一座大型的钢筋混凝土办公楼。受勒·柯布西耶的作品影响，他们在一系列建筑中尝试用各种各样的设计去控制巴西强烈的阳光。受弗兰克·劳埃德·赖特的鼓励，他们试图将所要处理的每个建筑当成一个单独且唯一的问题，这样就将与众不同的多样性引入到国际式风格之中了。杰出的作品包括：里约热内卢的桑托斯·杜蒙圣像机场；巴西巴拉－达蒂茹卡的胜地开发；里约热内卢的塞居拉多斯办公大楼；里约热内卢的索特雷克－卡特彼勒办公室和陈列室。

欧内斯托·罗杰斯（ERNESTO ROGERS）（1909—1969 年） 罗杰斯出生于意大利的里雅斯特，就读于米兰理工大学。作为以米兰为基地的建筑公司 BBPR——班菲、贝尔吉欧约索、佩雷苏蒂和罗杰斯——一位创立者和活跃分子，他为他们的获奖建筑有所贡献。他是一位经常露面的建筑发言人，也是国际现代建筑协会中一位早期的意大利代表。作为《住宅》和《卡莎贝拉》杂志的编辑，罗杰斯成了论述现代建筑和设计最有国际影响的意大利作家。杰出的作品包括：米兰的意大利集中营遇难者纪念馆；米兰的斯佛扎·卡斯特博物馆改造；米兰的托雷维拉斯加塔；1958 年比利时布鲁塞尔世博会的意大利馆。

阿尔弗雷德·罗特（ALFRED ROTH）（1903—） 罗特出生于瑞士的旺根，就读于苏黎世理工学院。他和他的老师卡尔·莫泽一起工作，然后和勒·柯布西耶一起设计了魏森霍夫展览上的两座住宅。在瑞典度过了几年后，他在苏黎世开业了。在那里他和埃米尔·罗特及马塞尔·布劳耶一起为艺术史学家西格弗里德·吉迪恩设计了众所周知的多尔德塔尔公寓。他的工作是国际性的，在瑞典、美国、南斯拉夫和中东都有设计作品。作为一个多产的作者和瑞士建筑杂志《作品》的编辑，罗特满怀激情地支持用建筑和教育来提高人类的生活质量。其他杰出的作品包括：瑞典哥德堡的公寓；苏黎世的罗特自宅；1957 年米兰的 3 年展上的瑞士馆。

保罗·鲁道夫（PAUL RUDOLPH）（1918—） 鲁道夫出生于肯塔基州埃尔克顿，在亚拉巴马州综合技术学院接受建筑学训练，然后在马萨诸塞州剑桥的哈佛大学师从瓦尔特·格罗皮乌斯。他跟拉尔夫·特维切尔一起在佛罗里达州萨拉索塔开设了事务所，接着独自一人在萨拉索塔、波士顿、纽约和纽黑文工作，他是

纽黑文耶鲁大学建筑系主任。他独自完成的现代风格建筑分布在美国的许多城市，以及亚洲和中东的城市。他对城市问题的关注促使他设计了一系列重要的大型项目，其中很多没有实现。他用身为老师、演讲家和评论家的活动，以及不妥协的作品和独树一帜的建筑绘画挑战和提升了现代世界中的建筑角色。杰出作品包括：佛罗里达州希利客舍；马萨诸塞州韦尔兹利的韦尔兹利大学朱厄特艺术中心；耶鲁大学艺术与建筑中心；和安德森，贝克威斯及海布勒合作设计的波士顿蓝十字－蓝盾大厦；亚拉巴马州特斯基吉的特斯基吉学院教派联合教堂。

埃罗·沙里宁（EERO SAARINEN）（1910—1961 年） 沙里宁出生于芬兰基尔克努米，在巴黎学习雕刻，在纽黑文的耶鲁大学学习建筑。他同他著名的父亲埃利尔一起完成项目，比如开拓性的伊利诺斯州温内特卡的克罗岛学校。然后他在密歇根布卢姆菲尔德希尔斯开了自己的事务所。仅仅是对颜色、形式和材料用一种现代的方式统一起来，引人注目的多样化成了沙里宁建筑的特色。他充满激情地工作，力求为每个建筑赋予恰当的形式。他不仅仅力图满足每个项目的要求，还想为每个项目创造一种新的建筑表达。沙里宁作为他那一代最受尊崇和最有才华的建筑师之一，在事业的高峰期突然去世了。杰出的作品包括：密歇根沃伦的通用汽车公司技术中心；密苏里州圣路易斯的杰斐逊国家扩张纪念物；马萨诸塞州剑桥的麻省理工学院礼拜堂和克雷斯吉会堂；康涅狄格州纽黑文耶鲁大学的英戈尔斯冰球场；纽约市肯尼迪国际机场全球航空公司航站楼，伊利诺伊州莫林的约翰·迪尔公司总部大楼；新泽西州霍姆德尔的贝尔实验室；弗吉尼亚州赖斯顿的杜勒斯国际机场航站楼；纽约市哥伦比亚广播公司大楼。

马里奥·萨尔瓦多里（MARIO SALVADORI）（1907—1997 年） 萨尔瓦多里出生于罗马，在罗马大学和伦敦的大学学院求学。作为世界上混凝土结构的重要工程师之一，他与工程技术公司合作，比如纽约市的魏德林格联合公司。他在教育界也有声望：他所著的技术书籍被翻译成多国文字；他在全世界的大学发表演讲；在纽约的哥伦比亚大学，他还创立并教授大约十七门工程数学方面的课程；他在纽约市的小学、初中和高中的建成环境中，建立了一个先导课程和教育中心。杰

出的作品包括：波多黎各圣胡安的拉·夏康度假酒店和夜总会；密苏里州圣路易斯市的圣路易斯小教堂。

托马斯·萨纳夫里亚（TOMÁS SANABRIA）（1922—） 萨纳夫里亚出生于委内瑞拉加拉加斯，就读于加拉加斯的委内瑞拉土木工程学院，然后在马萨诸塞州剑桥的哈佛大学的设计研究生院学习。在哈佛，他师从瓦尔特·格罗皮乌斯和马塞尔·布劳耶。萨纳夫里亚返回加拉加斯，他成了他们国家公认的最有天赋的建筑师。他设计的范围广阔，包括酒店、银行、工业建筑、教育建筑、文化建筑和政府建筑。他为祖国和整个世界的职业发展作出了重要的贡献。杰出的作品包括：委内瑞拉圣博娜迪诺的拉加拉斯电力大厦，拉加拉斯的索拉特洪堡酒店；拉加拉斯的第一花旗银行；拉加拉斯的雅培公司。

马克·索热（MARC SAUGEY）（1908—1971 年） 索热出生于瑞士费内扎茨，他的作品以日内瓦为据点，将敏锐的思维方法和对技术和设计的强烈激赏结合起来。他创造了数量众多的作品，使他成了瑞士现代建筑的领军人物，杰出的作品包括日内瓦的马兰格诺 – 帕克公寓和日内瓦中心车站。

保罗·施韦克（PAUL SCHWEIKER）（1903—） 施韦克出生于科罗拉多州丹佛市，就读于纽黑文的耶鲁大学建筑系，在芝加哥的好几家公司执业。作为一名专注的教育家，他担任耶鲁大学建筑学院的教授和主席。后来他在匹兹堡的卡内基 – 梅隆大学担任同样的职务。他的设计方式诚恳而直率，选择简单的形式和耐久的天然材料。杰出的作品包括：堪萨斯州托皮卡的斯通住宅；伊利诺伊州埃文斯顿的唯一神教教堂；田纳西州马里维尔大学的女生宿舍；纽约波基普西市瓦萨大学的芝加哥语言中心；俄亥俄州东利物浦的美国三一长老会教堂；匹兹堡卡内基图书馆的诺克斯维尔分馆。

何塞·路易斯·塞特（JOSÉ LUIS SERT）（1902—1983 年） 塞特出生于巴塞罗那，就读于那里的建筑学校。他在巴黎的勒·柯布西耶和皮埃尔·让纳雷的事务所里短暂地工作过，然后回到巴塞罗那开设了自己的事务所。后来他又回到巴黎，为 1937 年的世界博览会设计了西班牙馆，这座馆因毕加索的《格尔尼卡》、琼·米罗的画作《加泰罗尼亚的农夫》、还有亚历山大·考尔

德的水银喷泉闻名。在第二次世界大战爆发前，他移民去了美国。在纽约市,他和保罗·莱斯特·威纳成了伙伴，并共同完成了中美洲和南美洲许多重要城市的规划项目。在瓦尔特·格罗皮乌斯的推荐下，他成了马萨诸塞州剑桥的哈佛大学设计研究生院的院长和建筑学教授，在那里他设立了第一门专业化的城市设计学位课程。后来他跟赫森·杰克逊和罗纳德·古尔利合伙在剑桥开了一个事务所，设计了许多住宅、办公楼和大学建筑。作为现代建筑国际会议的一位热诚的国际主义者和领导，一位将现代美术和雕塑融合入建筑的文化先驱，一位作者和教育家，塞特在现代运动中扮演着重要的角色。杰出的作品:包括西班牙马略卡岛的帕尔玛的琼·米罗工作室；巴塞罗那 Calle Muntaner 的公寓；伊拉克巴格达的美国大使馆；剑桥市的塞特自宅；哈佛大学健康和行政大楼，法国圣保罗德旺斯的马格基金会；哈佛大学的皮博迪已婚学生联排公寓。

鲁道夫·施泰格尔（RUDOLF STEIGER）（1900—1982 年） 施泰格尔出生于瑞士苏黎世，在苏黎世大学师从瑞士建筑师卡尔·莫泽。在那里他和马克斯·黑费利及维尔纳·莫泽合伙开设了事务所。他为战后瑞士的住宅作出了重大贡献，对城镇规划的贡献更为巨大。杰出的作品包括：苏黎世的诺伊布尔联盟庄园；苏黎世的；洛桑的普里利住宅。

爱德华·德雷尔·斯通（Edward Durell Stone）（1902—1978 年） 斯通出生于阿肯色州费耶特维尔，在阿肯色大学学习艺术，然后到马萨诸塞州剑桥的哈佛大学的建筑学院深造，又转入剑桥的麻省理工学院，师从雅克·卡吕学习现代设计。他获得罗奇出国奖学金，游历了欧洲。回到美国之后，他参加了纽约市无线电城音乐厅的设计。以纽约为据点，他按照国际式风格设计了备受称颂的纽约市斯科山的曼德拉住宅，和菲利普·古德温一起合作设计了纽约市原来的现代艺术博物馆。后来他从现代风格的纯粹原理出发，创造出一种富含装饰的个人化风格。他的事业生涯中这一阶段的代表作包括一系列住宅，装饰性的遮阳板和格栅起到保护作用，还有印度新德里的美国大使馆。杰出的作品包括：巴拿马市的巴拿马酒店；纽约州怀特普莱恩斯的罗伯特·波普尔住宅；1962 年比利时布鲁塞尔世博会的美国馆。

丹下健三（KENZO TANGE）（1913—2005 年） 丹下健三出生于日本今治，在东京大学学习建筑学、城市规划和工程学，后来他成了东京大学的建筑学副教授。他在开设自己的东京事务所之前，为前川国男工作。丹下健三赢得了日本广岛和平纪念馆的建筑竞赛，后来又赢得了东京市厅舍的竞赛。他为东京奥运会设计的优雅的代代木体育馆超越了时代，将勒·柯布西耶的现代主义同传统的日本建筑精神融合起来。丹下健三后来摒弃了地域主义，成了抽象国际式风格的拥护者，在世界范围内进行设计。他也完成了不少的城市规划，包括未来东京，虽然没有实现，但仍然是一次有影响的规划研究。因为他的天赋、革新精神和求知欲，丹下健三被公认为是日本第二代现代建筑师的领军人物。杰出的作品包括：日本高松的香川县厅舍；日本爱媛的今治市政厅；日本冈山的仓敷市政厅。

马丁·维加斯（Martin Vegas）（1926—） 维加斯生于委内瑞拉的加拉加斯，在伊利诺伊理工学院跟随路德维希·密斯·凡·德·罗学习。回到加拉加斯后，他跟阿根廷人 J·M·加利亚合伙开设了事务所，给委内瑞拉提奉献了有价值的国际式风格实例，将密斯式的精确性与对南美洲气候和地方材料的尊重结合起来。杰出的作品有：加拉加斯的极地大楼；加拉加斯的商业农业银行；加拉加斯的萨巴拉·格兰德东方教授中心；加拉加斯的孪生莫罗何塞公寓。

卡洛斯·劳尔·比利亚努埃瓦（CARLOS RAÙL VILLANUEVA）（1900—1975 年） 比利亚努埃瓦出生于伦敦，他的父亲在委内瑞拉驻伦敦的外交机构服务。比利亚努埃瓦在巴黎的孔多塞公立中学接受教育。他在美术学院获得了建筑学学位之后回到了加拉加斯，开设了自己的事务所。加拉加斯的城市大学的大学城计划贯穿了他的建筑生涯大部分时间。他完成了这个项目的总体规划，并设计了医疗中心、图书馆、音乐厅、植物学研究所、人文学院、科学院、物理学院大楼和牙医学院的设计。他还创立和设计了建筑和城市学院，还是该学院的教授。大学城项目的顶峰是奥林匹克体育场混凝土的惊人运用。比利亚努埃瓦是公共建设工程部的建筑师，也是国家规划委员会的发起者和领导者。他的许多建筑目标是在一系列杰出的重要住宅开发项目中实现的，他对廉价、廉租的现代住宅的理念和设计依旧是不可超越的。他是委内瑞拉建筑师协会的首任主席。他对社会目标的奉献极大地丰富了这个行业，也出色地为委内瑞拉创立了现代建筑。杰出的作品有委内瑞拉马拉凯的斗牛场；1939 年巴黎的世界博览会上的委内瑞拉馆；委内瑞拉马拉开波的拉斐尔·乌达内塔通用住宅开发。

保罗·魏德林格（Paul Weidlinger）（1914—） 魏德林格出生于匈牙利布达佩斯，就读于捷克斯洛伐克的布尔诺理工学院和苏黎世的瑞士理工学院。他在巴黎作为设计师与勒·柯布西耶一起工作；在美国和南美洲，他作为工程师和许多团队合作。他自己的咨询工程公司——纽约市魏德林格联合公司，在商业、公共机构和防御建筑方面享有国际声望。作为教育家、著作家和工程师，他和国际上许多顶级的建筑师合作。魏德林格为现代建筑的发展作出了显著而有创造性的贡献。杰出作品包括东京：读者文摘办公大楼；保加利亚布鲁塞尔的伦巴德银行；伊拉克巴格达的美国大使馆；康涅狄格州纽黑文耶鲁大学的拜内克稀有珍本和手抄本图书馆；雅典的美国大使馆；马萨诸塞州剑桥的哈佛大学卡彭特视觉艺术中心。

小菲利普·韦尔（PHILIP WILL JR.）（1906—1985 年） 韦尔出生于纽约罗切斯特，就读于纽约伊萨卡康奈尔大学建筑学院。他到芝加哥的通用住宅公司工作，这是一家早期的预制住宅的制造厂。与劳伦斯·B·珀金斯和惠勒一起，他成立了一家合伙企业，同沙里宁合作设计了开拓性的伊利诺伊州温内特卡的克罗岛学校。珀金斯和伊尔的公司成了美国最大的建筑公司之一，在纽约和华盛顿都有附属公司。他利用这家公司设计了许多学校，比如纽约斯卡斯代尔的希斯科特学校，对现代教育建筑设计有着广泛的影响。在事业生涯中，他的建筑规模多样，类型丰富。杰出的作品包括：芝加哥新世纪发展博览会上通用住宅公司的钢住宅；伊利诺伊州埃文斯顿的小菲利普·韦尔自宅；伊利诺伊州罗克福德的纪念医院；芝加哥的美国吉普瑟姆大楼；伊利诺伊州格伦维尤的斯科特·福尔斯曼办公大楼。

弗兰克·劳埃德·赖特（FRANK LLOYD WRIGHT）（1867—1959 年） 赖特出生于威斯康星州的里奇兰申特，在麦迪逊的威斯康星大学学习工程学，在芝加哥住宅建筑师约瑟夫·莱曼·西尔斯比的事务所工作，然后在阿德勒和沙利文事务所担任路易斯·沙利文的助手。他为后者的公司设计了一系列住宅。然后背着沙利文，他独自完成了一些住宅，这让他们之间的契约关系破裂了。从他在伊利诺伊州橡树园中的工作室和自宅开始，赖特创造了影响广泛的开敞式草原住宅。杰出的例子有：他的自宅；伊利诺伊州高地公园的威利茨住宅；伊利诺伊州橡树园的汤姆斯住宅；伊利诺伊州斯普林菲尔德的德纳住宅；纽约州布法罗市的马丁住宅；芝加哥的罗比住宅；伊利诺伊州里弗赛德的孔利住宅。与此同时，他设计了纽约州布法罗市的拉金管理和办公大楼和橡树园的合一教堂，开创性地运用了整体式钢筋混凝土。赖特到欧洲旅行，瓦斯穆特在柏林出版了他早期的作品集，产生了广泛的影响。在东京帝国饭店建造期间，他去了日本。遇到困难时他又回到了威斯康星。艾琳·巴恩斯代尔将自己位于洛杉矶的住宅委托他来设计，结果便是混凝土的"蜀葵居"。接下来是众多织纹砌块住宅，包括帕萨迪纳的米勒德住宅和洛杉矶的恩尼斯住宅。在20世纪30年代，他在威斯康星州格林斯普伦和亚利桑那州斯科茨代尔的基础上成立了塔里埃森社团。在这期间他设计了拉辛的约翰逊制蜡公司行政大楼和约翰逊住宅，以及宾夕法尼亚州熊跑溪的考夫曼流水别墅。他后期的作品中有一个是最为著名的，那就是纽约的古根海姆博物馆。赖特的建筑生涯持续了70年。作为一位演讲家、作家、教师和设计了将近1000个实现了400个建筑的设计师，赖特毫无疑问是20世纪最伟大、最著名的建筑天才之一。其他杰出的作品包括：橡树园的托马斯·H·盖尔住宅和切尼住宅；伊利诺伊州里弗福里斯特市的温斯洛住宅和罗伯特住宅；广亩城市（未实现）；美国风住宅，比如麦迪逊市的赫伯特·雅各布斯住宅；俄克拉何马州巴特尔斯威尔市的H·C·普赖斯塔楼。

威廉·沃斯特（WILLIAM WURSTER）（1895—1973年）
沃斯特出生于加利福尼亚斯托克顿，在伯克利的加利福尼亚大学学习建筑学。作为沃斯特、贝尔纳迪和埃蒙斯公司的重要合伙人，他设计了很多住宅、公共和商业建筑。他在马萨诸塞州剑桥的哈佛研究生院任教，是哈佛大学建筑与规划学院、麻省理工学院和加州大学伯克利分校建筑学院的院长。他还是加州大学伯克利分校环境设计专业的创始人和院长。通过建筑教育，沃斯特决定将职业的范围扩大至关心整体环境。他相信建筑是社会性的艺术，建筑物应该直接回应当地的需求和情况。杰出的作品包括：加利福尼亚圣克鲁斯的格雷戈里农舍；加利福尼亚帕罗奥多市斯坦福大学的行为科学高级研究中心、医学中心和已婚学生宿舍；旧金山的金门再开发项目；旧金山的吉拉尔代利广场；圣克鲁斯加利福尼亚大学的考埃尔学院。

山崎实（MINORU YAMASAKI）（又译：米诺雷·雅马萨奇）（1912—1986年） 山崎实出生于华盛顿西雅图，就读于西雅图的华盛顿大学，之后在纽约市的纽约大学深造。他在纽约和底特律的知名公司中做设计师。在他的建筑生涯中，他喜欢团队工作，没有开设他个人的事务所。山崎实结合功能和人文价值，探索出一些方法，将机械装饰的丰富性融入到他的现代建筑形式之中。他获奖的作品是和乔治·赫尔穆特及约瑟夫·莱因韦贝尔共同设计的密苏里州圣路易斯市的郎伯候机楼，以及纽约市世贸中心双塔。其他杰出的作品包括：密歇根底特律韦恩州立大学的麦格雷戈纪念社会议中心；密歇根绍斯菲尔德的雷诺兹五金销售办公楼。

吉村顺三（JUNZO YOSHIMURA）（1908—1997年）
吉村顺三出生于东京，毕业于东京艺术学院。当他跟安东尼·雷蒙德一起工作时，他接触到了新的国际式风格。然后他在东京开设了事务所。他的作品包括住宅、办公室、博物馆和学校建筑。作为在东京艺术学院的教授，他为日本的职业教育作出了引人注目的贡献。吉村顺三以广受赞誉的技艺，在他的建筑中将现代国际式元素和传统的日本元素结合在一起。杰出的作品包括：东京的日本国际住宅（与高桥国雄，坂仓准三合作设计）；日本箱根Kowaku-en饭店；日本长久手的相知县艺术大学。

参考文献

Achilles, Rolf, Kevin Harrington, and Charlotte Myhrum, eds. *Mies van der Rohe: Architect as Educator.* Chicago: Illinois Institute of Technology, 1986.

Baker, Geoffrey, and Jacques Gubler. *Le Corbusier: Early Works by Charles-Édouard Jeanneret.* London: Academy Editions/St. Martin's Press, 1987.

Barford, George. *Understanding Modern Architecture.* Worcester, Massachusetts: Davis Publications, 1986.

Bastlund, Knud. *José Luis Sert: Architecture, City Planning, Urban Design.* New York: Frederick A. Praeger, 1967.

Bayley, Stephen, Philippe Garner, and Deyan Sudjic. *Twentieth-Century Style and Design.* New York: Van Nostrand Reinhold Company, 1986.

Bill, Max. *Le Corbusier Oeuvre Complète, 1934–38.* Vol. 2. Erlenbach-Zürich: Les Éditions d'Architecture, 1947.

Blake, Peter. *Marcel Breuer. Architect and Designer.* New York: Architectural Record/The Museum of Modern Art, 1949.

Blake, Peter, ed. *Marcel Breuer. Sun and Shadow, The Philosophy of an Architect.* New York: Dodd, Mead and Company, 1955.

Blake, Peter. *The Master Builders.* New York: Alfred A. Knopf, 1960.

Blaser, Werner. *Mies van der Rohe.* New York: Frederick A. Praeger, 1965.

Boesiger, Willy. *Le Corbusier 1938–1946.* Vol. 1. Erlenbach-Zürich: Les Éditions d'Architecture, 1946.

———. *Le Corbusier et Pierre Jeanneret, Oeuvre Complète, 1929–1934.* Vol. 3. Erlenbach-Zürich: Les Éditions d'Architecture, 1946.

———. *Le Corbusier et son atelier rue Sèvres, 35, Oeuvre Complète, 1952–1957.* New York: George Wittenborn, 1957.

Bolon, Carol R., Robert S. Nelson, and Linda Seidel. *The Nature of Frank Lloyd Wright.* Chicago: The University of Chicago Press, 1988.

Brownlee, David B., and David G. DeLong. *Louis I. Kahn: In the Realm of Architecture.* New York: Rizzoli, 1991.

Canty, Donald, ed. *The New City.* New York: Praeger/Urban America, 1969.

Coulin, Claudius. *Drawings by Architects, from the Ninth Century to the Present Day.* New York: Reinhold, 1962.

Curtis, William J.R. *Modern Architecture Since 1900.* Englewood Cliffs, New Jersey: Prentice-Hall, 1982.

De Witt, Dennis J., and Elizabeth R. De Witt. *Modern Architecture in Europe: A Guide to Buildings Since the Industrial Revolution.* New York: E.P. Dutton, 1987.

Drexler, Arthur. *Ludwig Mies van der Rohe.* New York: George Braziller, 1960.

Drexler, Arthur, and Thomas S. Hines. *The Architecture of Richard Neutra: From International Style to California Modern.* New York: The Museum of Modern Art, 1982.

Emanuel, Muriel, ed. *Contemporary Architects.* New York: St. Martin's Press, 1980.

Fleming, John, Hugh Honour, and Nikolaus Pevsner. *The Penguin Dictionary of Architecture.* 3rd ed. London: Penguin Books, 1980.

Fletcher, Sir Banister. *A History of Architecture.* London: The Royal Institute of British Architects and The University of London, 1987.

Frampton, Kenneth. *Modern Architecture: A Critical History.* London: Thames and Hudson, 1985.

Franck, Klaus. *The Works of Affonso Eduardo Reidy.* New York: Frederick A. Praeger, 1960.

Gage, Richard L. *A Guide to Japanese Architecture with an Appendix on Important Traditional Buildings.* Japan: Shinkenchiku-sha Company, 1971.

Giedeon, Sigfried, ed. *A Decade of New Architecture.* Zürich: Editions Girsberger, 1951.

Giedeon, Sigfried. *Architecture, You, and Me.* Cambridge, Massachusetts: The Harvard University Press, 1958.

Giedeon, Sigfried, ed. *CIAM, Les Congrès Internationaux d'Architecture Moderne: A Decade of New Architecture/Dix Ans d'Architecture Contemporaine.* Zürich and New York: Éditions Girsberger and George Wittenborn, 1951.

Giedeon, Sigfried. *Space, Time, and Architecture.* Cambridge, Massachusetts: The Harvard University Press, 1944.

———. *Walter Gropius: Work and Teamwork.* New York: Reinhold, 1954.

Gill, Brendan. *Many Masks: A Life of Frank Lloyd Wright.* New York: G.P. Putnam's Sons, 1987.

Goody, Joan E. *New Architecture in Boston.* Cambridge, Massachusetts: The MIT Press, 1965.

Gregotti, Vittorio, "Ernesto Rogers," *Casabella,* vol. 53, May 1989, pp. 2–3.

Gropius, Walter. *The New Architecture.* Cambridge, Massachusetts: The MIT Press, 1984.

———. *Scope of Total Architecture.* World Perspectives, vol. 3. New York: Harper & Brothers, 1955.

Gutheim, Frederick. *Alvar Aalto.* New York: George Braziller, 1960.

Gutheim, Frederick, ed. *Frank Lloyd Wright on Architecture: Selected Writings 1894–1940.* New York: Duell, Sloan, and Pearce, 1941.

Halprin, Lawrence. *The RSVP Cycles.* New York: George

Braziller, 1969.

Hammett, Ralph W. *Architecture in the United States: A Survey of Architectural Styles Since 1776.* New York: John Wiley and Sons, 1976.

Heyer, Paul. *Architects on Architecture: New Directions in America.* New York: Walker & Company, 1966.

Hitchcock, Henry-Russell. *Architecture: Nineteenth and Twentieth Centuries.* London: The Pelican History of Art, 1989.

———. *In the Nature of Materials: The Buildings of Frank Lloyd Wright 1887–1941.* New York: Duell, Sloan, and Pearce, 1942.

———. *Latin American Architecture Since 1945.* New York: The Museum of Modern Art, 1955.

Hitchcock, Henry-Russell, and Philip Johnson. *The International Style: Architecture Since 1922.* New York: W.W. Norton, 1932.

Hunt, William Dudley, Jr. *Encyclopedia of American Architecture.* New York: McGraw-Hill, 1980.

Isaacs, Reginald. *Gropius: An Illustrated Biography of the Creator of the Bauhaus.* Berlin: Gebr, Mann Verlag, 1983.

Jacobus, John M., Jr. *Philip Johnson.* Makers of Contemporary Architecture Series. New York: George Braziller, 1962.

Jacobus, John. *Twentieth-Century Architecture: The Middle Years, 1940–1965.* New York: Frederick A. Praeger, 1966.

Jencks, Charles. *Le Corbusier and the Tragic View of Architecture.* Cambridge, Massachusetts: The Harvard University Press, 1973.

———. *Modern Movements in Architecture.* New York: Viking Penguin, 1985.

Johnson, Philip C. *Architecture 1949–1965.* New York: Holt, Rinehart, and Winston, 1966.

———. *Mies van der Rohe.* 2nd rev. ed. New York: The Museum of Modern Art, 1953.

Jones, Cranston. *Architecture Today and Tomorrow.* New York: McGraw-Hill, 1961.

Jordan, Robert Fumeaux. *Le Corbusier.* New York: Lawrence Hill & Co., 1972.

Jordy, William H. *American Buildings and Their Architects: The Impact of European Modernism in the Mid-Twentieth Century.* Vol. 4. New York: Doubleday, 1972.

Kandinsky, Vasily. *Point and Line to Plane.* New York: Solomon R. Guggenheim Foundation, 1947.

Kaufmann, Edgar, Jr. *What Is Modern Design?* New York: The Museum of Modern Art, 1950.

Kaufmann, Edgar, Jr. and Ben Raeburn, eds. *Frank Lloyd Wright, Writings and Buildings.* New York: Horizon Press, 1960.

Kidder Smith, G.E. *Looking at Architecture.* New York: Harry N. Abrams, 1990.

———. *The New Architecture of Europe: An Illustrated Guidebook and Appraisal.* Cleveland: The World Publishing Company, 1961.

Kidder Smith, G.E., with The Museum of Modern Art. *The Architecture of the United States.* Vols. 1-3. New York: Anchor Press/Doubleday, 1981.

Kostof, Spiro. *A History of Architecture.* London: Oxford University Press, 1985.

Krantz, Les. *American Architects: A Survey of Award-Winning Contemporaries and Their Notable Works.* New York: Facts on File, 1989.

Lampugnani, Vittorio Magnago, ed. *Encyclopedia of Twentieth-Century Architecture.* New York: Harry N. Abrams, 1986.

Lao-tse. *The Wisdom of Laotse.* Trans., ed., and introduction by Lin Yutang. New York: Random House, The Modern Library, 1948.

Le Corbusier. *The Decorative Art of Today.* Trans. and introduction by James I. Dunnett. Cambridge, Massachusetts: The MIT Press, 1987.

———. *La Ville Radieuse.* Paris: Éditions de l'Architecture d'Aujourd'hui, 1933.

———. *Towards a New Architecture.* London: The Architectural Press, 1927.

Lloyd, Seton, David Talbot Rice, Norbert Lynton, Andrew Boyd, Andrew Carden, Philip Rawson, and John Jacobus. *World Architecture: An Illustrated History.* New York: McGraw-Hill, 1963.

Lummis, Trevor. *Listening to History.* London: Hutchinson Education, 1987.

Magalhaes, Aloisio, and Eugene Feldman. *Doorway to Brasília.* Philadelphia: Falcon Press, 1959.

Marks, Robert W. *The Dymaxion World of Buckminster Fuller.* New York: Reinhold, 1960.

Meehan, Patrick J., ed. *Truth Against the World: Frank Lloyd Wright Speaks for an Organic Architecture.* New York: John P. Wiley & Sons, 1987.

Morgan, Ann Lee, and Colin Naylor, eds. *Contemporary Architects.* 2nd ed. Chicago and London: St. James Press, 1987.

Moss, William. *An Oral History Program Manual.* New York: Frederick A. Praeger, 1974.

Mumford, Lewis. *The Culture of Our Cities.* New York: Harcourt, Brace, and Company, 1942.

Murphy, Wendy Buehur. *Frank Lloyd Wright.* Englewood Cliffs, New Jersey: Silver Burdett Press, 1990.

Neutra, Richard J. *Life and Human Habitat.* New York: George Wittenborn, 1956.

Oud, J.J.P. *Mein Weg in De Stijl.* The Hague and Rotterdam: Nijgh en Van Ditmar, 1958.

Papadaki, Stamo. *Oscar Niemeyer.* Masters of World Architecture Series. New York: George Braziller, 1960.

Pehnt, Wolfgang, ed. *Encyclopedia of Modern Architecture.* New York: Harry N. Abrams, 1964.

Peter, John. *Aluminum in Modern Architecture.* Vol. 1. Louisville: Reynolds Metals Company, 1956.

———. *Masters of Modern Architecture.* New York: George Braziller, 1958.

Pevsner, Nikolaus. *An Outline of European Architecture.* Middlesex, England: Penguin Books, 1972.

———. *Pioneers of Modern Design, from William Morris to Walter Gropius.* New York: Viking Penguin Books, 1986.

Pile, John, ed. *Drawings of Architectural Interiors.* New York: Whitney Library of Design, 1967.

Placzek, Adolf K., ed. in chief. *Macmillan Encyclopedia of Architects.* Vols. 1–4. New York: The Free Press/Macmillan, 1982.

Quantrill, Malcolm. *Alvar Aalto: A Critical Study.* New York: Schocken Books, 1983.

Robertson, Bryan. *Philip Johnson, Johnson House.* Global Architecture Series. Tokyo: A.D.A. Edita, Tokyo Co., 1972.

Roth, Alfred. *The New Architecture.* Erlenbach-Zürich: Les Éditions d'Architecture, 1946.

Saarinen, Aline B., ed. *Eero Saarinen on His Work.* New Haven and London: Yale University Press, 1962.

Saarinen, Eliel. *The City, Its Growth, Its Decay, Its Future.* New York: Reinhold, 1943.

Sanchis, Frank E. *American Architecture: Westchester County, New York—Colonial to Contemporary.* Croton-on-Hudson, New York: North River Press, 1977.

Sartoris, Alberto, "Joseph Marc Saugey o l'architettura ritrovata," *Domus,* no. 667, December 1985, p. 30.

Scully, Vincent, Jr. *Frank Lloyd Wright.* New York: George Braziller, 1960.

———. *Louis I. Kahn.* Makers of Contemporary Architecture Series. New York: George Braziller, 1962.

———. *Modern Architecture: The Architecture of Democracy.* New York: George Braziller, 1986.

Secrest, Meryle. *Frank Lloyd Wright: A Biography.* New York: Alfred A. Knopf, 1992.

Sert, José Luis. *Can Our Cities Survive?* Cambridge, Massachusetts: The Harvard University Press, 1942.

Sharp, Dennis. *Sources of Modern Architecture: A Critical Biography.* St. Albans and London, England: Granada Publishing Ltd./Technical Books Division, 1981.

Sharp, Dennis, ed. *The Illustrated Encyclopedia of Architects and Architecture.* London: Quarto Publishing, 1991.

———. *Twentieth-Century Architecture: A Visual History.* New

York: Facts on File, 1991.

Stimpson, Miriam F. *A Field Guide to Landmarks of Modern Architecture in Europe.* Englewood Cliffs, New Jersey: Prentice-Hall, 1985.

Storrer, William Allin. *The Architecture of Frank Lloyd Wright: A Complete Catalog.* Cambridge, Massachusetts: The MIT Press, 1978.

———. *The Frank Lloyd Wright Companion.* Chicago: The University of Chicago Press, 1993.

Sullivan, Louis H. *Kindergarten Chats and Other Writings.* New York: Wittenborn, Schultz, 1947.

Tafel, Edgar. *Apprentice to Genius: Years with Frank Lloyd Wright.* New York: McGraw-Hill, 1979.

Tafuri, Manfredo, and Francesco Dal Co. *Modern Architecture.* History of World Architecture Series. Pier Luigi Nervi, gen. ed. New York: Harry N. Abrams, 1979.

Trevor, Dannatt, ed. *Architects Yearbook 5.* London: Elek Books Limited, 1953.

Venturi, Robert. *Complexity and Contradiction in Architecture.* New York: The Museum of Modern Art, 1966.

Venturi, Robert, Denise Scott Brown, and Steven Izenour. *Learning from Las Vegas.* Cambridge, Massachusetts: The MIT Press, 1977.

Watkins, David. *Morality and Architecture: The Development of a Theme in Architectural History and Theory from the Gothic Revival to the Modern Movement.* Oxford, England: Clarendon Press, 1977.

Wingler, Hans M. *The Bauhaus.* Cambridge, Massachusetts: The MIT Press, 1969.

Wiseman, Carter. *I.M. Pei: A Profile in American Architecture.* New York: Harry N. Abrams, 1990.

Wolfe, Gerard R. *New York: A Guide to the Metropolis— Walking Tours of Architecture and History.* New York: McGraw-Hill, 1975.

Wolfe, Tom. *From Bauhaus to Our House.* New York: Washington Square Press, 1981.

Wright, Frank Lloyd. *An Autobiography.* New York: Duell, Sloan, and Pearce, 1943.

———. *The Future of Architecture.* New York: Horizon Press, 1953.

———. *Genius and the Mobocracy.* New York: Duell, Sloan, and Pearce, 1949.

———. *The Living City.* New York: Horizon Press, 1958.

———. *The Natural House.* New York: Horizon Press, 1954.

Wright, Sylvia Hart. *Highlights of Recent American Architecture: A Guide to Contemporary Architects and Their Leading Works Completed 1945–1978.* Metuchen, New Jersey, and London: The Scarecrow Press, 1982.

时间表

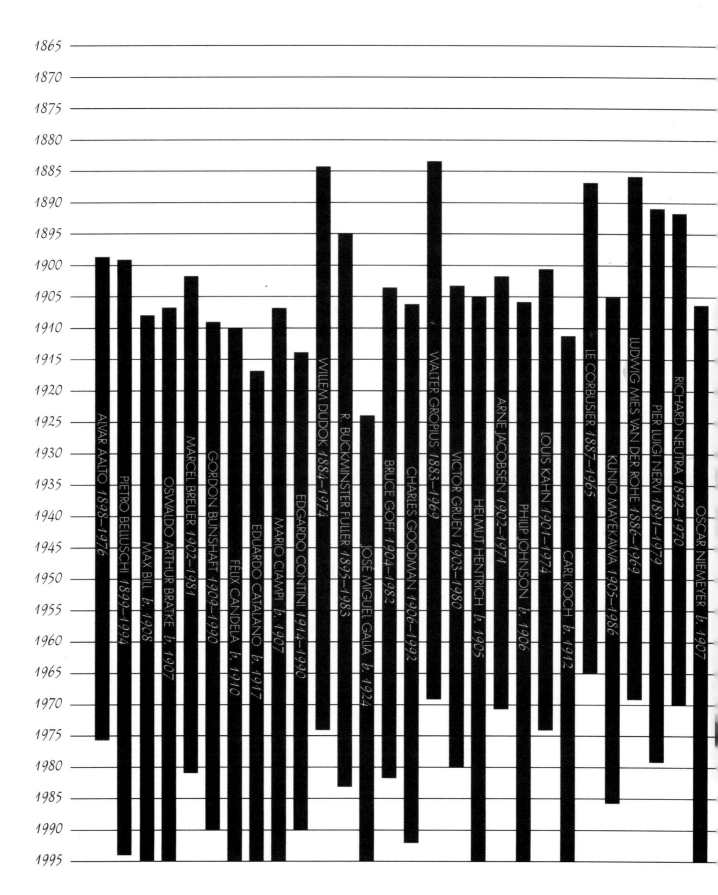

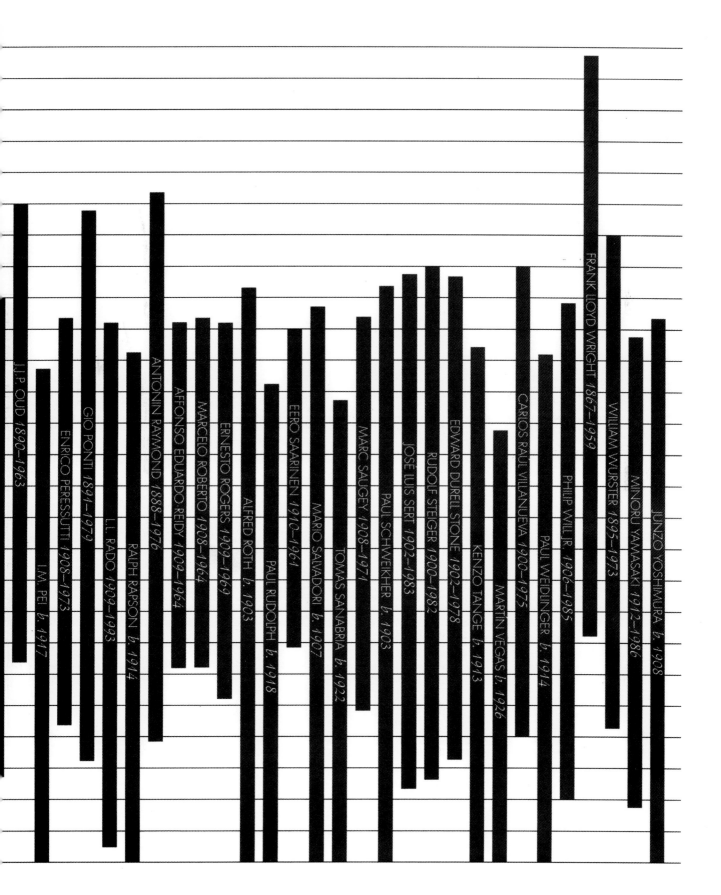

J.J.P. OUD *1890–1963*

ENRICO PERESSUTTI *1908–1973*

GIO PONTI *1891–1979*

I.M. PEI *b. 1917*

L.L. RADO *1909–1993*

ANTONIN RAYMOND *1888–1976*

RALPH RAPSON *b. 1914*

AFFONSO EDUARDO REIDY *1909–1964*

MARCELO ROBERTO *1908–1964*

ERNESTO ROGERS *1909–1969*

ALFRED ROTH *b. 1903*

EERO SAARINEN *1910–1961*

PAUL RUDOLPH *b. 1918*

MARIO SALVADORI *b. 1907*

TOMAS SANABRIA *b. 1922*

MARC SAUGEY *1908–1971*

PAUL SCHWEIKHER *b. 1903*

JOSÉ LUIS SERT *1902–1983*

RUDOLF STEIGER *1900–1982*

EDWARD DURELL STONE *1902–1978*

KENZO TANGE *b. 1913*

MARTIN VEGAS *b. 1926*

CARLOS RAÚL VILANUEVA *1900–1975*

PAUL WEIDLINGER *b. 1914*

PHILIP WILL JR. *1906–1985*

FRANK LLOYD WRIGHT *1867–1959*

WILLIAM WURSTER *1895–1973*

MINORU YAMASAKI *1912–1986*

JUNZO YOSHIMURA *b. 1908*

旅行指南

欣赏建筑作品的方式是去亲身体验。正如弗兰克·劳埃德·赖特告诫我的："建筑是撇开摄影之外的东西。"仅仅去看一座杰出的建筑就值得这场旅行了。穿越建筑物是为了享受建筑单独提供的内部空间的绝妙乐趣。

由建筑师准备的这张名单列出了 150 多座允许参观的重要建筑，只包括了本书所涉及的现代建筑师作品，并且建造时间也在本书所涵盖的时期之内。同本书一样，该名单没有包含许多杰出的后现代建筑师及其作品。

有些建筑只能从外部观看，但是大部分向公众开放。许多建筑提供特殊的游览服务。事先获取最新的信息是明智的。

阿尔托（Aalto）：
奥尔堡艺术博物馆 [AALBORG ART MUSEUM（NORDJYLLANDS KUNSTMUSEUM）]
Kong Christians Allé 50, DK 9000, Aalborg, Denmark
美国麻省理工大学贝克学生宿舍（BAKER HOUSE, MASSACHUSETTS INSTITUTE OF TECHNOLOGY）
362 Memorial Drive, Cambridge, Massachussetts 02139
文化馆 [HOUSE OF CULTURE（KULTTUURITALO）]
Sturenkatu 4, 00510 Helsinki, Finland
赫尔辛基国家养老金协会 [NATIONAL PENSIONS INSTITUTE（KANSANELÄKELAITOS）]
Nordenskoldinkatu 12, 00250 Helsinki, Finland
珊纳特赛罗市政厅 [SÄYNÄTSALO TOWN HALL（SÄYNÄTSALON KUNNANTALO）]
40900 Säynätsalo, Finland

贝卢斯基（Belluschi）：
朴次茅斯修道院学校的礼拜堂 CHAPEL, PORTSMOUTH ABBEY SCHOOL
285 Cory's Lane, Portsmouth, Rhode Island 02871
第一长老会教堂（FIRST PRESBYTERIAN CHURCH）
216 South Third Street, Cottage Grove, Oregon 97424
波特兰艺术博物馆（PORTLAND ART MUSEUM）
1219 South West Park Avenue, Portland, Oregon 97205
唯一神派教堂（UNITARIAN CHURCH）
4848 Turner Street, Rockford, Illinois 61107

比尔（Bill）：
乌尔姆设计学校 [SCHOOL OF DESIGH（FACHHOCHSCHULE ULM, FACHBERELCH GESTALTUNG）]
Prittwitzstrasse 10, W-7900 Ulm, Germany

布拉特克（Bratke）：
圣保罗立法议会 [LEGISLATIVE ASSEMBLY（ASSEMBLEÍA LEGISLATIVA DO ESTADO DE SÃO PAULO）]
Palácio 9 de Julho, 04097–São Paulo–SP-Brazil
市政厅 [TOWN HALL（PREFEITURA DE SANTO ANDRÉ）]
Praça IV Centenário, s/no 09015–080 Santo André–SP-Brazil

布劳耶（Breuer）：
天使报喜小修道院（ANNUNCIATION PRIORY）
7520 University Drive, Bismarck, North Dakota 58504
莎拉劳伦斯学院艺术中心（ARTS CENTER, SARAH LAWRENCE COLLEGE）
1 Meadway, Bronxville, New York 10708
耶鲁大学工程大楼（ENGINEERING BUILDING, YALE UNIVERSITY）
15 Prospect Street, New Haven, Connecticut 06520
圣方济撒肋爵教堂（ST. FRANCIS DE SALES CHURCH）
2929 McCracken Avenue, Muskegon, Michigan 49441
圣约翰大学教堂（ST. JOHNS UNIVERSITY CHURCH）
Collegeville, Minnesota 56321
惠特尼美国艺术博物馆（WHITNEY MUSEUM OF AMERICAN ART）
945 Madison Avenue, New York, New York 10021

邦沙夫特（斯基德莫尔、奥因斯和梅里尔）[Bunshaft（Skidmore, Owings, and Merrill）]：
贝尼克古籍善本图书馆（BEINECKE RARE BOOK AND MANUSCRIPT LIBRARY, YALE UNIVERSITY）
121 Wall Street, New Haven, Connecticut 06520
利弗大厦（LEVER HOUSE）
390 Park Avenue, New York, New York 10022
汉诺威信托大楼（MANUFACTURERS HANOVER TRUST BUILDING）
510 Fifth Avenue, New York, New York 10036

坎德拉（Candela）：
库埃纳瓦卡礼拜堂（CHAPEL AT LOMAS DE CUERNAVACA）
Dead end of Paseo de la Reforma, Lomas de Cuernavaca, Temixco, Morelos, Mexico
圣母大教堂 [CHURCH OF THE MIRACULOUS VIRGIN（IGLESIA DE LA VIRGEN DE LA MEDALLA MILAGROSA）]
Ixcateopan y Matías Romero, Col. Vertiz Narvarte, Mexico, D.F.
拉斯·查鲁帕斯饭店（LAS CHALUPAS RESTAURANT）
Jardines Flotantes, Xochimilco, Mexico, D.F.

卡塔拉诺（Catalano）：
麻省理工大学的朱利叶斯·亚当斯·斯特拉顿学生中心（JULIUS ADAMS STRATION STUDENT CENTER, MASSACHUSETTS INSTITUTE OF TECHNOLOGY）
84 Massachusetts Avenue, Cambridge, Massachusetts 02139

钱皮（Ciampi）：
科珀斯克里斯蒂的罗马天主教堂（CORPUS CHRISTI ROMAN CATHOLIC CHURCH）

62 Santa Rose Avenue, San Francisco, California 94112

孔蒂尼（Contini）：
中心广场（MIDTOWN PLAZA）
Broad and Clinton Streets, Rochester, New York 14604

杜多克（Dudok）：
市政厅（TOWN HALL）
Dudokpark 1, 1217 JE Hilversum, the Netherlands

富勒（Fuller）：
网格穹顶（GEODESIC DOME）
Flushing Meadow, Corona Park, Flushing, New York 11368

戈夫（Goff）：
波士顿大街卫理公会教派教堂（BOSTON AVENUE UNITED METHODIST CHURCH）
1301 South Boston Avenue, Tulsa, Oklahoma 74119
福特住宅（FORD HOUSE）
404 South Edgelawn, Aurora, Illinois 60506

格罗皮乌斯（Gropius）：
布兰德斯大学学术研究院（ACADEMIC QUADRANGLE, BRANDEIS UNIVERSITY）
415 South Street, Waltham, Massachusetts 02254
菲利普斯学院艺术与通讯大楼（ARTS AND COMMUNICATIONS BUILDING, PHILLIPS ACADEMY）
Main Street, Andover, Massachusetts 01810
包豪斯（BAUHAUS）
Thälmannallee 38, 0-4500, Dessau, Germany
格罗皮乌斯住宅 [GROPIUS HOUSE（SOCIETY FOR THE PRESERVATION OF NEW ENGLAND ANTIQUITIES）]
68 Baker Bridge Road, Lincoln, Massachusetts 01773
泛美大厦 [PAN AMERICAN（MET LIFE）BUILDING）]
200 Park Avenue, New York, New York 10166
帕特汉姆·布兰奇图书馆（PUTTERHAM BRANCH LIBRARY）
959 West Roxbury Parkway, Brookline, Massachusetts 02167
儿童医院居住综合体（RESIDENTIAL COMPLEX, CHILDREN'S HOSPITAL）
300 Longwood Avenue, Boston, Massachusetts 02115
美国大使馆（UNITED STATES EMBASSY）
Queen Sofia Street, Athens, Greece

格伦（Gruen）：
北部购物中心（NORTHLAND SHOPPING CENTER）
21500 North Western Highway, BC2, Southfield（Detroit）, Michigan 48075
南戴尔购物中心 SOUTHDALE SHOPPING CENTER
6601 France Avenue South, Edina（Minneapolis）, Minnesota 55435

亨特里希（Hentrich）：
巴斯夫塔楼（BASF TOWER）
Carl-Bosch-Strasse, W-6700 Ludwigshafen, Germany

雅各布森（Jacobsen）：
市政厅（TOWN HALL）
Rødovre Parkvej 150, DK 2610 Rødovre, Denmark

约翰逊（Johnson）：
阿蒙·卡特博物馆（AMON CARTER MUSEUM）
3501 Camp Bowie Boulevard, Fort Worth, Texas 76107
尼斯·蒂夫里斯以色列犹太教堂（CONGREGATION KNESES TIFERETH ISRAEL SYNAGOGUE）
1575 King Street, Port Chester, New York 10573
耶鲁大学克兰生物塔楼（KLINE BIOLOGY TOWER, YALE UNIVERSITY）
219 Prospect Street, New Haven, Connecticut 06520
耶鲁大学克兰地质塔楼（KLINE GEOLOGY TOWER, YALE UNIVERSITY）
210 Whitney Avenue, New Haven, Connecticut 06520
耶鲁大学流行病学和公共卫生实验室（LAB OF EPIDEMIOLOGY AND PUBLIC HEALTH, YALE UNIVERSITY）
60 College Street, Utica, New York 13502
纽约林肯中心的纽约州立剧院（NEW YORK STATE THEATER, LINCOLN CENTER FOR THE PERFORMING ARTS）
20 Lincoln Center Plaza, New York, New York 10023
新哈莫尼神殿（NEW HARMONY SHRINE）
420 North Street, New Harmony, Indiana 47631
内布拉斯加州谢尔登纪念美术馆（SHELDON MEMORIAL ART GALLERY, UNIVERSITY OF NEBRASKA）
12th and R Streets, Lincoln, Nebraska 68588

康（Kahn）：
菲利普斯·艾克赛特学院的餐厅和图书馆（DINING HALL AND LIBRARY, PHILLIPS EXETER ACADEMY）
Exeter, New Hampshire 03833
第一唯一神教派教堂（FIRST UNITARIAN CHURCH）
220 Winton Road South, Rochester, New York 14610
宾夕法尼亚大学戈达德实验室（GODDARD LABORATORIES, UNIVERSITY OF PENNSYLVANIA）
Hamilton Walk at 37th Street, Philadelphia, Pennsylvania 19104
犹太社区中心浴室（JEWISH COMMUNITY CENTER BATH HOUSE）
999 Lower Ferry Road, Trenton, New Jersey 08628
金贝尔美术馆（KIMBELL ART MUSEUM）
3333 Camp Bowie Boulevard, Fort Worth, Texas 76107
宾夕法尼亚大学理查德医学研究大楼（RICHARDS MEDICAL RESEARCH BUILDING, UNIVERSITY OF PENNSYLVANIA）
Hamilton Walk at 37th Street, Philadelphia, Pennsylvania 19104
索尔克研究中心（SALK INSTITUTE）
10010 North Torrey Pines Road, La Jolla, California 92037
耶鲁大学美术馆（YALE ART GALLERY, YALE UNIVERSITY）

1111 Chapel Street, New Haven, Connecticut 06520

耶鲁大学英国艺术中心（YALE CENTER FOR BRITISH ART, YALE UNIVERSITY）

1080 Chapel Street, New Haven, Connecticut 06520

科克（Koch）：

刘易斯码头（LEWIS WHARF）

32 Atlantic Avenue, Boston, Massachusetts 02110

公共图书馆（PUBLIC LIBRARY）

610 Main Street, Fitchburg, Massachusetts 01420

韦尔兹利免费图书馆（WELLESLEY FREE LIBRARY）

530 Washington Street, Wellesley, Massachusetts 02181

勒·柯布西耶（Le Corbusier）：

哈佛大学卡彭特视觉艺术中心（CARPENTER CENTER FOR THE VISUAL ARTS, HARVARD UNIVERSITY）

24 Quincy Street, Cambridge, Massachusetts 02138

最高法院大楼（HIGH COURT BUILDING）

Capitol Complex, Uttar Marg（Sector 1）, Chandigarh, India

圣玛利亚拉图雷特修道院（LE COUVENT SAINTE-MARIE-DE-LA-TOURETTE）

Eveux-sur-l'Arbresle, 69210（Rhône）, France

圣母教堂（NOTRE-DAME-DU-HAUT）

70250 Ronchamp（Haute-Saône）, France

巴黎大学城的瑞士学生宿舍 [SWISS PAVILION, UNIVERSITY CITY（PAVILLON SUISSE, CITÉ UNIVERSITAIRE）]

7, boulevard Jourdan, 75014 Paris, France

居住大楼（UNITÉ D' HABITATION）

280, boulevard Michelet, 13000 Marseilles（Bouches-du-Rhône）, France

萨伏伊别墅（VILLA SAVOYE）

82, avenue Blanche de Castille, Beauregard, 78300 Poissy, France

前川国男（Mayekawa）：

神奈川县音乐厅和公共图书馆（KANAGAWA PREFECTURAL CONCERT HALL AND PUBLIC LIBRARY）

9-2, Koyogaoka, Nishi-ku, Yokohama-shi, Kanagawa-ken, Japan

东京文化厅（TOKYO CULTURAL HALL）

5-45, Ueno Koen, Taito-ku, Tokyo, Japan

密斯·凡·德·罗（Mies van der Rohe）：

湖滨大道860-880号公寓（860-880 LAKE SHORE DRIVE APARTMENTS）

860-880 Lake Shore Drive, Chicago, Illinois 60611

联邦中心（FEDERAL CENTER）

South Dearborn between Jackson Boulevard and Adams Street, Chicago, Illinois

海菲尔德住宅（HIGHFIELD HOUSE）

4000 North Charles Street, Baltimore, Maryland 21218

伊利诺伊工学院克朗楼（S.R. CROWN HALL, MAIN CAMPUS, ILLINOIS INSTITUTE OF TECHNOLOGY）

33rd and State Streets, Chicago, Illinois 60616

拉斐特公园（LAFAYETTE PARK）

Lafayette Avenue between Rivard and Orleans Streets, Detroit, Michigan

杜克森大学梅隆科学中心（MELLON HALL SCIENCE CENTER, DUQUESNE UNIVERSITY）

600 Forbes Avenue, Pittsburgh, Pennsylvania 15282

新国家美术馆 [NEW NATIONAL GALLERY（NATIONALGALERIE）]

Altes Museum, Bodestrasse 1-3, 0-1-2-, Berlin, Germany

西格拉姆大厦（SEAGRAM BUILDING）

375 Park Avenue, New York, New York 10152

图根哈特住宅（TUGENDHAT HOUSE）

Černopolnf 45, 61300 Brno, Czech Republic

奈尔维（Nervi）：

展览大厅 [EXHIBITION HALL（PALAZZO DELLE ESPOZIONI）]

Corso Massimo D' Azeglio, Turin, Italy

运动场 [SPORTS PALACE（PALAZZETTO DELLO SPORT）]

Quartiere E.U.R., via C. Columbo, Rome, Italy

诺伊特拉（Neutra）：

社区教堂（COMMUNITY CHURCH）

12141 Lewis Street, Garden Grove, California 92640

科罗娜大街小学（CORONA AVENUE ELEMENTARY SCHOOL）

3825 Bell Avenue, Los Angeles, California 90001

尼迈耶（Niemeyer）：

巴西利亚大教堂（BRASÍLIA CATHEDRAL）

Eixo Monumental, 70000-Brasília DF-Brazil

阿西西的圣弗朗西斯教堂 [CHURCH OF ST. FRANCIS OF ASSISI（IGREJA DE SÃO FRANCISCO DE ASSIS）]

Pampulha, 30000 Belo Horizonte-MG-Brazil

三权广场 [PLAZA OF THREE POWERS（PRACA DOS TRÉS PODERES）]

Congresso Nacional, 70000-Brasília DF-Brazil

奥戈尔曼（O'Gorman）：

墨西哥大学国家图书馆（NATIONAL LIBRARY, UNIVERSITY OF MEXICO）

Ciudad Universitana, Delegación, Coyoacán, Mexico, D.F. 04510

奥德（Oud）：

联排住宅（ROW HOUSE）

2e Scheepvaartstraat, Hook of Holland, the Netherlands

贝聿铭（Pei）：

麻省理工学院小型电子元件检验实验室和国际开发协会大楼（CECIL AND IDA GREEN BUILDING, MASSACHUSETTS INSTITUTE OF TECHNOLOGY）

21 Ames Street, Cambridge, Massachusetts 02139

美国大使馆官署（CHANCELLORY FOR UNITED STATES EMBASSY）

Abadie Santos, 808 Montevideo, Uruguay

丹佛市希尔顿饭店（DENVER HILTON HOTEL）

7801 East Orchard Road, Englewood, Colorado 80111

夏威夷大学东西方研究中心 EAST-WEST CENTER, UNIVERSITY OF HAWAII

Manoa Campus, 2444 Dole Street, Honolulu, Hawaii 96822

艾弗森艺术博物馆（EVERSON MUSEUM OF ART）

401 Harrison Street, Syracuse, New York 13202

南加州大学 H·莱斯利霍夫曼大厅（H. LESLIE HOFFMAN HALL, UNIVERSITY OF SOUTHERN CALIFORNIA）

701 Exposition Boulevard, Los Angeles, California 90089

国家大气研究中心（NATIONAL CENTER FOR ATMOSPHERIC RESEARCH）

1850 Table Mesa Drive, Boulder, Colorado 80303

罗斯福广场购物中心（ROOSEVELT FIELD SHOPPING CENTER）

Old Country Road, Meadowbrook Parkway, Garden City, New York 11530

锡拉库扎大学纽豪斯公共通信学院（S.I. NEWHOUSE SCHOOL OF PUBLIC COMMUNICATIONS, SYRACUSE UNIVERSITY）

215 University Place, Syracuse, New York 13244

纽约大学的大学广场（UNIVERSITY PLAZA, NEW YORK UNIVERSITY）

100 and 110 Bleecker Street, New York, New York 10012 505 West Broadway（Mitchell-Lama Apartments）, New York, New York 10012

蓬蒂（Ponti）：
皮雷利摩天楼（PIRELLI TOWER）

Piazza Duca D'Austa, Milan, Italy

拉普森（Rapson）：
蒂龙·格思里剧院（TYRONE GUTHRIE THEATER）

725 Vineland Place, Minneapolis, Minnesota

美国大使馆（UNITED STATES EMBASSY）

Dag Hammarskjölds Allé 24, DK 2100, Copenhagenø, Denmark

美国大使馆办公楼（UNITED STATES EMBASSY OFFICE BUILDING）

Stockholm, Sweden

鲁道夫（Rudolph）：
耶鲁大学艺术与建筑中心（ART AND ARCHITECTURE BUILDING, YALE UNIVERSITY）

180 York Street, New Haven, Connecticut 06520

韦尔兹利大学朱厄特艺术中心（JEWETT ARTS CENTER, WELLESLEY COLLEGE）

106 Central Street, Wellesley, Massachusetts 02181

耶鲁大学已婚学生宿舍（MARRIED STUDENTS HOUSING, YALE UNIVERSITY）

292-311 Mansfield Street, New Haven, Connecticut 06520

东南马萨诸塞大学（SOUTHEASTERN MASSACHUSETTS UNIVERSITY）

Old Westport Road, North Dartmouth, Massachusetts 02747

沙里宁（Saarinen）：
哥伦比亚广播公司大楼（CBS BUILDING）

51 West 52ⁿᵈ Street, New York, New York 10019

麻省理工学院礼拜堂（CHAPEL, MASSACHUSETTS INSTITUTE OF TECHNOLOGY）

48 Massachusetts Avenue, Cambridge, Massachusetts 02139

康科迪娅神学院（CONCORDIA THEOLOGICAL SEMINARY）

6600 North Clinton Street, Fort Wayne, Indiana 46825

杜勒斯国际机场（DULLES INTERNATIONAL AIRPORT）

Washington, E.C. 20041

耶鲁大学英戈尔斯冰球场（INGALLS HOCKEY RINK, YALE UNIVERSITY）

73 Sachem Street, New Haven, Connecticut 06520

杰斐逊国家扩张纪念物（JEFFERSON NATIONAL EXPANSION MEMORIAL）

Information Available from National Park Service, Jefferson National Expansion Memorial, 11 North 4ᵗʰ Street, St. Louis, Missouri 63102

约翰·迪尔公司总部大楼（JOHN DEERE AND COMPANY ADMINISTRATIVE CENTER）

John Deere Road, Moline, Illinois 61265

麻省理工大学克雷斯吉会堂（KRESGE AUDITORIUM, MASSACHUSETTS INSTITUTE OF TECHNOLOGY）

48 Massachusetts Avenue, Cambridge, Massachusetts 02139

密尔沃基县战争纪念中心（MILWAUKEE COUNTY WAR MEMORIAL CENTER）

750 North Lincoln Memorial Drive, Milwaukee, Wisconsin 53202

耶鲁大学斯泰尔斯与莫尔斯学院（STILES AND MORSE COLLEGES, YALE UNIVERSITY）

302-304 York Street, New Haven, Connecticut 06520

托马斯·J·沃森研究中心（THOMAS J. WATSON IBM RESEARCH CENTER）

Route 134 Eadt, Yorktown, New York 10598

肯尼迪国际机场全球航空公司航站楼（TWA TERMINAL, KENNEDY INTERNATIONAL AIRPORT）

Building 60, Jamaica, New York 11430

美国大使馆（UNITED STATES EMBASSY）

24 Grosvenor Square, W1A 1AE, London, England

美国大使馆（UNITED STATES EMBASSY）

Drammensveien 18, 0255 Oslo, Norway

耶鲁大学合作大楼（YALE COOPERATIVE BUILDING, YALE UNIVERSITY）

66 Broadway, New Haven, Connecticut 06520

施韦克（Schweikher）：
马里维尔学院艺术中心（FINE ARTS CENTER, MARYVILLE COLLEGE）

502 E. Lamar Alexander Parkway, Maryville, Tennessee 37801

第一卫理公会教派教堂 FIRST METHODIST CHURCH

404 Second Street, Plainfield, Iowa 50666

塞特（Sert）：
麦格基金会博物馆（FONDATION MAEGHT）

06570 St.-Paul-de-Vence, France

哈佛大学霍利约克中心（HOLYOKE CENTER, HARVARD UNIVERSITY）

1350 Massachusetts Avenue, Cambridge, Massachusetts 02138

马丁·路德·金小学 MARTIN LUTHER KING ELEMENTARY SCHOOL

100 Putnam Avenue, Cambridge, Massachusetts 02139

新英格兰电力和煤气协会总部大楼（NEW ENGLAND GAS AND ELECTRIC ASSOCIATION HEADQUARTERS）

130 Austin Street, Cambridge, Massachusetts 02129

波士顿大学法学和教育学院大楼 SCHOOLS OF LAW AND EDUCATION, BOSTON UNIVERSITY

765 Commonwealth Avenue, Boston, Massachusetts 02215

斯通（Stone）:

现代艺术博物馆（THE MUSEUM OF MODERN ART）

11 West 53rd Street, New York, New York 10019

州立法大楼（STATE LEGISLATIVE BUILDING）

16 West Jones Street, Raleigh, North Carolina 27603

斯图尔草原拓荒者博物馆（STUHR MUSEUM OF THE PRAIRIE PIONEER）

3133 West Highway 34, Grand island, Nebraska 68801

美国大使馆（UNITED STATES EMBASSY）

Shantipath, Chanaryapuri, New Delhi, India 110021

丹下健三（Tange）:

广岛和平纪念馆（HIROSHIMA PEACE MUSEUM）

1-2 Nakajimacho, Naka-ku, Hiroshima, Japan 733

赖特（Wright）:

南弗罗里达学院的安妮·法伊弗礼拜堂、埃斯普拉纳德斯大楼、奥德韦大楼、波尔克·康特科学大楼和鲁图书馆（ANNIE PFEIFFER CHAPEL, ESPLANADES, ORDWAY BUILDING, POLK COUNTY SCIENCE BUILDING, AND ROUX LIBRARY, FLORIDA SOUTHERN COLLEGE）

111 Lake Hollingsworth Drive, Lakeland, Florida 33801

天使报喜希腊东正教堂（ANNUNCIATION GREEK ORTHODOX CHURCH）

9400 West Congress Street, Milwaukee, Wisconsin 53225

巴恩斯代尔"蜀葵居"（BARNSDALL "HOLLYHOCK" HOUSE）

4800 Hollywood Boulevard, Los Angeles, California 90027

贝丝·沙洛姆犹太教会堂（BETH SHALOM SYNAGOGUE）

8231 Old York Road, Elkins Park, Pennsylvania 19117

达纳-托马斯住宅（DANA-THOMAS HOUSE）

301 East Lawrence Avenue, Springfield, Illinois 62703

恩尼斯-布朗住宅（ENNIS-BROWN HOUSE）

2655 Glendower Avenue, Los Angeles, California 90027

流水别墅（FALLINGWATER）

Route 381, south of Mill Run, Bear Run, Pennsylvania 15464

弗兰克·劳埃德·赖特住宅和工作室（FRANK LLOYD WRIGHT HOME AND STUDIO）

951 Chicago Avenue, Oak Park, Illinois 60302

塔里埃森希尔赛德家庭学校（HILLSIDE HOME SCHOOL AT TALIESIN）

Highway 23, Spring Green, Wisconsin 53588

约翰逊制腊公司管理大楼（JOHNSON WAX ADMINISTRATION BUILDING）

1525 Howe Street, Racine, Wisconsin 53403

达拉斯剧院中心的卡利塔·汉弗莱斯（KALITA HUMPHREYS THEATER, THE DALLAS THEATER CENTER）

3636 Turtle Creek Boulevard, Dallas, Texas 75200

马林县市民中心（MARIN COUNTY CIVIC CENTER）

3501 Civic Center Drive, San Rafael, California 94903

迈耶·梅住宅（MEYER MAY HOUSE）

450 Madison Street, SE, Grand Rapids, Michigan 49503

莫里斯商店（MORRIS STORE）

140 Maiden Lane, San Francisco, California 94108

波普-莱格住宅（POPE-LEIGHEY HOUSE）

Woodlawn Plantation, 9000 Richmond Highway（Route 1）, Mount Vernon, Virginia 22309

罗森鲍姆（ROSENBAUM HOUSE）

601 Riverview Drive, Florence, Alabama 35630

罗比住宅（ROBIE HOUSE）

University of Chicago, 5757 Woodlawn Avenue, Chicago, Illinois 60637

所罗门·R·古根海姆博物馆（SOLOMON R. GUGGENHEIM MUSEUM）

1071 Fifth Avenue, New York, New York 10128

西塔里埃森 TALIESIN WEST

Cactus Road and 108th Street, Scottsdale, Arizona 85261

合一教堂 UNITY TEMPLE

875 Lake Street, Oak Park, Illinois 60301

山崎实（Yamasaki）:

兰伯特机场（LAMBERT AIRPORT）

10701 Lambert International Boulevard, St. Louis, Missouri 63145

韦恩州立大学的麦格雷戈纪念社会议中心（MCGREGOR MEMORIAL COMMUNITY CONFERENCE CENTER, WAYNE STATE UNIVERSITY）

495 West Ferry Mall, Detroit, Michigan 48202

吉村顺三（Yoshimura）:

日本国际住宅（INTERNATIONAL HOUSE OF JAPAN）

11-16, Roppongi 5-chame, Minato-ku, Tokyo, Japan

致谢

特别感谢《现代建筑口述史》建筑计划的主管 Rachel Paul, Edward Hamilton, Robert Riley, The Ford Foundation, Reynolds Metals Company, and The Graham Foundation.

我要感激艾伯拉姆（Abram）小组：Paul Gottlieb, Publisher; in far more than the usual sense to my insightful editor, Diana Murphy; to Bob McKee, who created the design of the book and accompanying CD; Sam Antupit, Director, Art and Design; Barbara Lyons, Director, Rights and Reproductions; and Gertrud Brehme, Production Manager.

我还要向提供了有价值的帮助和专家意见的人士致谢：Carolyn Fabricant, Sidney Liebowitz, William Murphy, Louis Muller, Patricia Goldstein, Meg Wormley, Stephanie Jackson, Neil Perlman, Paul Weidlinger; Jacques Barsac and Christian Archambeau of Ciné Service Technique, Paris; Fondation Le Corbusier, Paris; Mary Daniels of the Harvard University Graduate School of Design, Cambridge, Massachusetts; Marie-Josiane Rouchon, Institut National de l'Audio Visuel, Paris; Trevor Lummis and the Oral History Association; The Museum of Modern Art, New York City; The New York Public Library, New York City; the library of the American Institute of Architects, Washington, D.C.; The Art Institute of Chicago; Bodleian Library, Oxford University, England; Bibliothèque Nationale, Paris.

最后，我要向接受访谈的建筑师和工程师表示感谢，他们中的许多人已经成为我的朋友了，没有他们的帮助、耐心和鼓励，这本《现代建筑口述史》是不可能问世的。

Alvar Aalto, Pietro Belluschi, Max Bill, Oswaldo Bratke, Marcel Breuer, Gordon Bunshaft, Félix Candela, Eduardo Catalano, Mario Ciampi, Edgardo Contini, Willem Dudok, Buckminster Fuller, José Miguel Galia, Bruce Goff, Charles Goodman, Walter Gropius, Victor Gruen, Helmut Hentrich, Arne Jacobsen, Philip Johnson, Louis Kahn, Carl Koch, Le Corbusier, Kunio Mayekawa, Ludwig Mies van der Rohe, Pier Luigi Nervi, Richard Neutra, Oscar Niemeyer, Eliot Noyes, Juan O'Gorman, J.J.P. Oud, I.M.Pei, Enrico Peressutti, Gio Ponti, L.L. Rado, Ralph Rapson, Antonin Raymond, Affonso Reidy, Marcelo Roberto, Ernesto Rogers, Alfred Roth, Paul Rudolph, Eero Saarinen, Mario Salvadori, Tomás Sanabria, Marc Saugey, Paul Schwiekher, José Luis Sert, Rudolf Steiger, Edward Durell Stone, Kenzo Tange, Martín Vegas, Carlos Villanueva, Paul Weidlinger, Philip Will Jr., Frank Lloyd Wright, William Wurster, Minoru Yamasaki, and Junzo Yoshimura.

致谢名单

译名对照表

1. 人名

Aalto, Alvar　阿尔瓦·阿尔托

Abramovitz, Max　马克斯·阿布拉莫维茨

Adler, Dankmar　丹克马·阿德勒

Aisaku Hayashi　林爱作

Albers, Josef　约瑟夫·阿尔伯斯

Alberti　阿尔伯蒂

al-Rashid, Harun　哈伦·拉希德

Ammann　阿曼

Anderson　安德森

Antupit, Sam　萨姆·安图皮特

Asplund Gunnar　古纳尔·阿斯普伦德

Aquinas, Thomas　托马斯·阿奎那

Ati　阿提

Augustine　奥古斯汀

Barnsdall, Aline　艾琳·巴尔斯代尔

Baudelaire　波德莱尔

Becket, Welton　沃尔顿·贝克特

Beckwith　贝克威斯

Behrens, Peter　彼得·贝伦斯

Belluschi, Pietro　彼德罗·贝卢斯基

Berlage, Hendrik Petrus　亨德里克·彼得勒斯·贝尔拉格

Berlioz　柏辽兹

Bernini　伯尔尼尼

Bertoia, Harry　哈里·伯托埃

Bill, Max　马克斯·比尔

Borromini　博罗米尼

Bramate　伯拉孟特（布拉曼特）

Braque, Georges　乔治·布拉克

Bratke, Oswaldo Arthur　奥斯瓦尔多·阿瑟·布拉特克

Brehme, Gertrud　格特鲁德·布雷姆

Breuer, Marcel　马塞尔·布劳耶（布罗伊尔）

Brown, Denise Scott　丹尼斯·斯科特·布朗

Brunel, Isambard Kingdom　伊桑巴德·金德姆·布鲁内尔

Brunelleschi　布鲁乃列斯基（布鲁内莱斯基）

Bunshaft, Gordon　戈登·邦沙夫特

Burns　伯恩斯

Calder, Alexander　亚历山大·考尔德

Calder, Sandy　桑迪·卡尔德

Candela, Félix　费利克斯·坎德拉

Carter, Amon　阿蒙·卡特

Casals, Pablo　巴勃罗·卡萨尔斯

Catalano, Eduardo　爱德华多·卡塔拉诺

Chagall　沙加尔

Chamberlain　钱伯林

Chandler　钱德勒

Chanin, Irwin　欧文·查宁

Chermayeff, Serge　瑟奇·切尔马耶夫

Ciampi, Mario　马里奥·钱皮

Clarke, Gilmore　吉尔摩·克拉克

Clothes, Bond　邦德·克罗兹

Cobb, Henry　亨利·科布

Coles, Timothy　蒂莫西·科尔斯

Conant　科南特

Contamin, Victor　维克托·孔塔曼

Contini, Edgardo　埃德加多·孔蒂尼

Cookin　库肯

Corfs, Bill　比尔·科夫斯

Costa, Lucio　卢西奥·科斯塔

Couturier　库蒂里耶

Daniels, Mary　玛丽·丹尼尔斯

Dante　但丁

Dautry　道屈

Davis, Stuart　斯图亚特·戴维斯

Dean　迪安

Deere, John　约翰·迪尔

Dermee, Paul　保罗·德尔梅

Descartes　笛卡儿

d'Harnoncourt, René　勒内·德哈农库特

Dinkeloo, John　约翰·丁克洛

Dow, Alden　奥尔登·道

Drew, Jane　简·德鲁

Dudok, Willem　威廉·杜多克

Dutert, Ferdinand　费迪南·迪泰特

Duthuit, Georges　乔治·迪蒂

Eames　埃姆斯

Eiffel, Gustave　古斯塔夫·埃菲尔

Elmslie, George　乔治·埃尔姆斯利

Engels, Friedrich　弗里德里希·恩格斯

Fabricant, Carolyn　卡罗琳·法布里坎特

Farnsworth　范斯沃斯

Fibonacci　斐波那契

Feininger, Lyonel　莱昂内尔·费宁格

Ford, Henry　亨利·福特

Foster, Richard　理查德·福斯特

Frankenstein　弗兰肯斯坦

Frey, Albert　阿尔伯特·夫赖

Froebel, Friedrich　弗里德里希·福禄培尔

Fry, Maxwell　马克斯韦尔·弗赖

Fuller, Buckminster　巴克明斯特·富勒

Galia, José Miguel　何塞·米格尔·加利亚

Gardner　加德纳

Garnier, Tony　托尼·加尼耶

Gaudi　高迪

Giedion, Sigfried　西格弗莱德·吉迪翁

Goff, Bruce　布鲁斯·戈夫

Goldstein, Patricia　帕特里夏·戈尔茨坦

González　冈萨雷斯

Goodhue　古德林

Goodman, Charles　查尔斯·古德曼

Goodrich, Paul　保罗·古德里奇

Goodwin, Philip　菲利普·古德温

Gottlieb, Paul　保罗·戈特利布

Gourley, Ronald　罗纳德·古尔利

Grasset, Eugene　尤金·格拉塞

Grasuto　格拉苏托

Gropius, Walter　瓦尔特·格罗皮乌斯

Grosso, Patricia Del　帕特里夏·德尔·格罗索

Gruen, Victor　维克托·格林

Haefeli, Max　马克斯·黑费利

Hafner, Jean-Jacques　琼-雅克·哈夫纳

Haible　海勃尔

Hamilton, Edward　爱德华·汉密尔顿

Hapburn　赫本

Hellmuth, George　乔治·赫尔穆特

Hentrich, Helmut　赫尔穆特·亨特里希

Hitchcock, Henry-Russell　亨利-拉塞尔·希区柯克

Hiroshige　歌川广重

Hokusai　葛饰北斋

Hood, Ray　雷·胡德

Hood, Raymond　雷蒙德·胡德

Horta, Victor　维克托·霍塔

Itten, Johannes　约翰内斯·伊顿

Izenour, Steven　史蒂文·艾泽努尔

Sandburg, Carl　卡尔·桑德伯格

Saugey, Marc　马克·索热

Schlemmer, Oskar　奥斯卡·施莱默

Schmidt, Hans　汉斯·施密特

Schrödinger, Erwin　埃尔温·薛定谔

Schweikher, Paul　保罗·施韦克

Schwitters, Kurt　柯特·希维特斯

Sert, Jose Luis　何塞·路易斯·塞特

Sert, José Maria　何塞·玛丽亚·塞特

Shaw　肖

Silsbee, J. Lyman　约瑟夫·莱曼·西尔斯比

Sirocco　西罗科

Skidmore　斯基德莫尔

Smith, H. H　史密斯

Snow, C.P.　斯诺

Soares, Delfina Almeida de Niemeyer　德尔菲纳·阿尔梅达·德·尼迈耶·苏亚雷斯

Soares, Oscar Niemeyer　奥斯卡·尼迈耶·苏亚雷斯

Socrates　苏格拉底

Spaulding　斯波尔丁

St. Augustine　圣奥古斯丁

Stam, Mart　马特·斯塔姆

Steiger, Rudolf　鲁道夫·施泰格尔

Stephenson, George　乔治·斯蒂芬森

Stephenson, Robert　罗伯特·斯蒂芬森

Stone, Edward Durell　爱德华·德雷尔·斯通

Stonorov, Oscar　奥斯卡·斯通诺霍

Sullivan, Louis　路易斯·沙利文

Sweeney, James Johnson　詹姆斯·约翰逊·斯威尼

Tanguy, Yves　伊夫·唐吉

Taut, Bruno　布鲁诺·陶特

Telford, Thomas　托马斯·特尔福德

Titian　提香

Torroja, Eduardo　爱德华·托罗佳

Tucker　塔克

Twitchell, Ralph　拉尔夫·特维切尔

Uris　乌里斯

van de Velde, Henri　亨利·凡·德·费尔德

van der Leck, Bart　巴特·凡·德·莱克

van de Broek, 范·登·布罗克

van Doesburg, Theo　特奥·凡·杜伊斯伯格

Vantangerloo, Georges　乔治·范顿格鲁

Vasconcelos, Ermani　尔玛尼·瓦斯康塞洛斯

Vegas, Martin　马丁·维加斯

Venturi, Robert　罗伯特·文丘里

Villanueva, Carlos Raùl　卡洛斯·劳尔·比利亚努埃瓦

Viollet-le-Duc　维奥莱-勒-迪克

Vitruvius　维特鲁威

Voisin　沃伊津

Vuillard, Edouard　爱德华·维亚尔

Wachsmann, Konrad　康拉德·瓦克斯曼

Wagner, Otto　奥托·瓦格纳

Watt, Scotsman James　斯科特慢·詹姆斯·瓦特

Webster, Daniel　丹尼尔·韦伯斯特

Weidlinger, Paul　保罗·韦德林格

Wheeler, E.T.　惠勒

Whitney　惠特尼

Wiener, Paul Lester　保罗·莱斯特·威纳

Will, Philip Jr.　小菲利普·韦尔

Wormley, Meg　梅格·沃姆利

Wren　雷恩

Wright, Frank Lloyd　弗兰克·劳埃德·赖特

Wright, Frank Lincoln　弗兰克·林肯·赖特

Wundt, Wilhelm　威廉·冯特

Wurster, William　威廉·沃斯特

Yamasaki, Minoru　山崎实（米诺雷·雅玛萨奇）

Yoshimura, Junzo　吉村顺三

Zeckendorf, Bill　比尔·泽肯多夫

Zehrfuss, Bernard　贝尔纳·泽尔菲斯（伯纳德·策恩福斯）

2. 专业术语

Arts and Crafts movement　艺术与手工艺运动

Art Nouveau　新艺术运动

Bauhaus　包豪斯

Beaux-Arts　鲍扎（巴黎美术学院艺术风格）

Broadacre city　广亩城市

Constructivism　构成主义

De Stijl　风格派

Des Moines　得梅因

Deutsche Werkbund　德意志联盟

Dutch movement of the style of right angles　直角风格的荷兰运动

Georgian　乔治式

Harkness Gothic　哈克尼斯哥特式

International Style　国际式风格

Jugendstil　青年风格

Louis Quatorze　路易十四式样

Mannerist　手法主义者

neo-Georgian　新乔治式

neo-style　新风格

Ornamental patisserie style　装饰性派蒂斯风格

Palladian Style　帕拉第奥形式

Plan Voisin　伏瓦生规划

pseudo-Colonial　伪殖民式的

pseudo-Georgian　仿乔治式

Russian movement　俄罗斯（新艺术）运动

Romanesque　罗马风

style of eclectism　折中主义风格

Victorian architecture　维多利亚风格建筑

Ville Contempornaine　当代城市

Ville Radieuse　光辉城市

Ukiyo-e　浮世绘

Ziggurat　金字形神塔

著作权合同登记图字：01–2011–1263号

图书在版编目（CIP）数据

现代建筑口述史——20世纪最伟大的建筑师访谈/[美]彼得著，
王伟鹏等译. —北京：中国建筑工业出版社，2019.3
　　ISBN 978-7-112-13930-9

　　Ⅰ.①现…　Ⅱ.①彼…②王…　Ⅲ.①建筑史–世界—20世纪
Ⅳ.①TU–091

中国版本图书馆CIP数据核字（2012）第015516号

责任编辑：戚琳琳
责任设计：董建平
责任校对：张　颖　赵　颖

现代建筑口述史

——20世纪最伟大的建筑师访谈

[美] 约翰·彼得　著

王伟鹏　陈　芳　谭宇翱　译
＊
中国建筑工业出版社出版、发行（北京海淀三里河路9号）
各地新华书店、建筑书店经销
北京雅盈中佳图文设计公司制版
北京富诚彩色印刷有限公司印刷
＊
开本：880×1230毫米　1/16　印张：20　字数：617千字
2019年4月第一版　2019年4月第一次印刷
定价：**128.00**元（含增值服务）
ISBN 978-7-112-13930-9
　　　　（21954）

版权所有　翻印必究